21 世纪高职高专重点教材

应用高等数学

建设类

U0317689

主　　编　孔亚仙

副 主 编　徐仁旭

参编人员　陈佳琪　续云丰

浙江科学技术出版社

图书在版编目(CIP)数据

应用高等数学：建设类/孔亚仙主编. —2 版. —杭州：浙江科学技术出版社，2016.8(2021.8 重印)
ISBN 978-7-5341-7258-8

Ⅰ. ①应… Ⅱ. ①孔… Ⅲ. ①高等数学—高等职业教育—教材 Ⅳ. ①O13

中国版本图书馆 CIP 数据核字(2016)第 187265 号

21 世纪高职高专重点教材

书　　名　应用高等数学　建设类
主　　编　孔亚仙

出版发行　浙江科学技术出版社
杭州市体育场路 347 号　邮政编码：310006
联系电话：0571-85170300-61712
E-mail：zkpress@zkpress.com
排　　版　杭州大漠照排印刷有限公司
印　　刷　浙江新华数码印务有限公司
经　　销　全国各地新华书店

开　　本　787×1092　1/16　**印　　张**　13
字　　数　300 000
版　　次　2016 年 8 月第 2 版　2021 年 8 月第 10 次印刷
书　　号　ISBN 978-7-5341-7258-8　**定　　价**　32.00 元

责任编辑　王巧玲　**封面设计**　金　晖
责任校对　杜宇洁　**责任印务**　徐忠雷

前　言

《应用高等数学》由浙江省多所高职高专院校的长期从事高等数学教学且具有丰富教学经验的教师集体编写，此套书共分5册，包括：应用高等数学（工科类上、下）、应用高等数学（建设类）、应用高等数学（计算机类）、应用高等数学（经管类）、应用高等数学（医药类），内容涵盖了工科、建设、计算机、财经、文秘、医药和农林类等方面。

本书为《应用高等数学 建设类》。

本书根据高职高专教育人才培养目标，及高技能人才培养的通用要求和培养对象的特殊性，在对建筑类各专业的课程改革作了认真调查、分析、研究的基础上，参考建筑类专业教师的建议，借鉴国内外同类院校的教改成果编写而成。为适应"十三五"规划总体要求，编者在分析、总结、吸收各高职院校、任课教师在教材使用中的经验教训，遵循"必需够用"的原则对原版本进行了适当改编。本书内容包括初等数学、一元函数微积分、微分方程、空间解析几何、级数、概率论等。其中初等数学重点结合建筑工程各专业的需求，安排了三角函数、三角形、面积、体积的计算。一元函数微积分内容包含函数的极限、导数及其应用、积分及其应用。

在教材编写过程中，力求体现以下特点：

(1) 适合高职高专学生使用。针对高职学生的学习特点，对教学内容予以不同程度的精简和优化。对定理、性质等以解释清楚为度，不追求理论上的严密性与系统性。在淡化理论的同时也适度考虑一些必要的证明，意在培养学生必要的逻辑推理能力。

(2) 重视直观化描述。对常用数学概念和结论的引入与叙述，尽可能用实际案例或配以几何图形直观描述。力求使抽象的数学概念形象化，以降低学习难度，有助于学生更好地掌握数学知识。

(3) 紧密结合建设类各专业人才培养的目标。根据专业的需求确定教学内容，每一章都安排了与建筑行业相关的引例，采用了较多源自建筑工程实际的例题和习题，体现了数学知识与专业知识相结合的原则，为学生学习专业知识打下扎实的理论基础。

(4) 突出应用性，体现新颖性。数学为当代高新技术的重要组成部分。通过将数学建模思想渗透其中，有利于提高学生数学知识的应用意识与学习兴趣。

(5) 重视数学文化教育。在介绍数学知识的同时，扩充了数学精神、数学思想与数学史的内容，并结合现今数学的发展及其应用，进行数学文化层面的教育，提高高职学生的人文素养。

本书由孔亚仙担任主编并统稿，徐仁旭为副主编。陈佳琪、续云丰参加编写。其中，孔亚仙编写第3、4、5、8章，徐仁旭编写第1、7、9章，陈佳琪编写第2章，续云丰编写第6章。审稿由孔亚仙、徐仁旭完成。

在本书编写过程中，作者对每一个知识点都进行了仔细地推敲，但由于编者水平有限，书中定有误漏之处，敬请读者批评指正。

编　者

2012年6月

目　　录

第一章　初等数学

【引例一(建筑美学的基础)】

数学在建筑中的应用很广泛，如建筑物的外形比例是建筑美学的基础来源，其中黄金分割在各种比例模型中应用最广. 黄金分割是指事物各部分之间一定的数学比例关系，即将整体一分为二，较大部分与较小部分之比等于整体与较大部分之比，此时长段为全段的 0.618.

古希腊建筑中就常将黄金分割运用于建筑实践，使建筑物比例协调、美观大方. 雅典的帕特农神庙(图 1-1)就是运用黄金分割的一个早期建筑的典型. 神殿全由大理石砌成，是世界上最对称的宏伟建筑物，长 80m，宽约 34m，殿内有高约 12m 整齐圆滑的石柱. 它被公认为现存古建筑中最具均衡美感的伟大杰作，每根石柱均向内微倾，以平衡观众的视差，令其造型更和谐优美.

此外，一些建筑由多种几何体构造也颇具美感. 如拜占庭时期的建筑通常由正方形、圆、立方体和带拱的半球等概念组合而成，典型的代表为君士坦丁堡的索菲亚教堂(图 1-2)，此类创新用法成了罗马建筑师引进并加以完善的主要数学思想.

图 1-1

图 1-2

解三角形、计算面积和体积是初等数学的重要内容，为巩固这方面的知识，本章在复习学生原有初等数学知识的基础上加以补充，并就这些知识在建筑工程中的实际应用作些介绍.

§1-1　解三角形

三角形具有一个很重要的力学性质 —— 稳定性，所以三角形是建筑物中最常见的一种几何图形，如屋架、支架、支撑等都是由三角形构成的. 对于以建筑业为专业背景的我们来说，很好地掌握解三角形的知识，以适应实际工作的需要，就显得非常重要.

一、三角形的性质

1. 三角形的分类

按边分：不等边三角形、等腰三角形、等边(正) 三角形.

按角分：锐角三角形、直角三角形、钝角三角形.

2. 构成三角形的条件

两边之和大于第三边,两边之差小于第三边.

3. 三角形的内角

内角和为180°,三角形的一个外角等于它不相邻的两个内角之和.

4. 三角形的边角关系

在同一个三角形中,边相等则所对的角相等;大边对大角,反之也成立.

5. 三角形的四心

垂心(三条高的交点)、重心(三条中线的交点)、内心(三条角平分线的交点)、外心(三条边的垂直平分线交点).

6. 三角形的面积公式: $S = \frac{1}{2}ah_a$(图 1-3).

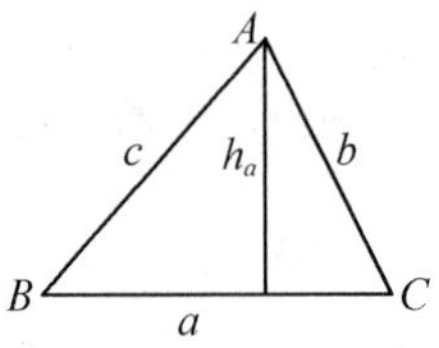

图 1-3

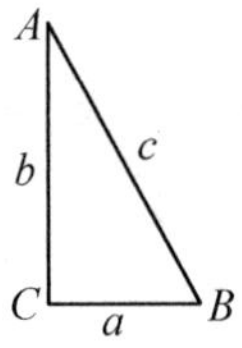

图 1-4

二、解三角形

1. 直角三角形的边角计算(图 1-4)

勾股定理　$c^2 = a^2 + b^2$;

三角比(锐角三角函数)　$\sin A = \frac{a}{c}, \cos A = \frac{b}{c}, \tan A = \frac{a}{b}, \cot A = \frac{b}{a}$.

2. 斜三角形的边角计算(如图 1-3)

正弦定理:$\frac{a}{\sin A} = \frac{b}{\sin B} = \frac{c}{\sin C} = 2R$($R$ 为三角形外接圆半径);

余弦定理:$a^2 = b^2 + c^2 - 2bc\cos A$,

$b^2 = a^2 + c^2 - 2ac\cos B$,

$c^2 = a^2 + b^2 - 2ab\cos C$.

三、知识应用

例 1　桅杆式起重机最大起吊高度和最远起吊距离的计算.某工地为安装设备,需安装一台大型桅杆式起重机(图 1-5).拔杆长59.5m,拔杆下端与主桅杆铰接在离地面 0.4m 处,偏离主桅杆中心0.42m;拔杆的倾角 α 可以从15° 转到80°;起重机吊钩、滑轮、索具的高度为 2.5m.求起重机工作时吊钩离地面的最大高度和最大水平距离.

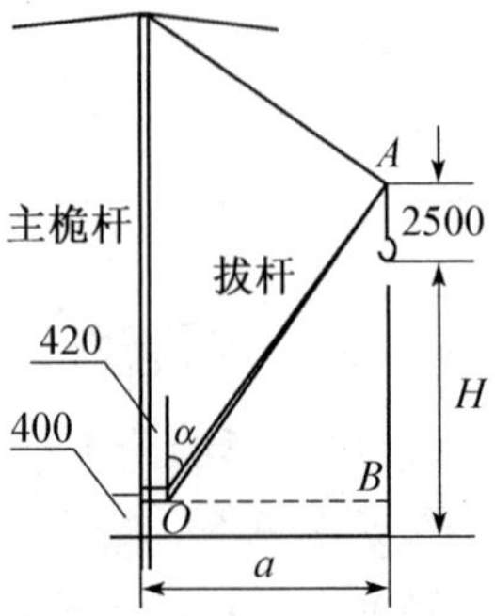

图 1-5

解　如图 1-5,在倾角为 α 时($\alpha \in [15°, 80°]$),起吊高度 $H = AB + 0.4 - 2.5$,水平距离 $a = OB + 0.42$,所以考虑直角三角形 AOB,有

$$AB = OA \cdot \sin(90° - \alpha) = OA \cdot \cos\alpha,$$

$$OB = OA \cdot \cos(90^\circ - \alpha) = OA \cdot \sin\alpha.$$

要使起吊高度 H 达到最大，则 AB 最大，此时取 $\alpha = 15^\circ$，所以最大起吊高度为

$$H = 59.5 \cdot \cos 15^\circ + 0.4 - 2.5 = 55.4(\text{m}).$$

要使水平距离 a 达到最大，则 OB 达到最大，此时取 $\alpha = 80^\circ$，最大水平距离为

$$a = 59.5 \cdot \sin 80^\circ + 0.42 = 59.0(\text{m}).$$

例 2 有一个高度 $A_1B = 6\text{m}$，半径 $OA_1 = 1.5\text{m}$ 的圆柱形构筑物，沿着圆柱外周设置一个宽度 $A_1A_2 = 70\text{cm}$ 的旋转梯（图 1-6a），其中 A_1B_1 为旋转梯的内沿边，A_2B_2 为旋转梯的外沿边，D_1D_2 为旋转梯的横档（踏步）。若将旋转梯的内沿边和外沿边展开后放在同一平面上（图 1-6b），经测量第一个踏步有关尺寸为：$D_1C_1 = D_2C_2 = 20\text{cm}$，$A_1C_1 = 30\text{cm}$，$A_1C_2 = 44\text{cm}$，试求旋转梯从地面到构筑物顶部的内沿边 A_1B_1 与外沿边 A_2B_2 的长度。

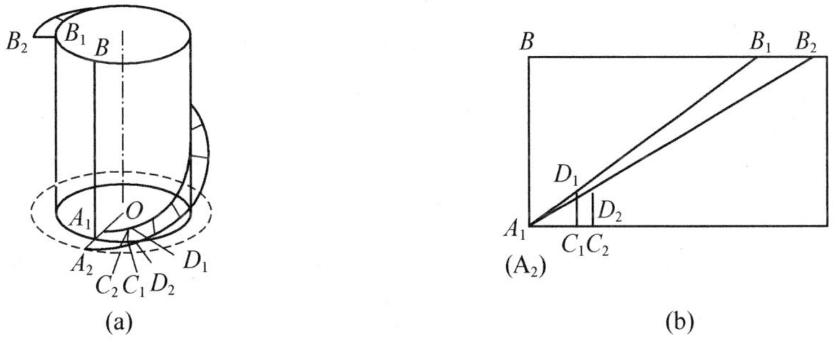

图 1-6

解 由平面展开图，在直角三角形 $A_1D_1C_1$ 中

$$\tan\angle D_1A_1C_1 = \frac{D_1C_1}{A_1C_1} = \frac{20}{30} = \frac{2}{3}.$$

在直角三角形 BA_1B_1 中得内沿边长

$$A_1B_1 = \frac{A_1B}{\cos\angle BA_1B_1} = \frac{A_1B}{\cos(90^\circ - \angle D_1A_1C_1)} = \frac{6}{\sin\angle D_1A_1C_1} \approx 10.81(\text{m}).$$

同理，可得外沿边 A_2B_2 长为 14.61m.

例 3 如图 1-7 所示的屋架，根据所给的尺寸，计算三角形 ABC 三边 AB，BC，CA 的长度及三内角 $\angle A$，$\angle B$，$\angle C$ 的大小.

解 由勾股定理计算杆的长度

在直角三角形 ABA_1 中

$$AB = \sqrt{(AA_1)^2 + (A_1B)^2} = \sqrt{(3.0)^2 + (2.0)^2} \approx 3.61(\text{m}).$$

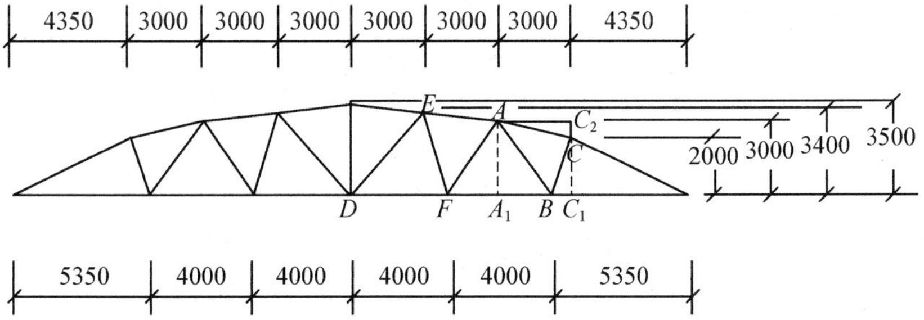

图 1-7

在直角三角形 BCC_1 中

$$BC=\sqrt{(BC_1)^2+(C_1C)^2}=\sqrt{(5.35-4.35)^2+(2.0)^2}\approx 2.24(\text{m}).$$

在直角三角形 ACC_2 中

$$AC=\sqrt{(AC_2)^2+(C_2C)^2}=\sqrt{(3.0)^2+(3.0-2.0)^2}\approx 3.16(\text{m}).$$

在三角形 ABC 中，由余弦定理

$$\cos B=\frac{AB^2+BC^2-AC^2}{2AB\cdot BC}=\frac{(3.61)^2+(2.24)^2-(3.16)^2}{2\times 3.61\times 2.24}\approx 0.4960,$$

$$\angle B=60°16'.$$

又由正弦定理 $\dfrac{AC}{\sin B}=\dfrac{BC}{\sin A}$，

所以 $\sin A=\dfrac{BC}{AC}\sin B=\dfrac{2.24}{3.16}\times 0.8682=0.6151,$

$$\angle A=37°59',$$

$$\angle C=180°-\angle A-\angle B=81°45'.$$

习题 1-1

1. 如图 1-8，为了防止屋面积水，某大型公共建筑物的网状屋顶的倾斜度为 1°，已知该建筑物跨度为 138.2m，求屋顶中央处的高度 BD.
2. 如图 1-9，某房屋跨度为 4.8m，房屋倾角为 26°34′，房屋长度为 7.8m，如果每平方米屋顶铺机瓦 15 张，问该房屋屋顶共铺多少张瓦？

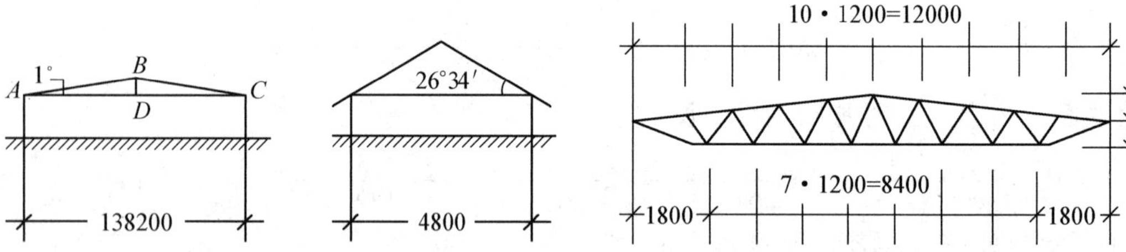

图 1-8　　图 1-9　　图 1-10

3. 某轻钢屋架如图 1-10 所示，求各杆的长度及它们之间的夹角.

§1-2　三角函数

一、三角函数的概念

当角的度量单位为弧度制时，角的集合与实数集合之间建立了一一对应关系，而一个确定的角又对应着一个三角比. 这样就产生了一个新函数 —— 三角函数. 不同的三角比对应不同的三角函数，它们分别为正弦函数 $y=\sin x$，余弦函数 $y=\cos x$，正切函数 $y=\tan x$，余切函数 $y=\cot x$，正割函数 $y=\sec x$，余割函数 $y=\csc x$.

1. 三角函数的定义域、值域、性质

表 1-1

函数	定义域	值域	奇偶性	周期	单调性
$y=\sin x$	$x\in\mathbf{R}$	$[-1,1]$	奇	2π	$\left[-\frac{\pi}{2}+2k\pi,\frac{\pi}{2}+2k\pi\right]\nearrow$ $\left[\frac{\pi}{2}+2k\pi,\frac{3\pi}{2}+2k\pi\right]\searrow$ $k\in\mathbf{Z}$
$y=\cos x$	$x\in\mathbf{R}$	$[-1,1]$	偶	2π	$[2k\pi,(2k+1)\pi]\searrow$ $[(2k+1)\pi,(2k+2)\pi]\nearrow$ $k\in\mathbf{Z}$
$y=\tan x$	$x\neq k\pi+\frac{\pi}{2}$, $k\in\mathbf{Z}$	$\mathbf{R}$	奇	π	$\left(-\frac{\pi}{2}+k\pi,\frac{\pi}{2}+k\pi\right)\nearrow$ $k\in\mathbf{Z}$
$y=\cot x$	$x\neq k\pi$, $k\in\mathbf{Z}$	$\mathbf{R}$	奇	π	$(k\pi,(k+1)\pi)$ $k\in\mathbf{Z}$ $\searrow$
$y=\sec x$	$x\neq k\pi+\frac{\pi}{2}$, $k\in\mathbf{Z}$		偶	2π	
$y=\csc x$	$x\neq k\pi$, $k\in\mathbf{Z}$		奇	2π	

其中，正弦函数 $y=\sin x$，余弦函数 $y=\cos x$ 和正切函数 $y=\tan x$ 的图象分别如图 1-11.

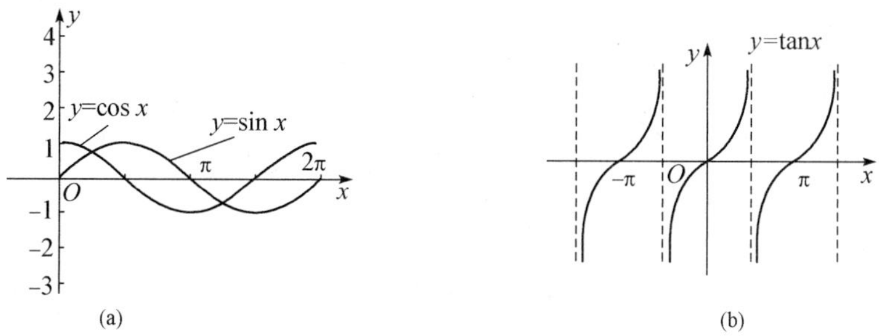

图 1-11

2. 常用的三角公式

(1) 同角三角函数关系

平方关系：$\sin^2x+\cos^2x=1,1+\tan^2x=\sec^2x,1+\cot^2x=\csc^2x$.

商式关系：$\tan x=\dfrac{\sin x}{\cos x},\cot x=\dfrac{\cos x}{\sin x}$.

倒数关系：$\sec x=\dfrac{1}{\cos x},\csc x=\dfrac{1}{\sin x},\cot x=\dfrac{1}{\tan x}$.

(2) 二倍角公式

$$\sin 2x=2\sin x\cos x,$$

$$\cos 2x=\cos^2x-\sin^2x=2\cos^2x-1=1-2\sin^2x,$$

$$\tan 2x=\frac{2\tan x}{1-\tan^2x}.$$

(3) 两角和与差的公式

$$\sin(x \pm y) = \sin x\cos y \pm \cos x\sin y,$$
$$\cos(x \pm y) = \cos x\cos y \mp \sin x\sin y,$$
$$\tan(x \pm y) = \frac{\tan x \pm \tan y}{1 \mp \tan x\tan y}.$$

二、知识应用

例 1 若 $\tan x = m$，且 x 在第三象限，求 $\cos x$ 的值.

解 由 $1 + \tan^2 x = \sec^2 x$，x 为第三象限角，所以

$$\cos x = -\frac{1}{\sqrt{1+\tan^2 x}} = -\frac{1}{\sqrt{1+m^2}} = -\frac{\sqrt{1+m^2}}{1+m^2}.$$

例 2 求下列函数的最大值与最小值，并求对应的 x 值.

(1) $y = \sin x + \sqrt{3}\cos x$；　　(2) $y = -2\cos^2 x + 2\sin x + \dfrac{3}{2}$.

解 (1) $y = \sin x + \sqrt{3}\cos x = 2\left(\dfrac{1}{2}\sin x + \dfrac{\sqrt{3}}{2}\cos x\right) = 2\sin\left(\dfrac{\pi}{3} + x\right)$.

而 $-1 \leqslant \sin\left(\dfrac{\pi}{3} + x\right) \leqslant 1$，所以 $y = \sin x + \sqrt{3}\cos x$ 的最大值是 2，此时

$$x = \frac{\pi}{2} + 2k\pi - \frac{\pi}{3} = \frac{\pi}{6} + 2k\pi, k \in \mathbf{Z}.$$

最小值为 -2，此时 $x = -\dfrac{\pi}{2} + 2k\pi - \dfrac{\pi}{3} = -\dfrac{5\pi}{6} + 2k\pi, k \in \mathbf{Z}$.

注意： 通常 $a\sin\omega x + b\cos\omega x = \sqrt{a^2+b^2}\sin(\omega x + \varphi)$，其中 $\tan\varphi = \dfrac{b}{a}$，这个公式在建筑结构的振动分析中常常遇到. 还可用于求最值、周期等.

(2) $y = -2\cos^2 x + 2\sin x + \dfrac{3}{2} = 2\sin^2 x + 2\sin x - \dfrac{1}{2} = 2\left(\sin x + \dfrac{1}{2}\right)^2 - 1$.

当 $\sin x = 1$ 时，即 $x = 2k\pi + \dfrac{\pi}{2}, k \in \mathbf{Z}$，$y$ 达到最大，最大值为 $\dfrac{7}{2}$；

当 $\sin x = -\dfrac{1}{2}$ 时，即 $x = 2k\pi + \dfrac{7\pi}{6}$，或 $x = 2k\pi - \dfrac{\pi}{6}, k \in \mathbf{Z}$，$y$ 达到最小，最小值为 -1.

习题 1－2

1. 已知 $\cos x = \dfrac{5}{13}\left(\dfrac{3\pi}{2} < x < 2\pi\right)$，求 $\tan\dfrac{x}{2}$ 的值.

2. 求函数 $y = \sqrt{\sin(\cos x)}$ 的定义域.

3. 化简下列各式：

 (1) $\sin^2 1° + \sin^2 2° + \cdots + \sin^2 88° + \sin^2 89°$；

 (2) $\sin^2\alpha + \sin^2\beta - \sin^2\alpha \cdot \sin^2\beta + \cos^2\alpha \cdot \cos^2\beta$.

4. 求下列函数的最值，及相应的 x 值：

 (1) $y = 3\sin 2x + 4\cos 2x$；　　(2) $y = 3\sin^2 x + 6\sin x - 4$.

§1-3　反三角函数

一、反函数

定义1.1　设函数 $y=f(x)$，其定义域为 D，值域为 M. 如果对于每一个 $y\in M$，有唯一的一个 $x\in D$ 与之对应，并使 $y=f(x)$ 成立，就得到一个以 y 为自变量，x 为因变量的函数，称此函数为 $y=f(x)$ 的反函数，记作

$$x=f^{-1}(y).$$

显然，$x=f^{-1}(y)$ 的定义域为 M，值域为 D. 由于习惯上自变量用 x 表示，因变量用 y 表示，所以 $y=f(x)$ 的反函数可表示为

$$y=f^{-1}(x).$$

反函数存在的条件是一一对应. 如指数函数 $y=a^x(a>0,a\neq 1)$ 的定义域$(-\infty,+\infty)$内是一一对应的，其值域为$(0,+\infty)$. 所以它有反函数，它的反函数是对数函数 $y=\log_a x(a>0,a\neq 1)$. 相应的定义域为$(0,+\infty)$，值域为$(-\infty,+\infty)$. 当 $0<a<1$ 时的图形见图 1-12.

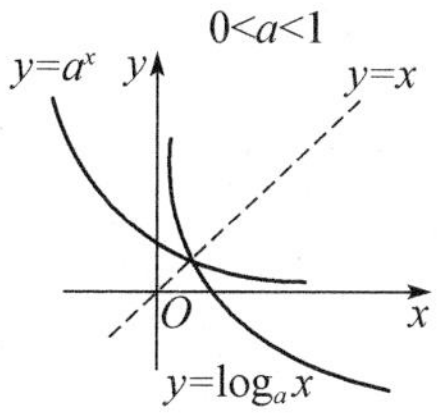

图 1-12

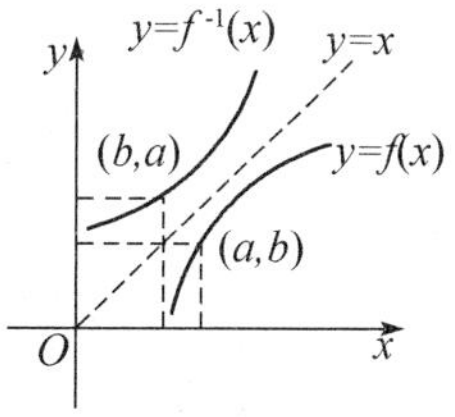

图 1-13

在同一直角坐标系中，函数 $y=f(x)$ 和其反函数 $y=f^{-1}(x)$ 的图象关于直线 $y=x$ 对称，如图 1-13 所示.

二、反三角函数

1. 概念

三角函数知识告诉我们，在整个定义域上没有一个三角函数是一一对应的，所以在定义域内是没有反函数存在的. 但注意到每个三角函数都有单调区间. 只考虑单调区间上的反函数，因此定义反三角函数. 正弦函数 $y=\sin x$、余弦函数 $y=\cos x$、正切函数 $y=\tan x$ 和余切函数 $y=\cot x$ 的反函数分别称为反正弦函数 $y=\arcsin x$、反余弦函数 $y=\arccos x$、反正切函数 $y=\arctan x$ 和反余切函数 $y=\text{arccot}\,x$. 具体定义见表 1-2.

表 1-2

反三角函数	定义域	值　域
$y=\arcsin x$	$[-1,1]$	$\left[-\frac{\pi}{2},\frac{\pi}{2}\right]$
$y=\arccos x$	$[-1,1]$	$[0,\pi]$

续表

反三角函数	定义域	值　域
$y=\arctan x$	$(-\infty,+\infty)$	$\left(-\frac{\pi}{2},\frac{\pi}{2}\right)$
$y=\operatorname{arccot} x$	$(-\infty,+\infty)$	$(0,\pi)$

2. 性质与图象

性质见表 1-3.

表 1-3

函　数	单调性	恒等式	正负值关系
$y=\arcsin x$	增函数	$\sin(\arcsin x)=x$	$\arcsin(-x)=-\arcsin x$
$y=\arccos x$	减函数	$\cos(\arccos x)=x$	$\arccos(-x)=\pi-\arccos x$
$y=\arctan x$	增函数	$\tan(\arctan x)=x$	$\arctan(-x)=-\arctan x$
$y=\operatorname{arccot} x$	减函数	$\cot(\operatorname{arccot} x)=x$	$\operatorname{arccot}(-x)=\pi-\operatorname{arccot} x$

图象见图 1-14.

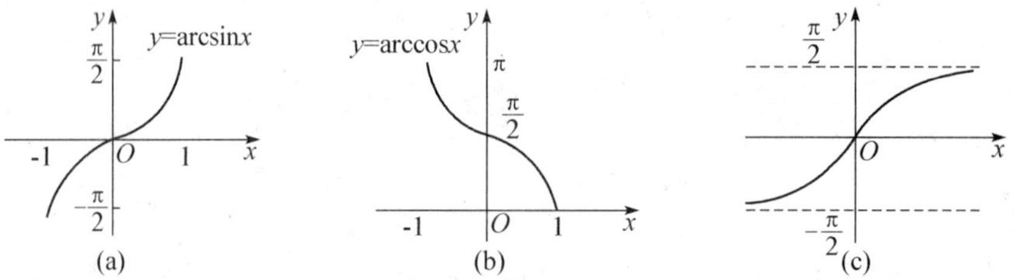

(a)　(b)　(c)

图 1-14

例 1　求下列函数的定义域:

(1) $y=\frac{1}{4}\arcsin(2x-5)$;　　(2) $y=\arccos(x^2-x)$.

解　(1) 由 $-1\leqslant 2x-5\leqslant 1$,得 $2\leqslant x\leqslant 3$,定义域为$[2,3]$.

(2) 由 $-1\leqslant x^2-x\leqslant 1$,得$\frac{1-\sqrt{5}}{2}\leqslant x\leqslant\frac{1+\sqrt{5}}{2}$,定义域为$\left[\frac{1-\sqrt{5}}{2},\frac{1+\sqrt{5}}{2}\right]$.

例 2　求反三角函数的值:

(1) $\arcsin\frac{1}{2}$;　　(2) $\arccos\left(-\frac{\sqrt{3}}{2}\right)$.

解　(1) 设 $\alpha=\arcsin\frac{1}{2}$,则 $\sin\alpha=\frac{1}{2}$,$\alpha\in\left[-\frac{\pi}{2},\frac{\pi}{2}\right]$,所以 $\alpha=\frac{\pi}{6}$.

(2) 设 $\alpha=\arccos\left(-\frac{\sqrt{3}}{2}\right)$,则 $\cos\alpha=-\frac{\sqrt{3}}{2}$,$\alpha\in[0,\pi]$,

所以 $\alpha=\arccos\left(-\frac{\sqrt{3}}{2}\right)=\frac{5\pi}{6}$.

注意: 求反三角函数的值时,首先,考虑用反三角函数的定义与性质;其次,通常设辅助角,转化为原函数的恒等变形来解决问题. 其一般步骤是:设辅助角 —— 化原函数 —— 计算求值.

三、解简单的三角方程

定义 1.2　含有未知数的三角函数的方程，称为三角方程.

最简单三角方程的解见表 1－4.

表 1－4

方　程	a 的值	通　解	解　集
$\sin x = a$	$\lvert a \rvert < 1$	$x = k\pi + (-1)^k \arcsin a (k \in \mathbf{Z})$	$\{x \mid x = k\pi + (-1)^k \arcsin a, k \in \mathbf{Z}\}$
	$\lvert a \rvert = 1$	$x = 2k\pi + \arcsin a (k \in \mathbf{Z})$	$\{x \mid x = 2k\pi + \arcsin a, k \in \mathbf{Z}\}$
	$\lvert a \rvert > 1$	$\varnothing$	$\varnothing$
$\cos x = a$	$\lvert a \rvert \leqslant 1$	$x = 2k\pi \pm \arccos a (k \in \mathbf{Z})$	$\{x \mid x = 2k\pi \pm \arccos a, k \in \mathbf{Z}\}$
	$\lvert a \rvert > 1$	$\varnothing$	$\varnothing$
$\tan x = a$	$a \in \mathbf{R}$	$x = k\pi + \arctan a (k \in \mathbf{Z})$	$\{x \mid x = k\pi + \arctan a, k \in \mathbf{Z}\}$

例 3　解下列三角方程：

(1) $2\sin 2x = 1$；(2) $\cos^2 x - 4\cos x + 2 = 0$；(3) $\tan^3 x + \tan^2 x - 3\tan x - 3 = 0$.

解　(1) 由 $2\sin 2x = 1$，得 $\sin 2x = \frac{1}{2}$，因为 $\arcsin \frac{1}{2} = \frac{\pi}{6}$，所以 $2x = k\pi + (-1)^k \frac{\pi}{6}$，原方程的解为 $x = \frac{k\pi}{2} + (-1)^k \frac{\pi}{12}, k \in \mathbf{Z}$.

(2) 先解二次方程得 $\cos x = 2 \pm \sqrt{2}$，因为 $2 + \sqrt{2} > 1$，所以 $\cos x = 2 + \sqrt{2}$ 无解. 由 $\cos x = 2 - \sqrt{2}$，得 $x = 2k\pi \pm \arccos(2 - \sqrt{2}), k \in \mathbf{Z}$.

(3) 分解因式　$(\tan x + 1)(\tan^2 x - 3) = 0$，得 $\tan x = -1$，$\tan x = \pm\sqrt{3}$.

由 $\tan x = -1$，$x = k\pi - \frac{\pi}{4}$　$(k \in \mathbf{Z})$；由 $\tan x = \pm\sqrt{3}$，$x = k\pi \pm \frac{\pi}{3}$　$(k \in \mathbf{Z})$.

结论：解三角方程的基本思路是通过代数或三角的变换，将一个三角方程转化为一个或多个最简单的三角方程，从而求出其解.

习题 1－3

1. 求函数的定义域：

(1) $y = \arccos(1 - 5x)$；　　(2) $y = \arctan \frac{1}{\sqrt{x^2 - 2x - 3}}$.

2. 求下列各式的值：

(1) $\arcsin(-1)$；　　(2) $\arccos\left(-\frac{1}{2}\right)$；

(3) $\arctan\sqrt{3}$；　　(4) $\cos\left[\arcsin\left(-\frac{1}{2}\right)\right]$.

3. 解三角方程：

(1) $1 + \sqrt{2}\cos x = 0$；　　(2) $2\sin^2 x - 5\sin x - 3 = 0$；

(3) $\tan x + \cot x = 2$.

§1-4　面积计算

在建筑工地上，为了做材料预算、编制施工进度及下达施工任务等，需要根据设计图纸对建筑构件按平方米计算工程量，即计算建筑构件的截面积、表面积等. 本节先复习面积计算公式，再进行相应的面积计算.

一、面积计算公式

所谓平面图形的面积，就是一个平面封闭图形所在平面部分的大小. 要计算平面图形的面积，首先要规定度量单位. 通常用边长为一个长度单位的正方形作为面积单位. 例如，当正方形边长为 1m 时，那面积单位就是 $1m^2$.

1. 常见平面图形的面积计算公式

表 1-5

名　称	图　形	符号说明	面积(S) 公式
正方形	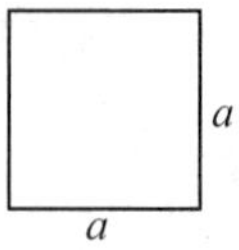	a— 边长	$S=a^2$
长方形	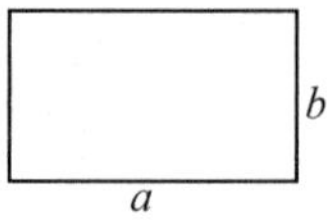	a— 长 b — 宽	$S=ab$
平行四边形	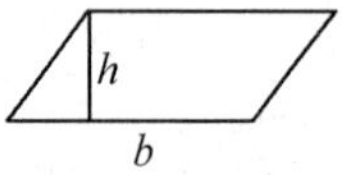	b — 底边 h— 高	$S=bh$
三角形	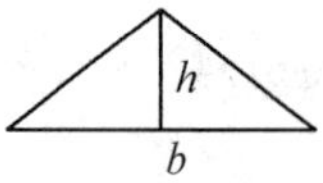	b — 底边 h— 高	$S=\frac{1}{2}bh$
梯形	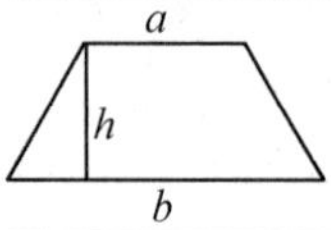	a— 上底 b — 下底 h— 高	$S=\frac{1}{2}(a+b)h$
圆	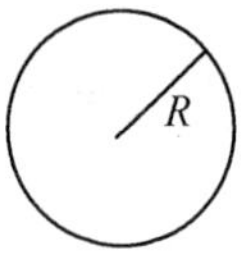	R— 半径	$S=\pi R^2$
扇形	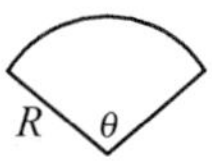	R— 半径 θ — 圆心角	$S=\frac{\theta}{360}\pi R^2$ (θ 的单位为度)
弓形	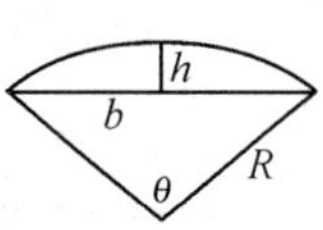	R— 半径 θ — 圆心角 h— 弓形的高 b — 弓形的底	$S=\frac{\theta}{360}\pi R^2-\frac{b(R-h)}{2}$ (θ 的单位为度)

2. 常见立体图形的表面积公式

表 1-6

	表面积相关公式		表面积相关公式
棱柱	$S_{全}=S_{侧}+2S_{底}$， 其中 $S_{侧}=l_{侧棱长}\cdot c_{直截面周长}$	圆柱	$S_{全}=2\pi r^2+2\pi rh$ （r：底面半径，h：高）
棱锥	$S_{全}=S_{侧}+S_{底}$	圆锥	$S_{全}=\pi r^2+\pi rl$ （r：底面半径，l：母线长）
棱台	$S_{全}=S_{侧}+S_{上底}+S_{下底}$	圆台	$S_{全}=\pi(r'^2+r^2+r'l+rl)$ （r：下底半径，r'：上底半径，l：母线长）

二、知识应用

例 1 由两个全等的梯形和两个全等的三角形构成的四坡水屋顶，屋檐长为 32.5m，宽为 19.0m，屋脊线长为 22.5m；梯形高 11.2m，三角形高 7.8m（如图 1-15，单位 mm），求该屋顶的面积. 若每平方米铺瓦 15 张，问共需瓦多少张？

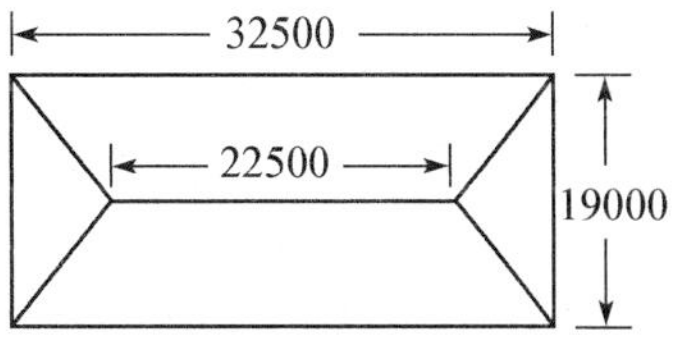

图 1-15

解 按梯形和三角形面积的计算公式，屋顶的面积为

$$S=2\times\left[\frac{1}{2}\times(22.5+32.5)\times 11.2\right]+2\times\left(\frac{1}{2}\times 19.0\times 7.8\right)=764.2(\text{m}^2),$$

所需的瓦数为 $15\times 764.2=11463$（张）.

例 2 有一个高度为 8m 的混凝土花篮梁，截面尺寸如图 1-16 所示（单位为 mm），试求该梁的混凝土量.

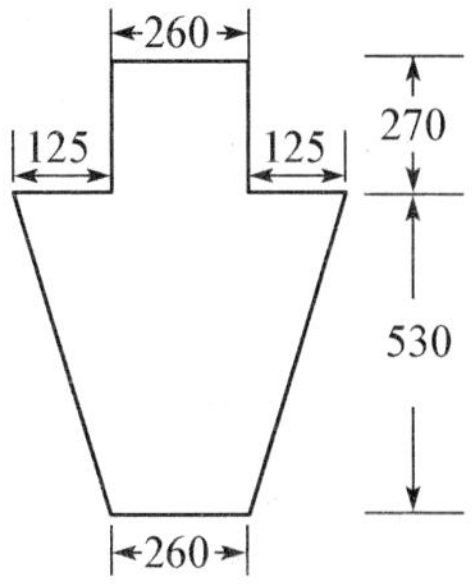

图 1-16

解 混凝土量 = 截面积 × 长度

$$=\left[0.26\times 0.27+\frac{1}{2}\times(0.26+0.51)\times 0.53\right]\times 8$$

$$=0.2742\times 8=2.1936(\text{m}^3).$$

例 3 三角形地块的面积计算. 设 a,b,c 为三角形的三边长，如图 1-17 所示，且 $s=\frac{1}{2}(a+b+c)$，试证三角形的面积为 $A=\sqrt{s(s-a)(s-b)(s-c)}$.

当三角形地块 $a=60, b=70, c=90$，试求这地块的面积是多少亩（1 亩 $=\frac{2000}{3}\text{m}^2$）.

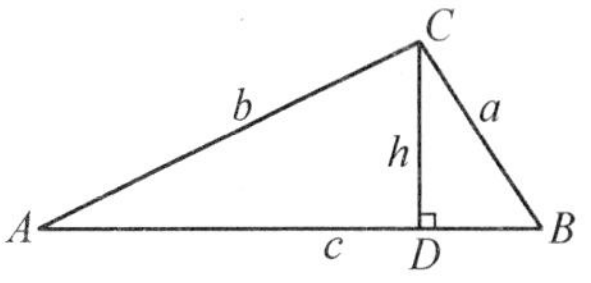

图 1-17

解 先证三角形面积公式

$$A=\frac{1}{2}ac\sin B=\frac{1}{2}ac\sqrt{1-\cos^2 B}$$

$$=\frac{1}{2}ac\sqrt{1-\left(\frac{a^2+c^2-b^2}{2ac}\right)^2}$$

$$=\sqrt{\frac{1}{2}(a+b+c)\cdot\frac{1}{2}(a+b-c)\cdot\frac{1}{2}(b+c-a)\cdot\frac{1}{2}(a+c-b)}$$

$= \sqrt{s \cdot (s-a) \cdot (s-b) \cdot (s-c)}$.(其中 $s = \frac{1}{2}(a+b+c)$)

计算三角形地块的面积,把 $a = 60, b = 70, c = 90$ 代入 $s = \frac{1}{2}(a+b+c)$,可得 $s = \frac{1}{2} \times (60+70+90) = 110$,进一步计算可得三角形地块面积

$$\sqrt{110(110-60)(110-70)(110-90)} = 2098(\text{m}^2) \approx 3.15(\text{亩}).$$

例 4 某建筑物的阳台为弓形,圆弧所在的圆半径为 5m,对应的圆心角为120°,弓形高为 2m,弓形的底边为 8m,问阳台的面积为多少?

解 $A = \frac{\theta}{360}\pi R^2 - \frac{b(R-h)}{2} = \frac{120}{360}\pi \times 5^2 - \frac{8 \times (5-2)}{2} = 14.18(\text{m}^2).$

例 5 钢筋混凝土圆台柱子的上底面直径为 1.6m,下底面直径为 2.4m,母线长为 25m. 问这根柱子的抹灰面积为多少?

解 圆台的上底面半径为 0.8m,下底面半径为 1.2m.

$$S = \pi(r'l + rl) = \pi(0.8 + 1.2) \times 25 = 157.08(\text{m}^2).$$

习题 1-4

1. 已知某建筑物的大厅的平面图形为扇形,其直径为 56m,圆心角为150°,问该大厅的面积为多少平方米?
2. 钢筋混凝土圆柱子的直径是 2m,高是 30m. 问这根柱子的抹灰面积为多少?
3. 有一个养鱼池长 18m,宽 12m,深 3.5m,要在养鱼池各个面上抹一层水泥,防止渗水. 如果每平方米用水泥 5kg,一共需要水泥多少千克?
4. 有一钢筋混凝土梁,截面尺寸如图 1-18 所示,计算该梁的截面积.

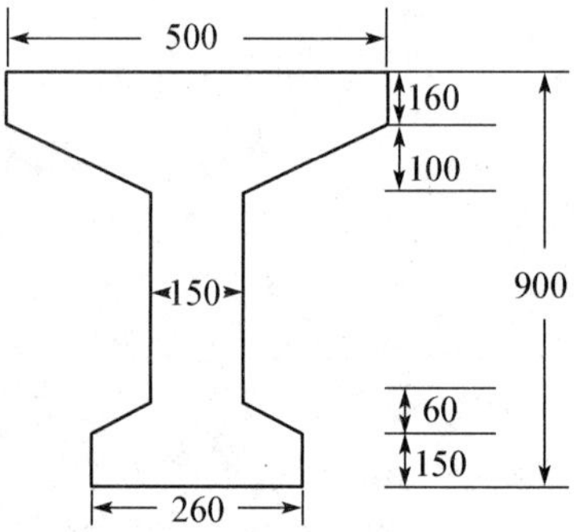

图 1-18

§1-5 体积计算

同样地,在建筑工地上,为了做材料预算、编制施工进度及下达施工任务等,还需要根据设计图纸对建筑构件按立方米计算工程量(抽方),即计算建筑构件的体积. 本节先复习体积的计算公式,再进行建筑构件的体积计算.

一、常见的体积计算公式

表 1-6

名　称	图　形	符号说明	体积(V) 公式
长方形	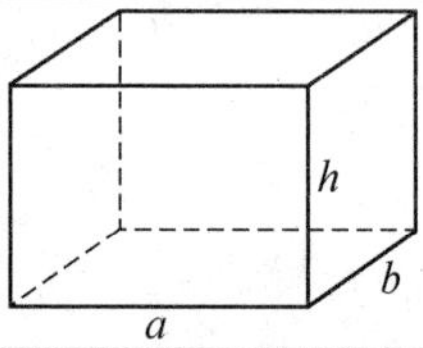	h—高 a—长 b—宽	$V = abh$

名　称	图　形	符号说明	体积(V)公式
棱柱	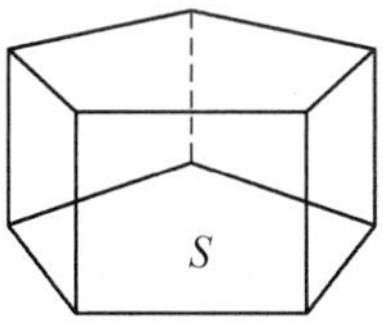	S— 底面积 h— 高	$V=S\cdot h$
圆柱	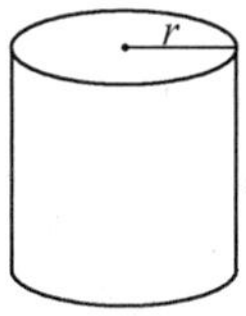	r — 底面圆半径 h— 高	$V=\pi r^2 h$
棱锥	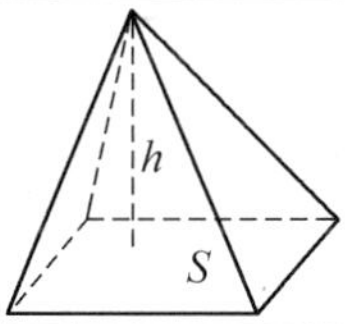	S— 底面积 h— 高	$V=\frac{1}{3}S\cdot h$
圆锥	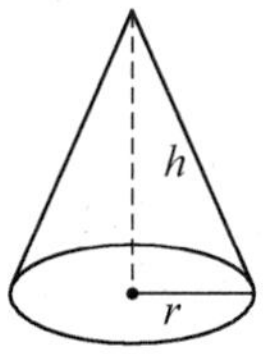	r — 底面圆半径 h— 高	$V=\frac{1}{3}\pi r^2 h$
棱台	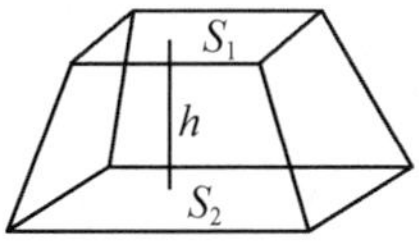	S_1— 上底面积 S_2— 下底面积 h— 高	$V=\frac{1}{3}(S_1+\sqrt{S_1S_2}+S_2)h$
圆台	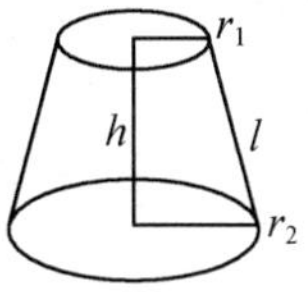	r_1— 上底半径 r_2— 下底半径 h— 高	$V=\frac{1}{3}\pi(r_1^2+r_1r_2+r_2^2)h$
球	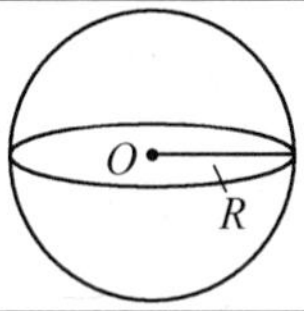	R— 球半径	$V=\frac{4}{3}\pi R^3$
球缺	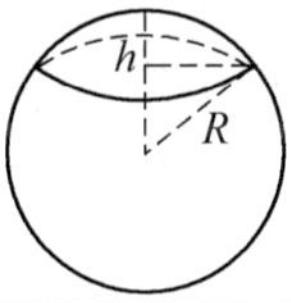	R— 球半径 h— 球缺高	$V=\pi h^2\left(R-\frac{h}{3}\right)$

在建筑施工中，为了加工、运输、安装建筑构件的需要，一般都要求计算构件自重. 它的计算公式为：

构件自重 = 构件体积 × 构件所用材料的重力密度.

常见材料的重力密度为：木材 4 ～ 8kN/m^3，钢材 78. 5kN/m^3，钢筋混凝土 25kN/m^3，砖砌体 19kN/m^3.

二、知识应用

例 1 三棱柱土块重量的计算. 在挡土墙的设计中[如图 1-19(a)], 需要知道三棱柱土块的重量, 三棱柱的横截面如图 1-19(b)(即 $\triangle ABC$). 如果已知的数值 α, β, H_1, H_2 和土的密度为 ρ, 试计算 1m 长的该土块的质量.

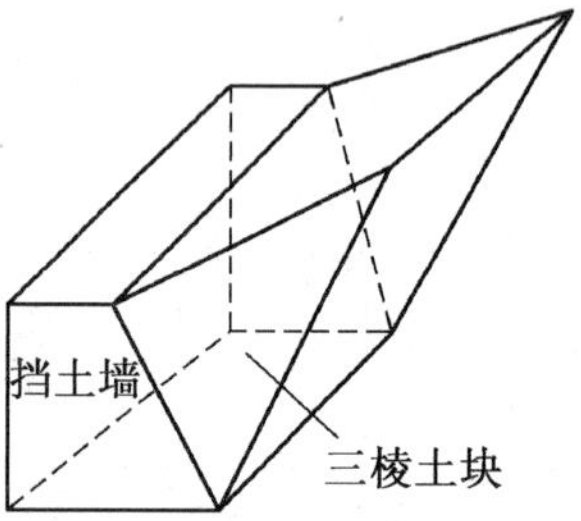

(a)

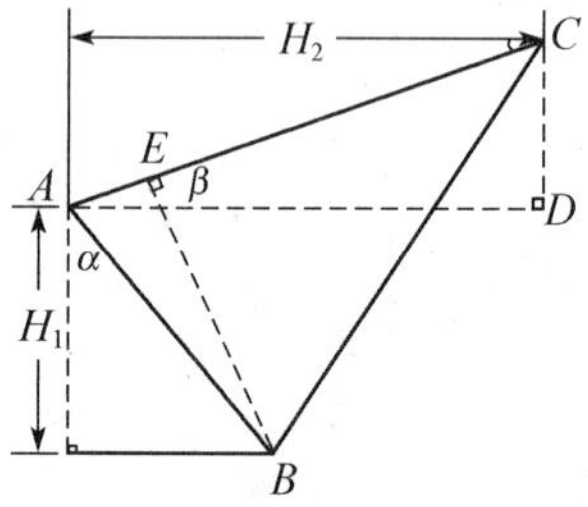

(b)

图 1-19

解 $BE = AB\sin(90° - \alpha + \beta) = \dfrac{H_1}{\cos\alpha}\cos(\alpha - \beta)$,

$$AC = \frac{H_2}{\cos\beta},$$

$$W = \frac{1}{2}\left[\frac{H_2}{\cos\beta} \cdot \frac{H_1}{\cos\alpha} \cdot \cos(\alpha - \beta)\right] \cdot 1 \cdot \rho = \frac{1}{2}\,\frac{H_1 H_2 \cos(\alpha - \beta)}{\cos\alpha\cos\beta}.$$

例 2 有一混凝土棱台形柱基, 尺寸如图 1-20 所示(单位 mm), 问它的混凝土量为多少?

解 混凝土量 $= \left[\dfrac{1}{3} \times 高 \times (上底面积 + 下底面积 + \sqrt{上底面积 \times 下底面积})\right] +$ 下底长 $\times$ 下底宽 $\times$ 高

$$= \frac{1}{3} \times 1.2 \times (1^2 + 3^2 + \sqrt{1^2 \times 3^2}) + 3^2 \times 0.8 = 12.4(\text{m}^3).$$

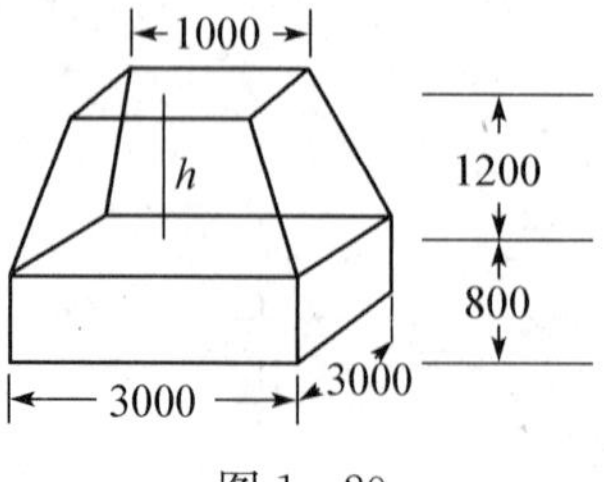

图 1-20

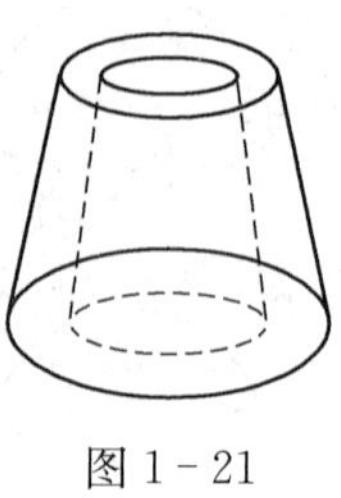

图 1-21

例 3 有一个圆形砖烟囱, 如图 1-21 所示, 上底大圆半径为 2m, 小圆半径 1.76m, 下底大圆半径为 4m, 小圆半径为 3.52m, 高度为 48m. 问它的砖砌体量为多少?

解 砖砌体量 = 大圆台体 — 小圆台体

$$= \frac{\pi}{3} \times 48 \times (2^2 + 4^2 + 2 \times 4) - \frac{\pi}{3} \times 48 \times (1.76^2 + 3.52^2 + 1.76 \times 3.52)$$

$$= 317.5(\text{m}^3).$$

例 4 试计算 ϕ 8 和 ϕ 18 钢筋一米长有多少重.

解　钢筋一米长的自重＝一米长的体积×钢材重力密度

$$=\left(\frac{\pi}{4}\times 直径^2\times 1\text{m}\right)\times 78.5\approx 61.65\times 直径^2.$$

$\phi 8$ 钢筋一米长自重 $\approx 61.65\times 0.008^2\approx 3.95\text{N}$.

$\phi 18$ 钢筋一米长自重 $\approx 61.65\times 0.018^2\approx 19.88\text{N}$.

习题 1－5

1. 工地上浇筑混凝土梁 8 根，每根长 6.24m，高 0.45m，宽 0.20m，问约需混凝土多少方？若搅拌机每次搅拌 0.3 方混凝土，问需搅拌多少次？
2. 有一堆砂子，上底面与下底面是互相平行的长方形，各侧面是梯形. 现知上底面长 5.2m，宽 3.4m，下底面长 7.3m，宽 4.2m，高 1.3m. 求这堆砂子的体积.
3. 已知某建筑构件为球缺形状，球半径为 1.6m，球缺高为 0.5m，问该建筑构件的体积为多少？
4. 2 根长 3.6m 的 $\phi 16$ 钢筋，3 根长 3.6m 的 $\phi 12$ 钢筋，5 根长 3.6m 的 $\phi 8$ 钢筋，自重共多少牛？

本章小结

本章内容主要根据建筑工程类专业学生必须具备的长度、面积、体积测算能力，在原有初等数学的基础上进行复习或补充，并就这些知识在建筑工程中的实际应用作介绍.

主要内容：

1. 复习解直角三角形、斜三角形的知识，及利用解三角形的知识解决建筑工程有关长度、角度计算问题举例.

2. 复习了正弦函数、余弦函数、正切函数的知识；增加了余切函数、正割函数、余割函数的知识；提高长度、角度的计算能力.

3. 反函数的概念；反三角函数的概念性质及部分图形；简单三角方程的求解模型.

4. 梯形、扇形、弓形等常见平面图形的面积公式，棱柱、棱台、圆柱、圆台等常见立体图形的表面积公式，建筑面积、建筑构件截面积或表面积计算.

5. 长方体、棱柱、棱台、圆台、球、球缺等常见立体的体积公式，建筑构件自重计算公式，建筑构件体积、工程量的计算.

综合训练一

1. 如图 1－22，点 A 是一个半径为 300m 的圆形森林公园的中心，在森林公园附近有 B,C 两个村庄，现要在 B,C 两村庄之间修一条长为 1000m 的笔直公路将两村连通，经测得 $\angle ABC=45°$,$\angle ACB=30°$，问此公路是否会穿过该森林公园？请通过计算进行说明.

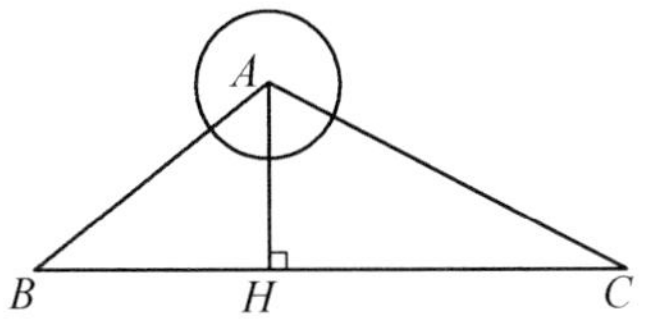

图 1—22

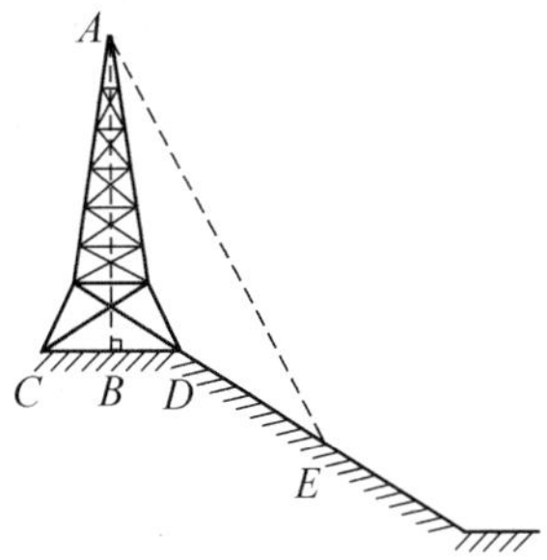

图 1－23

2. 如图 1－23，在斜坡的顶部有一铁塔 AB，B 是 CD 的中点，CD 是水平的，在阳光的照射下，塔影 DE 留在坡面上. 已知铁塔底座宽 $CD = 12\text{m}$，塔影长 $DE = 18\text{m}$，甲和乙两人的身高都是 1.6m，同一时刻，甲站在点 E 处，影子在坡面上，乙站在平地上，影子也在平地上，两人的影长分别为 2m 和 1m，求塔高 AB.

3. 已知 $\sin x = \dfrac{5}{13}$，求其他三角函数的值.

4. 求下列函数的最值，及相应的 x 值：

   (1) $y = 5\sin x - 12\cos x$；　　(2) $y = 3\sin^2 x + 6\cos x - 4$.

5. 求下列各式的值：

   (1) $\arccos(-1)$；　　(2) $\text{arccot}(-\sqrt{3})$.

6. 解三角方程：

   (1) $1 + 5\cos x = 0$；　　(2) $2\cot^2 x - 5\cot x - 3 = 0$.

7. 上海体育馆是一个平面图形为圆形的建筑物，其直径为 136m，其中圆形的比赛大厅直径为 114m，问体育馆与比赛大厅面积各为多少平方米？比赛大厅的面积是整个体育馆面积的百分之几？

8. 现在要粉刷教室，教室长 8m，宽 7m，高 3.5m，扣除门窗、黑板的面积 13.8m^2，已知每平方米需要 5 元涂料费. 粉刷一个教室需要多少费用？

9. 一根钢管的外直径是 20cm，内直径是 10cm，这根钢管长 2m，钢管每立方厘米重 7.8g，这根钢管重多少千克？

10. 一个圆锥形沙堆，测得其底面直径是 4m，高是 0.9m，问：

    (1) 这堆沙子的体积是多少立方米？

    (2) 如果每立方米沙子重 1.7t，这堆沙子重多少吨？

11. 有一个棱台形基柱，顶面为长 0.8m，宽 0.5m 的长方形，底面为长 1.2m，宽 0.9m，棱台的高为 1.6m，求它的混凝土量为多少？

12. 有一钢筋混凝土梁，长 6m，截面尺寸如图 1－24 所示(单位为 mm)，计算该梁的自重.

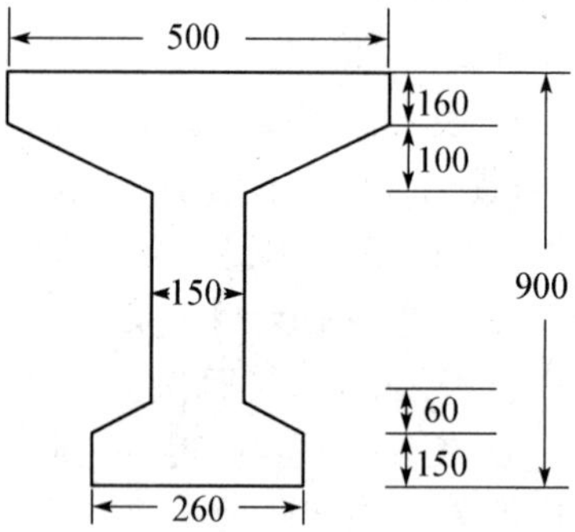

图 1－24

第二章　极限

【引例二(共振现象对建筑结构的影响)】

古希腊的学者阿基米德曾豪情万丈地宣称:"给我一个支点,我能撬动地球."而现代的美国发明家特士拉更是"牛气",他说:"用一件共振器,我就能把地球一裂为二."他来到华尔街,爬上一座尚未竣工的钢骨结构楼房,从大衣口袋里掏出一件共振器,把它夹在其中一根钢梁上,然后按动上面的一个小按钮.数分钟后,可以感觉到这根钢梁在颤抖.慢慢地,颤抖的强度开始增加,延伸到整座楼房.最后,整个钢骨结构开始吱吱嘎嘎地发出响声,并且摇摆晃动起来.惊恐万状的钢架工人以为建筑出现了问题,甚至是闹地震了,于是纷纷慌忙地从高架上逃到地面.眼见事情越闹越大,他觉得这个恶作剧该收场了,于是,把那件共振器收了回来,然后从一个地下通道悄悄地溜开了,留下工地上那些惊魂甫定、莫名其妙的工人.

分析共振现象对房屋结构的影响,有利于提高建筑结构的可靠度.而这一问题可以利用函数极限与函数的连续性的知识来进行分析.

在 19 世纪前,人们用朴素的极限思想计算了圆面积、球体积等.1821 年,法国数学家柯西以物体运动为背景,结合几何直观,引入极限的概念.极限方法是人们从有限中认识无限,从近似中认识精确,从量变中认识质变的辩证思想和数学方法.本章在复习、加深和拓宽函数知识的基础上,介绍函数的极限与连续的概念,讨论函数的极限运算和连续性,为学习微积分知识奠定基础.

§2-1　初等函数

一、函数的性质

1. 函数的奇偶性

定义 2.1　设函数 $f(x)$的定义域D 关于原点对称,对于任何 $x\in D$,

(1) 恒有 $f(-x)=f(x)$,则称 $f(x)$为偶函数;

(2) 恒有 $f(-x)=-f(x)$,则称 $f(x)$为奇函数.

例 1　判断函数 $f(x)=\lg\dfrac{1-x}{1+x}$的奇偶性.

解　由$\dfrac{1-x}{1+x}>0$ 得$-1<x<1$,知道函数的定义域关于原点对称,

又 $f(-x)=\lg\dfrac{1+x}{1-x}=\lg\left(\dfrac{1-x}{1+x}\right)^{-1}=-\lg\left(\dfrac{1-x}{1+x}\right)=-f(x)$,

所以函数 $f(x)=\lg\dfrac{1-x}{1+x}$是奇函数.

2. 函数的单调性

定义 2.2　设函数 $f(x)$的定义域为D,区间 $I\subset D$,对于任意 $x_1,x_2\in I$.

当 $x_1<x_2$ 时,有 $f(x_1)<f(x_2)$,则称 $f(x)$在I 上是单调递增函数;

当 $x_1<x_2$ 时，有 $f(x_1)>f(x_2)$，则称 $f(x)$ 在 I 上是单调递减函数.

例如，函数 $f(x)=\frac{1}{x^2}$，在 $(0,+\infty)$ 是单调减少，在 $(-\infty,0)$ 是单调增加.

3. 函数的有界性

定义 2.3 设函数 $f(x)$ 的定义域为 D，数集 $I\subset D$，如果存在一个正数 M，对任意 $x\in I$，恒有 $|f(x)|\leqslant M$，就称函数 $f(x)$ 在 I 上有界，或称 $f(x)$ 为 I 上的有界函数；如果这样的正数 M 不存在，就称函数 $f(x)$ 在 I 上无界，或称 $f(x)$ 为 I 上的无界函数.

例如，函数 $y=\sin x$ 在 R 上有界，因为对任意 $x\in R$，恒有 $|\sin x|\leqslant 1$.

又如函数 $y=\frac{1}{x^2}$，在区间 $(0,1)$ 上无界，但它在 $[1,+\infty)$ 上有界.

4. 函数的周期性

定义 2.4 设函数 $f(x)$ 的定义域为 D，如果存在常数 $T\neq 0$，对任意 $x\in D$ 有 $x\pm T\in D$，且 $f(x\pm T)=f(x)$，就称 $f(x)$ 是以 T 为周期的周期函数.

例如，函数 $y=\cos x$，$y=\sin x$ 的周期为 2π；$y=\tan x$，$y=\cot x$ 的周期为 π.

二、基本初等函数

定义 2.5 以下六类函数称为基本初等函数：

(1) 常数函数：$y=C$（C 为常数）；

(2) 幂函数：$y=x^\alpha$（α 为实常数）；

(3) 指数函数：$y=a^x$ $(a>0,a\neq 1)$；

(4) 对数函数：$y=\log_a x$ $(a>0,a\neq 1)$；

(5) 三角函数：$y=\sin x$，$y=\cos x$，$y=\tan x$，$y=\cot x$，$y=\sec x$，$y=\csc x$；

(6) 反三角函数：$y=\arcsin x$，$y=\arccos x$，$y=\arctan x$，$y=\text{arccot}\,x$.

三、复合函数

对于函数 $y=\sin^2 x$，显然它不是基本初等函数，它是由 $u=g(x)=\sin x$，$y=f(u)=u^2$ 构成，即函数 $y=f(g(x))=(\sin x)^2=\sin^2 x$，称为**复合函数**. 下面给出一般的定义.

定义 2.6 设 $y=f(u)$ 是 u 的函数，而 $u=\varphi(x)$ 是 x 的函数，如果 $u=\varphi(x)$ 的值域与 $y=f(u)$ 的定义域的交集非空集，y 通过中间变量 u 构成 x 的函数，就称 y 为 x 的**复合函数**，记为 $y=f[\varphi(x)]$.

例 2 下列函数能否构成复合函数？

(1) $y=\sin u,u=x^2$；

(2) $y=\sqrt{u},u=1-x^2$；

(3) $y=\arcsin u,u=x^2+2$.

解 (1) 函数 $u=x^2$ 的值域是 $[0,+\infty)$，$y=\sin u$ 的定义域是 $(-\infty,+\infty)$，而 $[0,+\infty)\subset(-\infty,+\infty)$，因此 y 可以通过中间变量 u 构成 x 的复合函数 $y=\sin x^2$，其定义域为 $(-\infty,+\infty)$.

(2) 函数 $u=1-x^2$ 的值域是 $(-\infty,1]$，函数 $y=\sqrt{u}$ 的定义域是 $[0,+\infty)$，而 $(-\infty,1]\cap[0,+\infty)=[0,1]$，所以 y 可以通过中间变量 u 构成复合函数，得 $y=\sqrt{1-x^2}$，其定义域为 $[-1,1]$.

(3) 函数 $u=x^2+2$ 的值域是 $[2,+\infty)$,函数 $y=\arcsin u$ 的定义域是 $[-1,1]$,而 $[2,+\infty)\cap[-1,1]=\varnothing$,因此,$y$ 不能通过中间变量 $u=x^2+2$ 构成复合函数.

注意:不是任意两个函数都可以复合成一个复合函数的.

例 3 指出下列函数是由哪些函数复合而成的.

$y=e^{-\frac{1}{x}}$; (2) $y=\ln(1-x^2)$; (3) $y=\cos^2(3x-1)$.

解 (1) 因为函数 $y=e^{-\frac{1}{x}}$ 的最后一步是指数运算,所以其指数 $-\dfrac{1}{x}$ 为中间变量 u,即 $u=-\dfrac{1}{x}$,因此,$y=e^{-\frac{1}{x}}$ 是由 $y=e^u$,$u=-\dfrac{1}{x}$ 复合而成.

(2) 因为函数 $y=\ln(1-x^2)$ 的最后一步是对数运算,所以真数 $1-x^2$ 为中间变量 u,即 $u=1-x^2$,因此,$y=\ln(1-x^2)$ 是由 $y=\ln u$,$u=1-x^2$ 复合而成.

(3) 因为函数 $y=\cos^2(3x-1)$ 的最后一步是幂的运算,所以中间变量 $u=\cos(3x-1)$,而 $u=\cos(3x-1)$ 又是复合函数,其中间变量为 $v=3x-1$,因此,$y=\cos^2(3x-1)$ 是由 $y=u^2$,$u=\cos v$,$v=3x-1$ 复合而成.

推广:复合函数可以由多个中间变量复合而成的.

四、初等函数

定义 2.7 由基本初等函数经过有限次四则运算和有限次复合运算构成,且能用一个解析式表示的函数,称为**初等函数**.

例如,函数 $y=\ln\sqrt{\dfrac{1+x^2}{1-x^2}}$,$y=e^{-x^2\sin\frac{1}{x}}$,$y=\sqrt{1-x^2}-e^{-x^2}$ 都是初等函数,而函数 $f(x)=\begin{cases}x^2\sin\dfrac{1}{x}, & x\neq 0,\\ 0, & x=0\end{cases}$ 为分段函数,不能用一个解析式表示出来,所以就不是初等函数.

习题 2-1

1. 下列函数能否构成复合函数?若能构成复合函数,请写出复合函数,并求其定义域.

(1) $y=\sqrt{u}$,$u=3x+1$; (2) $y=\sqrt{-u}$,$u=x^3$;

(3) $y=\ln u$,$u=5-2x$; (4) $y=\lg u$,$u=\cos x-2$;

(5) $y=\sqrt{u}$,$u=3+2x$; (6) $y=\cos u$,$u=x^2-1$.

2. 下列复合函数是由哪些函数复合而成的?

(1) $y=\ln\cos x$; (2) $y=e^{x^2+1}$;

(3) $y=\sqrt{1-\cos x}$; (4) $y=\sin(3x-1)$;

(5) $y=\sin^2 x$; (6) $y=e^{\sin\frac{1}{x}}$.

§2-2 极限的概念

极限概念是为了解决某些实际问题的需要而产生的。例如,我国古代数学家刘徽提出了"割圆术",利用圆的内接正多边形来推算圆的面积,这是极限概念的一个典型例子.

设有一个圆,半径为 R,首先作圆的内接正六边形,把它的面积记为 A_1;再作内接正十二边形，其面积记为A_2；再作内接正二十四边形，其面积记为A_3. 以此类推，这样就得到一系列圆内接正多边形的面积：

$A_1, A_2, A_3, \cdots, A_n, \cdots$

当边数 n 越大，内接正多边形的面积 A_n 就越接近于圆面积. 因此，设想让 n 无限增大（记为 $n\to\infty$，读作 n 趋近于无穷大），即内接正多边形的边数无限增多，正多边形的面积 A_n 就无限接近于圆面积 πR^2，这个确定的数值 πR^2 称为这个数列 $A_1, A_2, A_3, \cdots, A_n, \cdots$ 当 $n\to\infty$时的极限.

一、数列的极限

设数列　　　　$f(1), f(2), f(3), \cdots, f(n), \cdots$

为无穷数列，简记为$\{f(n)\}$. 第 n 项 $f(n)$ 称为**通项或一般项**.

例 1　考察下列数列，当 n 无限增大时的变化趋势：

(1) 数列 $1, \frac{1}{2}, \frac{1}{3}, \cdots, \frac{1}{n}, \cdots$

(2) 数列 $0, 1+\frac{1}{2}, 1-\frac{1}{3}, 1+\frac{1}{4}, \cdots, 1+\frac{(-1)^n}{n}, \cdots$

(3) 数列 $1, -1, 1, -1, \cdots, (-1)^{n-1}, \cdots$

(4) 数列 $1, 4, 9, 16, \cdots, n^2, \cdots$

解　(1) 数列的通项为 $f(n)=\frac{1}{n}$. 当 n 无限增大时，$f(n)=\frac{1}{n}$的值随之逐渐减小；当 $n\to\infty$时，$f(n)=\frac{1}{n}$无限接近于 0.

(2) 数列的通项为 $f(n)=1+\frac{(-1)^n}{n}$，当 n 逐渐增大时，$f(n)$的变化有增有减；但是当 $n\to\infty$时，$f(n)$的变化呈现出无限接近于常数 1.

对于数列(1)和数列(2)，当 $n\to\infty$时，它们分别与某一个确定的常数无限接近.

(3) 当 n 增大时，始终取值为 1 或-1.

(4) 当 n 增大时，$f(n)$也增大，并且当 $n\to\infty$时，$f(n)$也变得任意大.

对于数列(3)与数列(4)，当 $n\to\infty$时，它们都不能与某一个确定的常数无限接近.

定义 2.8　设数列$\{f(n)\}$，如果当 $n\to\infty$时，对应的值 $f(n)$无限接近于某一个确定的常数A，就称数列$\{f(n)\}$收敛，并称这个常数 A 为数列$\{f(n)\}$的极限，记为

$\lim\limits_{n\to\infty} f(n)=A$ 或 $f(n)\to A\ (n\to\infty)$.

如果当 $n\to\infty$时，对应的值 $f(n)$不趋于某一确定的常数，就称数列$\{f(n)\}$发散，或称极限$\lim\limits_{n\to\infty} f(n)$不存在.

根据数列极限的定义，例 1 中的各数列的极限为：

(1) $\lim\limits_{n\to\infty}\frac{1}{n}=0$；　　　　(2) $\lim\limits_{n\to\infty}\left[1+\frac{(-1)^n}{n}\right]=1$；

(3) $\lim\limits_{n\to\infty}(-1)^{n-1}$不存在；　　　　(4) $\lim\limits_{n\to\infty} n^2$ 不存在.

特别地数列 $c, c, c, c, \cdots$（c 为常数）的极限为其本身，即

$\lim\limits_{n\to\infty} c=c$.

定理 2.1　（单调有界原理）单调有界数列必有极限.

二、函数的极限

1. 当 $x\to\infty$ 时，函数 $f(x)$ 的极限

函数的自变量 $x\to\infty$ 是指 x 的绝对值增大，其中 x 取正值，无限增大，记作 $x\to+\infty$；x 取负值，它的绝对值无限增大，记作 $x\to-\infty$.

例 2 当 $x\to\infty$ 时，观察下列函数的变化趋势.

(1) $f(x)=1+\dfrac{1}{x}$； (2) $f(x)=\sin x$； (3) $f(x)=x^2$.

解 作出所给函数图形如图 2－1 所示.

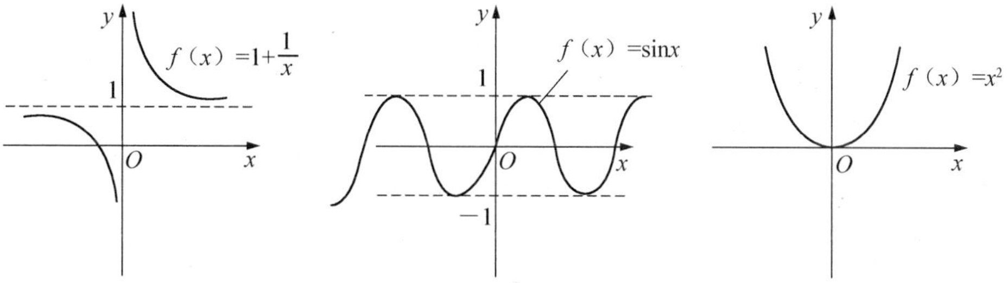

(a) (b) (c)

图 2－1

(1) 由图 2－1(a)，当 $x\to+\infty$ 时 $f(x)$ 从大于 1 而趋近于 1，当 $x\to-\infty$ 时 $f(x)$ 从小于 1 而趋近于 1，即 $x\to\infty$ 时 $f(x)$ 趋近于一个确定常数.

(2) 由图 2－1(b)，当 $x\to+\infty$ 或 $x\to-\infty$ 时，$f(x)$ 的值在 -1 和 1 之间波动，不趋近于一个常数.

(3) 由图 2－1(c)，当 $x\to+\infty$ 或 $x\to-\infty$ 时，$f(x)$ 的值都无限增大，不趋近于一个常数.

例 2 表明，$x\to\infty$ 时 $f(x)$ 的变化趋势有 3 种：一是趋近于确定的常数，二是在某区间之间振荡，三是趋近于无穷大. 第一种称 $f(x)$ 有极限，第二、三种称 $f(x)$ 没有极限.

定义 2.9 如果 $|x|$ 无限增大，函数 $f(x)$ 的值无限趋近于常数 A，就称常数 A 为函数 $f(x)$ 当 $x\to\infty$ 时的极限，记作

$\lim\limits_{x\to\infty}f(x)=A$ 或 $f(x)\to A(x\to\infty)$.

如果在上述定义中，限制 x 只取正值或只取负值，即有

$\lim\limits_{x\to+\infty}f(x)=A$ 或 $\lim\limits_{x\to-\infty}f(x)=A$，则称常数 A 为 $f(x)$ 当 $x\to+\infty$ 或 $x\to-\infty$ 时函数的极限. 且可以得到下面的定理：

定理 2.2 极限 $\lim\limits_{x\to\infty}f(x)=A$ 的充分必要条件是

$\lim\limits_{x\to+\infty}f(x)=\lim\limits_{x\to-\infty}f(x)=A$.

例 3 讨论：(1) $\lim\limits_{x\to\infty}\sin\dfrac{1}{x}$； (2) $\lim\limits_{x\to\infty}\arctan x$.

解 (1) 因为当 $|x|$ 无限增大时，$\dfrac{1}{x}$ 无限接近于 0，即函数 $\sin\dfrac{1}{x}$ 无限接近于 0，所以 $\lim\limits_{x\to\infty}\sin\dfrac{1}{x}=0$.

(2) 当 $x\to+\infty$ 时，y 无限接近于 $\dfrac{\pi}{2}$；当 $x\to-\infty$ 时，y 无限接近于 $-\dfrac{\pi}{2}$. 即有 $\lim\limits_{x\to+\infty}\arctan x=\dfrac{\pi}{2}$，$\lim\limits_{x\to-\infty}\arctan x=-\dfrac{\pi}{2}$. 因为 $\lim\limits_{x\to+\infty}\arctan x\neq\lim\limits_{x\to-\infty}\arctan x$，所以 $\lim\limits_{x\to\infty}\arctan x$ 不存在.

2. 当 $x \to x_0$ 时，函数 $f(x)$ 的极限

先介绍点 x_0 的邻域概念.

定义 2.10 设 δ 为正数，开区间 $(x_0-\delta, x_0+\delta)$ 称为点 x_0 的 δ **邻域**，记作 $U(x_0, \delta)$；在点 x_0 的 δ 邻域中删去点 x_0，即区间 $(x_0-\delta, x_0) \cup (x_0, x_0+\delta)$，称为点 x_0 的**去心邻域**，记作 $U(\hat{x}_0, \delta)$，而 $(x_0-\delta, x_0)$，$(x_0, x_0+\delta)$ 分别称为点 x_0 的左邻域、右邻域.

例 4 考察当 $x \to 0$ 时，函数 $f(x)=x^2-1$ 的变化趋势.

解 当 x 无限趋向于 0 时，x^2 无限趋近于 0，$f(x)=x^2-1$ 的值无限趋近于 -1.

例 5 考察当 $x \to 2$ 时，函数 $f(x)=\dfrac{x^2-4}{x-2}$ 的变化趋势.

解 虽然 $f(x)=\dfrac{x^2-4}{x-2}$ 在 $x=2$ 处无定义，但是当 x 无论从左边还是右边无限趋近于 2 时，函数值 $f(x)=\dfrac{x^2-4}{x-2}$ 无限趋近于 4.

由例 4 和例 5 知，当 $x \to x_0$ 时函数的变化趋势与函数 $f(x)$ 在 $x=x_0$ 处是否有定义无关.

定义 2.11 设函数 $f(x)$ 在点 x_0 的某一去心邻域 $U(\hat{x}_0, \delta)$ 内有定义，当 x 无限趋向于 x_0 时的极限，记作 $\lim\limits_{x \to x_0} f(x)=A$ 或 $f(x) \to A(x \to x_0)$.

3. 左极限和右极限

在定义 2.12 中，$x \to x_0$ 是指自变量 x 从 x_0 的左右两侧同时趋向于 x_0. 在研究某些函数极限问题时，有时仅需考虑从某一侧趋向于 x_0 的情况.

定义 2.12 在自变量 x 从 x_0 的左侧（或右侧）无限趋向于 x_0 时，函数 $f(x)$ 无限趋近于常数 A，则称 A 为函数 $f(x)$ 在点 x_0 处的左极限（或右极限），记作

$\lim\limits_{x \to x_0^-} f(x)=A$ 或 $\lim\limits_{x \to x_0^+} f(x)=A$.

简记为 $f(x_0-0)=A$ 或 $f(x_0+0)=A$.

定理 2.3 $\lim\limits_{x \to x_0} f(x)=A$ 的充分必要条件是 $\lim\limits_{x \to x_0^-} f(x)=\lim\limits_{x \to x_0^+} f(x)=A$.

例 6 给出下列两个函数 $f(x)$：(1) 设 $f(x)=\begin{cases} x, & x \geqslant 0, \\ 1-x, & x<0; \end{cases}$ (2) 设 $f(x)=\begin{cases} 1+x, & x \geqslant 0, \\ 1-x, & x<0. \end{cases}$

分别求 $\lim\limits_{x \to 0} f(x)=A$.

解 (1) 因为 $\lim\limits_{x \to 0^-} f(x)=\lim\limits_{x \to 0^-}(1-x)=1$，$\lim\limits_{x \to 0^+} f(x)=\lim\limits_{x \to 0^+} x=0$，

即 $\lim\limits_{x \to 0^-} f(x) \neq \lim\limits_{x \to 0^+} f(x)$，所以 $\lim\limits_{x \to 0} f(x)$ 不存在.

(2) $\lim\limits_{x \to 0^-} f(x)=\lim\limits_{x \to 0^-}(1-x)=1$，$\lim\limits_{x \to 0^+} f(x)=\lim\limits_{x \to 0^+}(1+x)=1$，

即 $\lim\limits_{x \to 0^-} f(x)=\lim\limits_{x \to 0^+} f(x)=1$，所以 $\lim\limits_{x \to 0} f(x)=1$.

习题 2－2

1. 考察下列数列的变化趋势，并写出其极限：

(1) $\lim\limits_{n \to \infty} \dfrac{1}{4n}$；　　(2) $\lim\limits_{n \to \infty} \dfrac{2}{n^2}$；

(3) $\lim\limits_{n\to\infty}\frac{1}{2^n}$；　　(4) $\lim\limits_{n\to\infty}\left(1+\frac{1}{3n}\right)$；

(5) $\lim\limits_{n\to\infty}\left[2+(-1^n\frac{1}{n}\right]$；　　(6) $\lim\limits_{n\to\infty}\frac{n+1}{2n}$.

2. 分析下列函数的变化趋势：

(1) $\frac{1}{x^2}$(当 $x\to\infty$)；　　(2) $\frac{1}{\sqrt{x}}$(当 $x\to+\infty$)；

(3) e^x(当 $x\to-\infty$)；　　(4) $\frac{x}{x+1}$(当 $x\to\infty$).

3. 下列极限是否存在？若存在，求其极限值；若不存在，请说明理由.

(1) $\lim\limits_{x\to3}(3x+1)$；　　(2) $\lim\limits_{x\to2}(x^2+1)$；

(3) $\lim\limits_{x\to0}|x|$；　　(4) $\lim\limits_{x\to-2}\frac{x^2-4}{x+2}$；

(5) $\lim\limits_{x\to0}\sin x$；　　(6) $\lim\limits_{x\to0}\frac{|x|}{x}$.

4. 设 $f(x)=\begin{cases}x^2+1, & x<0,\\ x, & x\geqslant0,\end{cases}$ 求函数 $f(x)$ 在 $x=0$ 处的左右极限，并说明 $f(x)$ 在 $x\to0$ 的极限是否存在.

5. 设 $f(x)=\begin{cases}e^x, & x>0,\\ 2+a, & x\leqslant0,\end{cases}$ 极限 $\lim\limits_{x\to0}f(x)$ 存在，试问 a 取何值.

§2-3　极限的运算

一、极限的运算法则

法则(极限的四则运算法则)设 $\lim f(x)=A$，$\lim g(x)=B$，则

$\lim[f(x)\pm g(x)]=\lim f(x)\pm\lim g(x)=A\pm B$；

$\lim[f(x)\cdot g(x)]=\lim f(x)\cdot\lim g(x)=A\cdot B$；

特例，$\lim[Cf(x)]=C\lim f(x)=C\cdot A$($C$ 为常数)；

$\lim\frac{f(x)}{g(x)}=\frac{\lim f(x)}{\lim g(x)}=\frac{A}{B}$(其中 $B\neq0$).

注意：本书中凡未标明自变量变化过程的极限号 lim，均表示变化过程适用于 $x\to x_0$，$x\to\infty$.

例 1　求 $\lim\limits_{x\to2}\left(3x^2-xe^x+\frac{x}{x+1}\right)$.

解　由于式中各项极限都存在，因此由法则可知，

$$\lim_{x\to2}\left(3x^2-xe^x+\frac{x}{x+1}\right)=3\lim_{x\to2}x^2-\lim_{x\to2}x\cdot\lim_{x\to2}e^x+\frac{\lim\limits_{x\to2}x}{\lim\limits_{x\to2}(x+1)}$$

$$=3\times2^2-2e^2+\frac{2}{2+1}=\frac{38}{3}-2e^2$$

例 2　求下列极限：

(1) $\lim\limits_{x\to1}\frac{x-1}{x^2-1}$；　　(2) $\lim\limits_{x\to0}\frac{\sqrt{x+4}-2}{x}$；　　(3) $\lim\limits_{x\to1}\left(\frac{1}{x-1}-\frac{2}{x^2-1}\right)$.

解 (1) 因为上式中分母趋于 0，不满足法则的条件，但可先进行变形，使条件满足后再用法则.

$$\lim_{x\to1}\frac{x-1}{x^2-1}=\lim_{x\to1}\frac{x-1}{(x+1)(x-1)}=\lim_{x\to1}\frac{1}{x+1}=\frac{1}{\lim\limits_{x\to1}(x+1)}=\frac{1}{2}.$$

(2) 式中分母趋于 0，可先进行变形，使条件满足后再用法则.

$$\lim_{x\to0}\frac{\sqrt{x+4}-2}{x}=\lim_{x\to0}\frac{(\sqrt{x+4}-2)(\sqrt{x+4}+2)}{x(\sqrt{x+4}+2)}=\lim_{x\to0}\frac{x}{x(\sqrt{x+4}+2)}$$

$$=\lim_{x\to0}\frac{1}{\sqrt{x+4}+2}=\frac{1}{4}.$$

(3) $\lim\limits_{x\to1}\left(\frac{1}{x-1}-\frac{2}{x^2-1}\right)=\lim\limits_{x\to1}\frac{(x+1)-2}{(x+1)(x-1)}=\lim\limits_{x\to1}\frac{x-1}{(x+1)(x-1)}=\lim\limits_{x\to1}\frac{1}{(x+1)}=\frac{1}{2}.$

例 3 求 $\lim\limits_{x\to\infty}\left(\frac{3x^2+4}{2x^2-3x+5}\right)$.

解 $$\lim_{x\to\infty}\left(\frac{3x^2+4}{2x^2-3x+5}\right)=\lim_{x\to\infty}\frac{\frac{3x^2+4}{x^2}}{\frac{2x^2-3x+5}{x^2}}=\lim_{x\to\infty}\frac{3+\frac{4}{x^2}}{2-\frac{3}{x}+\frac{5}{x^2}}$$

$$=\frac{\lim\limits_{x\to\infty}\left(3+\frac{4}{x^2}\right)}{\lim\limits_{x\to\infty}\left(2-\frac{3}{x}+\frac{5}{x^2}\right)}=\frac{3}{2}.$$

例 4 求 $\lim\limits_{x\to\infty}\left(\frac{2x^2+6}{4x^3-x+7}\right)$.

解 $$\lim_{x\to\infty}\left(\frac{2x^2+6}{4x^3-x+7}\right)=\lim_{x\to\infty}\frac{\frac{2x^2+6}{x^3}}{\frac{4x^3-x+7}{x^3}}=\lim_{x\to\infty}\frac{\frac{2}{x}+\frac{6}{x^3}}{4-\frac{1}{x^2}+\frac{7}{x^3}}$$

$$=\frac{\lim\limits_{x\to\infty}\left(\frac{2}{x}+\frac{6}{x^3}\right)}{\lim\limits_{x\to\infty}\left(4-\frac{1}{x^2}+\frac{7}{x^3}\right)}=0.$$

一般规律：

$$\lim_{x\to\infty}\frac{a_0x^n+a_1x^{n-1}+\cdots+a_n}{b_0x^m+b_1x^{m-1}+\cdots+b_m}=\begin{cases}\infty,当\ m<n,\\ \frac{a_0}{b_0},当\ m=n,(a_0\neq0,b_0\neq0),\\ 0,当\ m>n.\end{cases}$$

二、两个重要极限

上述极限法则为计算初等函数的极限提供了方便，但也有局限性. 例如 $\lim\limits_{x\to0}\frac{\sin x}{x}$ 和 $\lim\limits_{x\to\infty}\left(1+\frac{1}{x}\right)^x$ 就不能用该法则算出它们的值. 而这两个极限在推导某些函数的导数和解决实际问题时将要用到，为此需进行讨论.

定理 2.4 准则Ⅰ：如果函数 $f(x)$，$g(x)$，$h(x)$ 在 x 的同一变化过程中满足 $g(x)\leqslant$

$f(x)\leqslant h(x)$，且 $\lim g(x)=\lim h(x)$，则 $\lim f(x)=A$.

准则Ⅱ：单调有界数列必有极限.

1. 重要极限(一)

$\lim\limits_{x\to 0}\dfrac{\sin x}{x}=1$（$x$ 以弧度为单位）

观察下表当 $x\to 0$ 时 $\dfrac{\sin x}{x}$ 的变化趋势.

x（弧度）	± 0.5	± 0.1	± 0.05	± 0.01	$\to 0$
$\dfrac{\sin x}{x}$	0.95886	0.99833	0.99958	0.99998	$\to 1$

由表可知，当 $x\to 0$ 时，$\dfrac{\sin x}{x}\to 1$，根据极限的定义有 $\lim\limits_{x\to 0}\dfrac{\sin x}{x}=1$.

如果 $\lim\varphi(x)=0$，那么得到推广的结果：

$$\lim\frac{\sin[\varphi(x)]}{\varphi(x)}=\lim_{\varphi(x)\to 0}\frac{\sin[\varphi(x)]}{\varphi(x)}=1.$$

例 5 求 $\lim\limits_{x\to 0}\dfrac{\sin 5x}{x}$.

解 令 $5x=t$，有 $x=\dfrac{t}{5}$，且 $x\to 0$ 时，$t\to 0$，则由重要极限(一)可知

$$\lim_{x\to 0}\frac{\sin 5x}{x}=\lim_{t\to 0}\frac{\sin t}{\frac{t}{5}}=5\lim_{t\to 0}\frac{\sin t}{t}=5.$$

把计算过程中的 t 省略，可表示成下列计算格式：

$$\lim_{x\to 0}\frac{\sin 5x}{x}=\lim_{x\to 0}\left(\frac{\sin 5x}{5x}\cdot 5\right)=5\lim_{x\to 0}\frac{\sin 5x}{5x}=5.$$

例 6 求 $\lim\limits_{x\to 0}\dfrac{\sin 4x}{\sin 5x}$.

解 $\lim\limits_{x\to 0}\dfrac{\sin 4x}{\sin 5x}=\lim\limits_{x\to 0}\dfrac{\frac{\sin 4x}{x}}{\frac{\sin 5x}{x}}=\dfrac{4}{5}$.

例 7 求 $\lim\limits_{x\to 0}\dfrac{\tan x}{x}$.

解 $\lim\limits_{x\to 0}\dfrac{\tan x}{x}=\lim\limits_{x\to 0}\dfrac{\frac{\sin x}{\cos x}}{x}=\lim\limits_{x\to 0}\dfrac{\sin x}{x}\cdot\dfrac{1}{\cos x}=\lim\limits_{x\to 0}\dfrac{\sin x}{x}\cdot\lim\limits_{x\to 0}\dfrac{1}{\cos x}=1\times 1=1$.

例 8 求 $\lim\limits_{x\to 2}\dfrac{\sin(2x-4)}{x^2-4}$.

解 $\lim\limits_{x\to 2}\dfrac{\sin(2x-4)}{x^2-4}=\lim\limits_{x\to 2}\dfrac{\sin 2(x-2)}{x-2}\cdot\dfrac{1}{x+2}=\lim\limits_{x\to 2}\dfrac{\sin 2(x-2)}{x-2}\cdot\lim\limits_{x\to 2}\dfrac{1}{x+2}=2\times\dfrac{1}{4}=\dfrac{1}{2}$.

2. 重要极限(二)

计算函数 $1+\dfrac{1}{x}$ 的值，如下表所示，观察其变化趋势.

x	10	50	100	1000	10000	100000	…
$\left(1+\frac{1}{x}\right)^x$	2.593742	2.691588	2.704814	2.716924	2.718146	2.718268	…
x	−10	−50	−100	−1000	−10000	−100000	…
$\left(1+\frac{1}{x}\right)^x$	2.867972	2.745973	2.731999	2.719642	2.718418	2.718295	…

从上表可以看出，当 $x\to\infty$ 时，函数 $f(x)=\left(1+\frac{1}{x}\right)^x$ 的值越来越与一个确定的数很接近. 可以证明这个确定的数为无理数 e，e=2.718281828…

即 $\lim\limits_{x\to\infty}\left(1+\frac{1}{x}\right)^x=\mathrm{e}$.

若 $\lim\varphi(x)=\infty$，则 $\lim\left(1+\frac{1}{\varphi(x)}\right)^{\varphi(x)}=\lim\limits_{\varphi(x)\to\infty}\left(1+\frac{1}{\varphi(x)}\right)^{\varphi(x)}=\mathrm{e}$.

或若 $\lim\varphi(x)=0$，则 $\lim\,(1+\varphi(x))^{\frac{1}{\varphi(x)}}=\lim\limits_{\varphi(x)\to 0}(1+\varphi(x))^{\frac{1}{\varphi(x)}}=\mathrm{e}$.

例 9 求 $\lim\limits_{x\to\infty}\left(1-\frac{1}{x}\right)^x$.

解 $\lim\limits_{x\to\infty}\left(1-\frac{1}{x}\right)^x=\lim\limits_{x\to\infty}\left[\left(1+\frac{1}{-x}\right)^{-x}\right]^{-1}=\left[\lim\limits_{x\to\infty}\left(1+\frac{1}{-x}\right)^{-x}\right]^{-1}=\mathrm{e}^{-1}$.

例 10 求 $\lim\limits_{x\to 0}(1+2x)^{\frac{1}{x}}$.

解 $\lim\limits_{x\to 0}(1+2x)^{\frac{1}{x}}=\lim\limits_{x\to 0}[(1+2x)^{\frac{1}{2x}}]^2=\mathrm{e}^2$.

例 11 求 $\lim\limits_{x\to 0}\frac{\ln(1+x)}{x}$.

解 $\lim\limits_{x\to 0}\frac{\ln(1+x)}{x}=\lim\limits_{x\to 0}\ln\,(1+x)^{\frac{1}{x}}=\ln\mathrm{e}=1$.

习题 2－3

1. 求下列极限：

(1) $\lim\limits_{x\to 2}(4x^2-3x+7)$；

(2) $\lim\limits_{x\to -2}\frac{x^2-x-6}{2x+4}$；

(3) $\lim\limits_{x\to 0}\frac{x}{1-\sqrt{2x+1}}$；

(4) $\lim\limits_{x\to 1}\left(\frac{1}{1-x}-\frac{3}{1-x^3}\right)$；

(5) $\lim\limits_{x\to\infty}\left(1+\frac{1}{x}\right)\left(2-\frac{1}{x^2}\right)$；

(6) $\lim\limits_{x\to\infty}\frac{3x^2-x+6}{4x^2+2x-5}$；

(7) $\lim\limits_{x\to\infty}\frac{3x^3+6}{x^2+2x-5}$；

(8) $\lim\limits_{x\to\infty}\frac{x^3+2}{x^4+x-1}$.

2. 求下列极限：

(1) $\lim\limits_{x\to 0}\frac{\sin 5x}{2x}$；

(2) $\lim\limits_{x\to 0}\frac{\sin^2 x}{\sin x^2}$；

(3) $\lim\limits_{x\to 0}\frac{\sin(2x-4)}{x-2}$；

(4) $\lim\limits_{x\to 0}\frac{1-\cos x}{x^2}$；

(5) $\lim\limits_{x\to 0}\frac{\sin 3x}{\tan 4x}$；

(6) $\lim\limits_{x\to 0}\frac{1-\cos 2x}{x\sin x}$；

(7) $\lim\limits_{x\to\infty}\left(1+\frac{4}{x}\right)^{x}$；　　　　(8) $\lim\limits_{x\to\infty}\left(1-\frac{1}{2x}\right)^{4x}$；

(9) $\lim\limits_{x\to\infty}\left(\frac{x-2}{x}\right)^{x}$；　　　　(10) $\lim\limits_{x\to 0}\left(1-\frac{x}{2}\right)^{\frac{1}{x}}$.

§2-4　无穷小及其比较

前面两节讨论了函数的极限及其运算，本节将讨论一个特殊的极限——无穷小量及其有关问题.

一、无穷小与无穷大

1. 无穷小

定义 2.13　如果当 $x\to x_0$（或 $x\to\infty$）时，函数 $f(x)$ 的极限为零，即 $\lim\limits_{x\to x_0}f(x)=0$（或 $\lim\limits_{x\to\infty}f(x)=0$），就称函数 $f(x)$ 当 $x\to x_0$（或 $x\to\infty$）时为无穷小.

例如，因为 $\lim\limits_{x\to 1}(\sqrt{x}-1)=0$，所以函数 $f(x)=\sqrt{x}-1$ 当 $x\to 1$ 时为无穷小. 又如，因为 $\lim\limits_{x\to\infty}\frac{1}{x^2+1}=0$，所以函数 $f(x)=\frac{1}{x^2+1}$ 当 $x\to\infty$ 时为无穷小.

注：(1) 一个很小的正数（例如百万分之一）不是无穷小，因为常数的极限是其本身，它不会趋近于 0；

(2) 数 0 是唯一可以作为无穷小的常数；

(3) 一个函数是否为无穷小，必须考虑自变量的变化趋势. 例如，$\lim\limits_{x\to 1}(\sqrt{x}-1)=0$，而 $\lim\limits_{x\to 4}(\sqrt{x}-1)=1$，所以 $f(x)=\sqrt{x}-1$ 当 $x\to 1$ 时为无穷小，$x\to 4$ 时不是无穷小.

无穷小具有下面的性质：

性质 1　有限个无穷小的代数和仍是无穷小.

性质 2　有界函数与无穷小的乘积仍是无穷小.

性质 3　有限个无穷小的乘积为无穷小.

例 1　证明 $\lim\limits_{x\to\infty}\frac{\sin x}{x}=0$.

证明　由 $\lim\limits_{x\to\infty}\frac{1}{x}=0$，且 $|\sin x|\leqslant 1$（$\sin x$ 为有界函数），根据性质 2，有 $\lim\limits_{x\to\infty}\frac{\sin x}{x}=0$.

2. 无穷大

定义 2.14　如果当 $x\to x_0$（或 $x\to\infty$）时，$|f(x)|$ 无限增大，就称函数 $f(x)$ 当 $x\to x_0$（或 $x\to\infty$）时为无穷大，记为

$$\lim_{\substack{x\to x_0\\(x\to\infty)}}f(x)=\infty.$$

例如，$\lim\limits_{x\to 1}\frac{1}{x-1}=\infty$，所以函数 $f(x)=\frac{1}{x-1}$ 当 $x\to 1$ 时为无穷大. 又如，因为 $\lim\limits_{x\to\frac{\pi}{2}}|\tan x|=\infty$，所以函数 $f(x)=|\tan x|$ 当 $x\to\frac{\pi}{2}$ 时为无穷大.

注：(1) 无穷大不是一个数，因为对于再大的正数（如 10^{10000}）都不会无限增大；

(2) 这里的 $\lim\limits_{\substack{x\to x_0\\(x\to\infty)}} f(x)=\infty$，借用了极限的记号，这并不表明函数 $f(x)$ 的极限存在.

在同一变化过程中，无穷小与无穷大之间有如下关系：

定理 2.5 如果 $\lim\limits_{\substack{x\to x_0\\(x\to\infty)}} f(x)=\infty$，那么 $\lim\limits_{\substack{x\to x_0\\x\to\infty}}\dfrac{1}{f(x)}=0$；如果 $\lim\limits_{\substack{x\to x_0\\(x\to\infty)}} f(x)=0$，且 $f(x)\neq 0$，那么 $\lim\limits_{\substack{x\to x_0\\x\to\infty}}\dfrac{1}{f(x)}=\infty$.

上述定理表明，无穷小与无穷大是互为倒数关系. 例如，因为 $\lim\limits_{x\to 1}\dfrac{1}{x-1}=\infty$，所以 $\lim\limits_{x\to 1}(x-1)=0$.

二、无穷小的比较

根据无穷小的性质可知，两个无穷小的和、差、积仍是无穷小，但是两个无穷小的商将出现不同的情况. 例如，当 $x\to 0$ 时，函数 x^2，$2x$，$\sin x$ 都是无穷小，但是

$$\lim_{x\to 0}\frac{x^2}{2x}=\lim_{x\to 0}\frac{x}{2}=0;$$

$$\lim_{x\to 0}\frac{2x}{x^2}=\lim_{x\to 0}\frac{2}{x}=\infty;$$

$$\lim_{x\to 0}\frac{\sin x}{2x}=\frac{1}{2}\lim_{x\to 0}\frac{\sin x}{x}=\frac{1}{2}.$$

这说明 $x^2\to 0$ 比 $2x\to 0$“快些”，而 $\sin x\to 0$ 与 $2x\to 0$ 的“快”“慢”相差不多. 由此可见，无穷小虽然都是以零为极限的函数，但是它们趋向于零的速度不一样. 为了反映无穷小趋向于零的快慢程度，引进无穷小阶的概念.

由于零(它是无穷小)在无穷小的比较中意义不大，故下面所说的无穷小均指非零无穷小.

定义 2.15 设 $\lim\alpha(x)=0$，$\lim\beta(x)=0$.

(1) 如果 $\lim\dfrac{\beta(x)}{\alpha(x)}=0$，就称 $\beta(x)$ 是比 $\alpha(x)$ **高阶的无穷小**，记作 $\beta(x)=o(\alpha(x))$；

(2) 如果 $\lim\dfrac{\beta(x)}{\alpha(x)}=C\neq 0$，就称 $\beta(x)$ 是比 $\alpha(x)$ **同阶的无穷小**，特别地，当常数 $C=1$ 时，称 $\beta(x)$ 与 $\alpha(x)$ 为**等价无穷小**，记作 $\beta(x)\sim\alpha(x)$.

例如，由 $\lim\limits_{x\to 0}\dfrac{x^2}{2x}=0$ 可知 $x^2=o(2x)\ (x\to 0)$；由 $\lim\limits_{x\to 0}\dfrac{\sin x}{x}=1$ 可知 $\sin x\sim x\ (x\to 0)$.

又如，$\lim\limits_{x\to 0}\dfrac{x-1}{x^2-1}=\lim\limits_{x\to 0}\dfrac{1}{x+1}=\dfrac{1}{2}$，所以 $x-1$ 与 x^2-1 为 $x\to 1$ 时的同阶无穷小.

可以证明：当 $x\to 0$ 时，有下列各组为等价无穷小：

$\sin x\sim x$，$\tan x\sim x$，$1-\cos x\sim\dfrac{x^2}{2}$，$\arctan x\sim x$，$\arcsin x\sim x$，$e^x-1\sim x$，$(1+x)^{\frac{1}{n}}\sim 1+\dfrac{1}{n}x$，$\ln(1+x)\sim x$.

等价无穷小可以简化某些极限的计算.

定理 2.6 设 $x\to x_0$ 时，$\alpha(x)\sim\alpha'(x)$，$\beta(x)\sim\beta'(x)$，且 $\lim\limits_{x\to x_0}\dfrac{\alpha'(x)}{\beta'(x)}$ 存在，则 $\lim\limits_{x\to x_0}\dfrac{\alpha(x)}{\beta(x)}=\lim\limits_{x\to x_0}\dfrac{\alpha'(x)}{\beta'(x)}$.

在上述定理中，当 x 以其他方式变化时（如 $x\to\infty$，$x\to x_0^+$ 等），相应的结论仍成立.

例 2 求 $\lim\limits_{x\to 0}\dfrac{\sin 3x}{\tan 2x}$.

解 当 $x\to 0$ 时，$\sin 3x\sim 3x$，$\tan 2x\sim 2x$，所以

$$\lim_{x\to 0}\frac{\sin 3x}{\tan 2x}=\lim_{x\to 0}\frac{3x}{2x}=\frac{3}{2}.$$

例 3 求 $\lim\limits_{x\to 0}\dfrac{\tan x-\sin x}{x^3}$.

解 因为 $\lim\limits_{x\to 0}\dfrac{\tan x-\sin x}{x^3}=\lim\limits_{x\to 0}\dfrac{\tan x(1-\cos x)}{x^3}$，而当 $x\to 0$ 时，$\tan x\sim x$，$1-\cos x\sim\dfrac{x^2}{2}$，所以

$$\lim_{x\to 0}\frac{\tan x-\sin x}{x^3}=\lim_{x\to 0}\frac{x\cdot\frac{1}{2}x^2}{x^3}=\frac{1}{2}.$$

应当特别指出，上述等价定理只能用等价无穷小去替代极限式中的因式，而不能用等价无穷小去替代某一项（即无穷小等价代换只能用在乘与除时，不能用在加与减上），否则将可能导致错误. 例如，在求例 3 的极限 $\lim\limits_{x\to 0}\dfrac{\tan x-\sin x}{x^3}$ 时，如果错误地把分子的两项都各自用无穷小去替代，就会出现错误结果：

$$\lim_{x\to 0}\frac{\tan x-\sin x}{x^3}=\lim_{x\to 0}\frac{x-x}{x^3}=\lim_{x\to 0}\frac{0}{x^3}=0.$$

习题 2-4

1. 下列函数中哪些是无穷小？哪些是无穷大？

   (1) $3+\dfrac{1}{x}$，当 $x\to 0$ 时；　　(2) $\dfrac{2}{x^2+2}$，当 $x\to\infty$ 时；

   (3) 3^{-x}，当 $x\to+\infty$ 时.

2. 下列函数在什么情况下为无穷大？在什么情况下为无穷小？

   (1) $y=\dfrac{x+2}{x-1}$；　　(2) $y=\lg x$.

3. 求下列极限：

   (1) $\lim\limits_{x\to 0}x^2\sin\dfrac{1}{x}$；　　(2) $\lim\limits_{x\to\infty}\dfrac{\arctan x}{x}$.

4. 利用等价无穷小，计算下列极限：

   (1) $\lim\limits_{x\to 0}\dfrac{\tan ax}{\tan bx}$；　　(2) $\lim\limits_{x\to 0}\dfrac{\ln(1+4x^2)}{\sin x^2}$；

   (3) $\lim\limits_{x\to 0}\dfrac{e^x-1}{x}$；　　(4) $\lim\limits_{x\to 0}\dfrac{\sqrt{1+x}-1}{\ln(1+x)}$.

§2-5　函数的连续性

自然界中许多量都是连续变化的，例如气温的变化、作物的生长等，这些现象反映在数学上就是函数的连续性.

一、函数连续的概念

1. 函数的改变量

设函数 $y=f(x)$ 在点 x_0 的某个邻域内有定义，如图 2-2，当自变量从 x_0 变到 x，相应的函数值从 $f(x_0)$ 变到 $f(x)$，则称 $x-x_0$ 为自变量的增量(或称改变量)，记作 $\Delta x=x-x_0$，它可正可负；称 $f(x)-f(x_0)$ 为函数的改变量，记作 Δy，即

$\Delta y=f(x)-f(x_0)$，或 $\Delta y=f(x_0+\Delta x)-f(x_0)$.

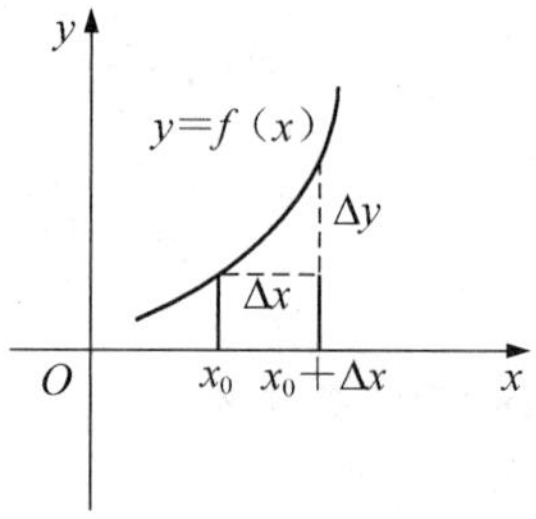

图 2-2

例 1 求函数 $y=x^2$，当 $x_0=1,\Delta x=0.1$ 时的改变量.

解 $\Delta y=f(x_0+\Delta x)-f(x_0)=f(1+0.1)-f(1)$
$=f(1.1)-f(1)=1.1^2-1^2=0.21.$

2. 函数在点 x_0 的连续性

定义 2.16 设函数 $f(x)$ 在点 x_0 的某个邻域内有定义，如果

$\lim\limits_{\Delta x\to 0}\Delta y=\lim\limits_{\Delta x\to 0}[f(x_0+\Delta x)-f(x_0)]=0$，就称函数 $y=f(x)$ 在点 x_0 处**连续**，x_0 称为 $f(x)$ 的**连续点**.

根据函数增量的概念，函数 $y=f(x)$ 在点 x_0 连续的定义也可以叙述为：

定义 2.17 如果函数 $f(x)$ 在点 x_0 的某个邻域内有定义，如果有

$\lim\limits_{x\to x_0}f(x)=f(x_0)$，

就称函数 $y=f(x)$ 在点 x_0 处连续. 由此可得函数 $f(x)$ 在点 x_0 处连续的三个条件：

(1) $f(x)$ 在点 x_0 有定义；

(2) 极限 $\lim\limits_{x\to x_0}f(x)=A$；

(3) $A=f(x_0)$.

例 2 证明函数 $f(x)=x^2+1$ 在点 $x_0=2$ 处连续.

证明 因为 $\lim\limits_{x\to 2}f(x)=\lim\limits_{x\to 2}(x^2+1)=5=f(2)$，

所以 $f(x)=x^2+1$ 在 $x_0=2$ 处连续.

有时需要考虑函数在点 x_0 一侧的连续性，由此引进左、右连续的概念.

如果 $\lim\limits_{x\to x_0^+}f(x)=f(x_0)$，就称函数 $f(x)$ 在点 x_0 处**右连续**；如果 $\lim\limits_{x\to x_0^-}f(x)=f(x_0)$，就称函数 $f(x)$ 在点 x_0 处**左连续**.

显然，函数 $y=f(x)$ 在点 x_0 处连续的充要条件是函数 $f(x)$ 在点 x_0 处既左连续又右连续.

例 3 讨论函数 $f(x)=|x|=\begin{cases}x, x\geqslant 0,\\ -x, x<0,\end{cases}$ 在 $x=0$ 处是否连续?

解 因为 $f(0)=0$，即 $f(x)$ 在 $x=0$ 点有定义；又 $\lim\limits_{x\to0^-}f(x)=\lim\limits_{x\to0^-}(-x)=0$，$\lim\limits_{x\to0^+}f(x)=\lim\limits_{x\to0^+}(x)=0$，函数 $\lim\limits_{x\to0}f(x)=\lim\limits_{x\to0}|x|=0$（$x\to0$ 时函数极限存在）；且有 $\lim\limits_{x\to0}f(x)=0=f(0)$（极限等于函数值）

所以函数 $f(x)=|x|$ 在 $x=0$ 处是连续的.

例 4 设有函数 $f(x)=\begin{cases}\dfrac{\sin ax}{x}, & x<0,\\ 2, & x=0,\\ (1+bx)^{\frac{1}{x}}, & x>0,\end{cases}$ $(a\neq0,b\neq0)$

问 a 和 b 为何值时 $f(x)$ 在点 $x_0=0$ 处连续？

解 由连续性定义，$f(x)$ 在点 $x_0=0$ 处连续就是指 $\lim\limits_{x\to0}f(x)=f(0)=2$，

要使上式成立的充分必要条件是以下两式同时成立：$\lim\limits_{x\to0^-}f(x)=2$，

$\lim\limits_{x\to0^+}f(x)=2$.

由于 $\lim\limits_{x\to0^-}f(x)=\lim\limits_{x\to0^-}\dfrac{\sin ax}{x}=\lim\limits_{x\to0^-}a\dfrac{\sin ax}{ax}=a\lim\limits_{x\to0^-}\dfrac{\sin ax}{ax}=a$，因此 $a=2$.

由于 $\lim\limits_{x\to0^+}f(x)=\lim\limits_{x\to0^+}(1+bx)^{\frac{1}{x}}=\lim\limits_{x\to0^+}\left[(1+bx)^{\frac{1}{bx}}\right]^b=\mathrm{e}^b$，因此有 $\mathrm{e}^b=2$，即 $b=\ln2$.

综上可得，只有当 $a=2$，$b=\ln2$ 时，函数 $f(x)$ 在点 $x_0=0$ 处连续.

3. 函数在区间上的连续性

如果函数 $f(x)$ 在开区间 (a,b) 内每一点都连续，就称 $f(x)$ 在区间 (a,b) 内连续. 如果 $f(x)$ 在区间 (a,b) 内连续，且在 $x=a$ 处右连续，又在 $x=b$ 处左连续，就称函数 $f(x)$ 在闭区间 $[a,b]$ 上**连续**. 函数 $y=f(x)$ 的全体连续点构成的区间称为函数的**连续区间**. 在连续区间上，连续函数的图形是一条连绵不断的曲线.

二、函数的间断点

根据函数连续定义，可得函数 $f(x)$ 在点 x_0 处有下列三种情况之一，则点 x_0 为函数 $f(x)$ 的**间断点**（不连续点）：

(1) $f(x)$ 在点 x_0 没有定义；

(2) 极限 $\lim\limits_{x\to x_0}f(x)$ 不存在；

(3) 极限值不等于函数值，即 $\lim\limits_{x\to x_0}f(x)\neq f(x_0)$.

例 5 设函数 $f(x)=\dfrac{x+2}{x(x^2-1)}$，试问 $x=1$ 或 $x=-1$ 或 $x=0$ 是否为 $f(x)$ 的间断点？

解 由于在 $x=0,1,-1$ 处 $f(x)$ 没有定义，所以 $x=0,1,-1$ 为函数的间断点.

例 6 讨论函数 $f(x)=\begin{cases}x^2+x, & x<0,\\ 2x+4, & x\geqslant0,\end{cases}$ 在 $x=0$ 点处的连续性.

解 虽然函数 $f(x)$ 在 $x=0$ 处有定义，但是

$\lim\limits_{x\to0^-}f(x)=\lim\limits_{x\to0^-}(x^2+x)=0$，

$\lim\limits_{x\to0^+}f(x)=\lim\limits_{x\to0^+}(2x+4)=4$，

所以$\lim\limits_{x\to 0}f(x)$不存在，从而说明 $f(x)$在点 $x=0$ 点处不连续.

例 7 讨论函数 $f(x)=\begin{cases}(1+x)^{\frac{1}{x}}, x\neq 0,\\ 4, x=0,\end{cases}$在点 $x=0$ 处的连续性.

解 $f(x)$在 $x=0$ 点有定义，$f(0)=4$，而$\lim\limits_{x\to 0}f(x)=\lim\limits_{x\to 0}(1+x)^{\frac{1}{x}}=\mathrm{e}$，由于$\lim\limits_{x\to 0}f(x)=\mathrm{e}\neq f(0)$，所以函数 $f(x)$在 $x=0$ 点不连续.

三、初等函数的连续性

定理 2.7 一切初等函数在其定义区间内都是连续的.

这个定理不仅提供了判断一个函数是不是连续函数的依据，还提供了计算初等函数极限的一种方法：如果函数 $y=f(x)$是初等函数，而且点 x_0 是其定义区间内的一点，那么一定有$\lim\limits_{x\to x_0}f(x)=f(x_0)$.

例 8 求$\lim\limits_{x\to \mathrm{e}}\arcsin(\ln x)$.

解 因为 $\arcsin(\ln x)$是初等函数，且 $x=\mathrm{e}$ 是它的定义区间内的一点，所以有$\lim\limits_{x\to \mathrm{e}}\arcsin(\ln x)=\arcsin(\ln \mathrm{e})=\arcsin 1=\dfrac{\pi}{2}$.

四、闭区间上连续函数的性质

在闭区间上连续的函数具有如下性质。

定理 2.8(最大值与最小值定理) 如果函数 $y=f(x)$在闭区间$[a,b]$上连续，那么函数 $y=f(x)$在闭区间$[a,b]$上必有最大值和最小值.

定理的结论从几何直观上看是明显的，闭区间上的连续函数的图像是包含量端点的一条不间断的曲线(如图 2-3)，该曲线上最高点 P 和最低点Q 的纵坐标分别是函数的最大值和最小值.

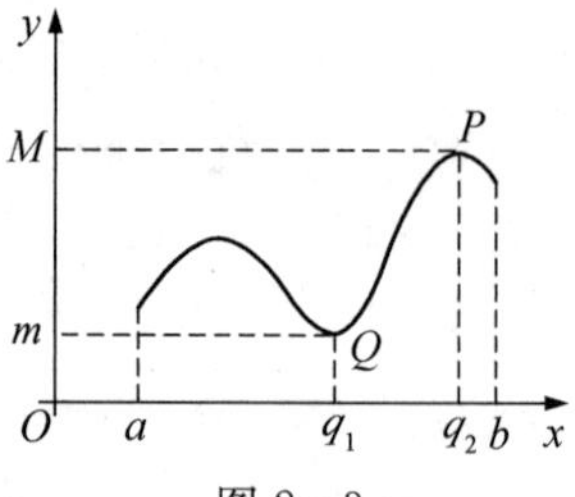

图 2-3

定理 2.9(介值定理) 如果函数 $y=f(x)$在闭区间$[a,b]$上连续，M，m 分别是函数 $y=f(x)$在区间$[a,b]$上的最大值和最小值，那么对于任意实数 $c\in[m,M]$，至少存在一点 $x_0\in[a,b]$，使 $f(x_0)=c$.

如图 2-4 所示，结论是显然的，因为 $f(x)$从 $f(a)$连续地变到 $f(b)$时，它不可能不经过 c. 特别地，当 $f(a)$与 $f(b)$异号时，由界值定理可得下面的根的存在定理.

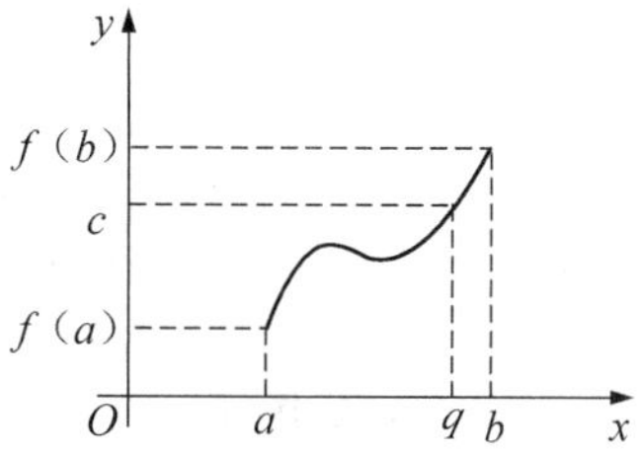

图 2-4

推论(根的存在定理) 如果函数 $y=f(x)$ 在闭区间 $[a,b]$ 上连续,且 $f(a)\cdot f(b)<0$,那么在开区间 (a,b) 内至少存在一点 x_0,使 $f(x_0)=0$,即方程 $f(x)=0$ 在 (a,b) 内至少有一个实根 $x=x_0$.

例 9 证明方程 $2x^3-1=0$ 在 $(0,1)$ 内至少有一个实根.

证明 设 $f(x)=2x^3-1$,则 $f(x)$ 在闭区间 $[0,1]$ 上连续,且 $f(0)=-1<0$,$f(1)=1>0$,由定理 2.6 的推论可知,在 $(0,1)$ 内至少有一点 x_0,使 $f(x_0)=0$,即 $2x^3-1=0$ 在 $(0,1)$ 内至少有一个实根 $x=x_0$.

习题 2-5

1. 求函数 $y=-x^2+\frac{1}{2}x$,当 $x=1$,$\Delta x=0.5$ 时的改变量 Δy.

2. 求函数 $y=\sqrt{1+x}$,当 $x=3$,$\Delta x=-0.2$ 时的改变量 Δy.

3. 求下列函数的连续区间,并求极限.

(1) $f(x)=\frac{1}{x^2-3x+2}$,$\lim\limits_{x\to0}f(x)$;

(2) $f(x)=\sqrt{x-4}-\sqrt{6-x}$,$\lim\limits_{x\to5}f(x)$;

(3) $f(x)=\ln(1-x^2)$,$\lim\limits_{x\to\frac{1}{2}}f(x)$.

4. 求下列函数的间断点:

(1) $y=\frac{1}{(x+3)^2}$; (2) $y=\frac{x}{x^2-3x+2}$;

(3) $y=\frac{\sin x}{x}$; (4) $y=\frac{2x^2-1}{x+1}$.

5. 求下列函数的极限:

(1) $\lim\limits_{x\to0}\sqrt{2x^2-3x+8}$; (2) $\lim\limits_{x\to+\infty}x\ln\left(\frac{x+1}{x}\right)$;

(3) $\lim\limits_{x\to0}\frac{\sqrt{1+x}-1}{\sin 2x}$; (4) $\lim\limits_{x\to1}\frac{\sqrt{5x-4}-\sqrt{x}}{x-1}$.

6. 设函数

$$f(x)=\begin{cases}e^x, & x<0,\\ 4, & x=0,\\ x+1, & x>0.\end{cases}$$

试问函数 $f(x)$ 在 $x=0$ 处是否连续?

7. 设函数

$$f(x)=\begin{cases}2\cos x+1, x\le 0,\\(1+ax)^{\frac{1}{x}}, x>0,\end{cases}$$ 且 $f(x)$ 在 $x=0$ 处连续，求常数 a 的值.

8. 证明方程 $x^4-4x+2=0$ 在区间(1,2)内至少有一个实根.

本章小结

函数是微积分的主要研究对象，极限思维方法是微积分最基本的思维方法。本章的知识是微积分的基础，对后面知识的学习非常重要.

主要内容：

1. 函数的四大特性；基本初等函数、复合函数与初等函数的概念.
2. 数列的极限；函数在 $x\to x_0$，$x\to\infty$时的极限、单侧极限，及两者之间的关系.
3. 极限运算——极限的四则运算法则；两个重要极限.
4. 无穷小与无穷大的概念及它们之间的关系；无穷小的性质及无穷小的比较.
5. 函数连续点及间断点的概念；函数在区间上的连续性；初等函数的连续性；连续函数在闭区间上连续的性质.

求极限的常用方法如下：

(1) 利用初等函数的连续性求极限；

(2) 由四则运算法则求极限；

(3) 运用两个重要极限求极限；

(4) 根据无穷小性质求极限；

(5) 利用无穷小与无穷大的关系求极限；

(6) 利用等价无穷小的替代简化求极限.

综合训练二

1. 填空题.

(1) 设函数 $f(x)$的定义域为[0,1]，则 $f(x+1)$的定义域是________.

(2) 设 $f(x)=\sin x^2$，$\varphi(x)=x^2+1$，则 $f[\varphi(x)]=$________.

(3) $\lim\limits_{x\to\infty}\dfrac{\sin x}{x}=$________.

(4) $\lim\limits_{x\to 0}(1-x)^{\frac{1}{x}}=$________.

(5) 函数 $y=\dfrac{\sin x}{x^2+x-2}$的间断点是________.

(6) 函数 $y=\ln(3-x)+\sqrt{16-x^2}$的连续区间是________.

2. 下列函数由哪些基本初等函数复合而成？

(1) $y=\ln(\ln x)$；

(2) $y=e^{\sin^2(x^2-1)}$；

(3) $y=(1+2x)^{10}$；

(4) $y=(\arcsin\sqrt{1-x^2})^2$.

3. 求下列极限：

(1) $\lim\limits_{n\to\infty}\dfrac{n+(-1)^n}{n}$；

(2) $\lim\limits_{n\to\infty}\dfrac{\cos n}{n+1}$；

(3) $\lim\limits_{x\to 1}\frac{x^2-1}{x^2+x-2}$;

(4) $\lim\limits_{x\to 0}\frac{x}{1-\sqrt{1-x}}$;

(5) $\lim\limits_{x\to\infty}\frac{(5x-1)^{10}(2x-1)^6}{(5x+1)^2}$;

(6) $\lim\limits_{x\to\infty}\frac{(5x+1)^2}{(5x-1)^{10}(2x-1)^6}$;

(7) $\lim\limits_{x\to 0}\frac{\sin 2x}{x^2+x}$;

(8) $\lim\limits_{x\to 0}\frac{\sin 3x}{\tan 2x}$;

(9) $\lim\limits_{x\to\infty}\left(\frac{x-2}{x}\right)^x$;

(10) $\lim\limits_{x\to 0}\left(1-\frac{x}{2}\right)^{\frac{1}{x}}$;

(11) $\lim\limits_{x\to 0}\frac{\ln(4+x)}{\cos x+1}$;

(12) $\lim\limits_{x\to 1}\frac{2^x+3x}{x^2-2x}$;

(13) $\lim\limits_{x\to\frac{1}{2}}x\ln\left(1+\frac{1}{x}\right)$;

(14) $\lim\limits_{x\to 0}\left(e^x+\frac{x+2}{x^2-x+2}\right)\cos x$.

4. 设函数 $f(x)=\begin{cases}x^2+1, & x\neq 2,\\ a, & x=2,\end{cases}$ 在 $x=2$ 处连续，试问 a 取何值？

5. 已知当 $x\to 0$ 时，$(\sqrt{1+ax^2}-1)$ 与 $\sin^2 x$ 是等价无穷小，求常数 a 的值.

6. 证明方程 $x^5-5x=10$ 在 $(1,2)$ 内至少有一个实根.

第三章　导数与微分

【引例三(混凝土抗压强度增长速度的计算)】

在建筑工程中,不可避免地要进行混凝土的浇筑,在浇筑的过程中需要随时掌握混凝土抗压强度增长的情况,即混凝土的强度增长情况(也称抗压强度的变化率).

解决这一问题,得具备一种新的数学知识——微分学.

微分学发展于17世纪中后期,由于文艺复兴运动推动了欧洲生产力的迅猛发展.在此背景下,有许多科学问题需要解决,这些问题也就成了促使微分学产生的因素.归结起来,大约有三种主要类型的问题:第一类是研究运动的瞬时速度问题.第二类是求曲线的切线问题(望远镜的光程设计等).第三类是求函数的最值问题(炮弹的射程、行星的轨道等).

微分学的思想主要归功于法国数学家费尔玛(Fermat,1646—1716),并由英国数学家瓦里士(Wallis,1616—1703)、巴罗(Barrow,1630—1703)和牛顿(Newton,1642—1727)以及德国数学家莱布尼茨(Leibniz,1646—1716)发展起来的.

微分学在工程技术、社会经济管理等各个领域,有着广泛的实际应用.如物体运动的瞬时速度、加速度、经济增长率、人口出生率等.

微分学主要有两个基本概念——导数与微分.导数反映了函数相对于自变量变化的快慢程度(即变化率问题);微分则指明了当自变量有一微小变化时,函数值大体上变化多少.本章将在极限的基础上介绍导数、微分的概念及计算方法.

§3-1　导数的概念

一、引例

1. 平面曲线的切线斜率

设曲线方程为 $y=f(x)$,求曲线上点 $M(x_0,f(x_0))$ 处的切线斜率(图3-1).在曲线上另取一点 $N(x_0+\Delta x,f(x_0+\Delta x))$,作割线 MN,得 $\Delta y=f(x_0+\Delta x)-f(x_0)$,则割线 MN 的斜率为

$$\bar{k}=\tan\beta=\frac{\Delta y}{\Delta x}=\frac{f(x_0+\Delta x)-f(x_0)}{\Delta x}.$$

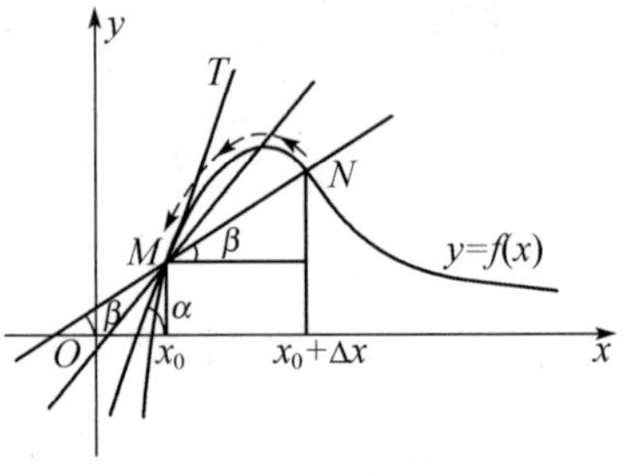

图3-1

当点 N 沿曲线接近点 M 时,Δx 变得越来越小,割线 MN 则绕着点 M 转动.当 $\Delta x\to 0$ 时,割线 MN 无限趋近于它的极限位置——切线 MT,而割线 MN 的倾斜角 β 趋近于切线 MT 的倾斜角 α,割线 MN 的倾斜角 β 的极限为切线 MT 的倾斜角 α.割线 MN 的斜率 $\bar{k}=\tan\alpha$ 的极限为曲线在定点 M 处切线 MT 的斜率,即

$$k=\tan\alpha=\lim_{\beta\to\alpha}\tan\beta=\lim_{\Delta x\to 0}\frac{\Delta y}{\Delta x}=\lim_{\Delta x\to 0}\frac{f(x_0+\Delta x)-f(x_0)}{\Delta x}.$$

曲线上任一点切线的斜率在建筑工程中的应用，就是曲线型屋架上任一点的坡度.

2. 自由落体运动的瞬时速度

建筑工地上，常用落锤式打桩机打桩，先把落锤吊起，然后让它自由下落，给桩以很大的冲力. 显然，冲力的大小与落锤碰撞桩的速度有关，速度越大，冲力越大.

设落锤的运动方程为 $s=s(t)$，求落锤在 t_0 时刻的瞬时速度.

虽然 t_0 时刻的瞬时速度不能用公式 $v=\frac{s}{t}$（因为落锤运动是一个变速运动），但可以用一段时间上的平均速度来近似代替.

所以当时间从 t_0 变到 $t_0+\Delta t$ 时，物体运动的路程从 $s(t_0)$ 变到 $s(t_0+\Delta t)$，其路程的增量为

$$\Delta s=s(t_0+\Delta t)-s(t_0).$$

从而$[t_0,t_0+\Delta t]$这段时间内的平均速度为

$$\bar{v}=\frac{\Delta s}{\Delta t}=\frac{s(t+\Delta t_0)-s(t_0)}{\Delta t}.$$

当 $|\Delta t|$ 很小时，用平均速度 $\bar{v}$ 去近似代替 t_0 时刻的瞬时速度 $v(t_0)$. 显然，时间 $|\Delta t|$ 越小，这种近似代替的精确度就越高. 当 $\Delta t\to 0$ 时，则平均速度 $\bar{v}$ 的极限就是 t_0 时刻的瞬时速度，即

$$v(t_0)=\lim_{\Delta t\to 0}\frac{\Delta s}{\Delta t}=\lim_{\Delta t\to 0}\frac{s(t_0+\Delta t)-s(t_0)}{\Delta t}.$$

二、导数的概念

虽然上面两个实例的实际意义不同，但其解决问题的思想方法和得到的数学模型是相同的. 其方法是：① 求函数的增量 Δy；② 求比值$\frac{\Delta y}{\Delta x}$；③ 求极限$\lim\limits_{\Delta x\to 0}\frac{\Delta y}{\Delta x}$. 数学模型都是当自变量的增量趋近于零时，函数增量与自变量增量之比的极限. 在自然科学和工程技术中，还有许多其他的量也具有这种数学模型. 例如：

加速度：速度 $v(t)$ 随时间 t 的变化率 $\lim\limits_{\Delta t\to 0}\frac{\Delta v}{\Delta t}=\lim\limits_{\Delta t\to 0}\frac{v(t_0+\Delta t)-v(t_0)}{\Delta t}$.

电流强度：电量 $Q(t)$ 随时间 t 的变化率 $\lim\limits_{\Delta t\to 0}\frac{\Delta Q}{\Delta t}=\lim\limits_{\Delta t\to 0}\frac{Q(t_0+\Delta t)-Q(t_0)}{\Delta t}$.

人口增长率：人口 $P(t)$ 随时间 t 的变化率 $\lim\limits_{\Delta t\to 0}\frac{\Delta P}{\Delta t}=\lim\limits_{\Delta t\to 0}\frac{P(t_0+\Delta t)-P(t_0)}{\Delta t}$.

经济变量的边际：经济变量$C(x)$随产量x的变化率 $\lim\limits_{\Delta x\to 0}\frac{\Delta C}{\Delta x}=\lim\limits_{\Delta x\to 0}\frac{C(x_0+\Delta x)-C(x_0)}{\Delta x}$.

定义 3.1 设函数 $y=f(x)$ 在点 x_0 及其近旁有定义，当自变量 x 在 x_0 处有增量 Δx 时，函数有相应的增量 $\Delta y=f(x_0+\Delta x)-f(x_0)$. 当 $\Delta x\to 0$ 时，若$\frac{\Delta y}{\Delta x}$的极限存在，则称函数 $y=f(x)$ 在点 x_0 可导，否则称函数 $y=f(x)$ 在点 x_0 不可导. 且其极限值称为函数 $y=f(x)$ 在点 x_0 的导数（或微商），记作 $f'(x_0)$，即

$$f'(x_0)=\lim_{\Delta x\to 0}\frac{\Delta y}{\Delta x}=\lim_{\Delta x\to 0}\frac{f(x_0+\Delta x)-f(x_0)}{\Delta x}.$$

也可记为 $y'|_{x=x_0}$，$\frac{\mathrm{d}y}{\mathrm{d}x}|_{x=x_0}$或$\frac{\mathrm{d}}{\mathrm{d}x}f(x)|_{x=x_0}$.

$\frac{\Delta y}{\Delta x}$ 的意义是自变量 x 从 x_0 变到 $x_0+\Delta x$ 时，函数 $y=f(x)$ 的平均变化率，而 $f'(x_0)$ 的

意义是函数在点 x_0 的变化率.

若记 $x=x_0+\Delta x$,则 $\Delta x=x-x_0$,当 $\Delta x\to 0$ 时,有 $x\to x_0$.因此,上面公式可变形为

$$f'(x_0)=\lim_{\Delta x\to 0}\frac{\Delta y}{\Delta x}=\lim_{x\to x_0}\frac{f(x)-f(x_0)}{x-x_0}.$$

如果函数 $y=f(x)$ 在区间 (a,b) 内的每一点都可导,就说函数 $f(x)$ 在区间 (a,b) 内可导.这时,对于区间 (a,b) 内的每一个值 x,都有唯一确定的导数值 $f'(x)$ 与之对应,这就构成了一个新的函数,这个新函数称为函数 $y=f(x)$ 的导函数,简称导数.记为

$$f'(x),y',\frac{dy}{dx}\text{或}\frac{d}{dx}f(x).$$

显然,函数 $y=f(x)$ 在点处 x_0 的导数,就是导函数 $f'(x)$ 在 x_0 点处的函数值,即

$$f'(x_0)=f'(x)\big|_{x=x_0}.$$

三、导数的几何意义

根据导数的定义,前面所讨论的两个实例可以叙述如下:

曲线 $y=f(x)$ 在点 $M(x_0,f(x_0))$ 处切线的斜率就是函数 $y=f(x)$ 在点 x_0 处的导数,即

$$k=\tan\alpha=f'(x_0).$$

此即为导数的几何意义.由此,可得到曲线在 M 点处的

切线方程 $$y-y_0=f'(x_0)(x-x_0),$$

法线方程 $$y-y_0=-\frac{1}{f'(x_0)}(x-x_0).\ (f'(x_0)\neq 0)$$

四、可导与连续的关系

定理 3.1 若函数 $y=f(x)$ 在点 x_0 可导,则它在点 x_0 处连续.

该定理也可简述为“可导必连续”.但这个定理的逆命题不成立,即函数在点 x_0 处连续,但在点 x_0 不一定可导.

例如,如图 3-2 所示,函数 $y=|x|=\begin{cases}x, & x\geqslant 0,\\ -x, & x<0,\end{cases}$ 在点 $x=0$ 连续,

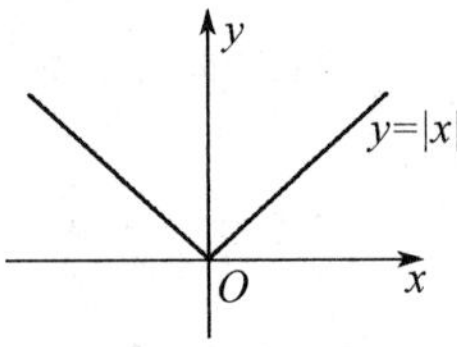

图 3-2

$$\frac{\Delta y}{\Delta x}=\frac{|0+\Delta x|-|0|}{\Delta x}=\frac{|\Delta x|}{\Delta x}.$$

由于 $$\lim_{\Delta x\to 0^-}\frac{\Delta y}{\Delta x}=\lim_{\Delta x\to 0^-}\frac{|\Delta x|}{\Delta x}=\lim_{\Delta x\to 0^-}\frac{-\Delta x}{\Delta x}=-1,$$

$$\lim_{\Delta x\to 0^+}\frac{\Delta y}{\Delta x}=\lim_{\Delta x\to 0^+}\frac{|\Delta x|}{\Delta x}=\lim_{\Delta x\to 0^+}\frac{\Delta x}{\Delta x}=1.$$

所以 $\lim\limits_{\Delta x\to 0}\frac{\Delta y}{\Delta x}$ 不存在,即 $y=|x|$ 在点 $x=0$ 连续且不可导.

五、基本初等函数的导数公式(一)

1. $(C)'=0$;
2. $(x^{\alpha})'=\alpha x^{\alpha-1}$;
3. $(a^x)'=a^x\ln a,(e^x)'=e^x$;
4. $(\log_a x)'=\frac{1}{x\ln a},(\ln x)'=\frac{1}{x}$;
5. $(\sin x)'=\cos x$;
6. $(\cos x)'=-\sin x$.

这些公式可以通过导数的定义来推导.

例 1 求下列函数的导数.

(1) 已知 $y=3^x$,求 y'; (2) $y=\sqrt[3]{x}$,求 $y'|_{x=1}$.

解 (1) $y'=(3^x)'=3^x\cdot\ln 3$.

(2) $y'=(\sqrt[3]{x})'=(x^{\frac{1}{3}})'=\frac{1}{3}x^{\frac{1}{3}-1}=\frac{1}{3}x^{-\frac{2}{3}}$,

则
$$y'|_{x=1}=\frac{1}{3}x^{-\frac{2}{3}}|_{x=1}=\frac{1}{3}.$$

例 2 求曲线 $y=\cos x$ 在点 $\left(\frac{\pi}{6},\frac{\sqrt{3}}{2}\right)$ 处的切线方程与法线方程.

解 由导数的几何意义,点 $\left(\frac{\pi}{6},\frac{\sqrt{3}}{2}\right)$ 处的切线斜率为

$$k=y'|_{x=\frac{\pi}{6}}=-\sin x|_{x=\frac{\pi}{6}}=-\frac{1}{2},$$

所以切线方程为
$$y-\frac{\sqrt{3}}{2}=-\frac{1}{2}\left(x-\frac{\pi}{6}\right),$$

法线方程为
$$y-\frac{\sqrt{3}}{2}=2\left(x-\frac{\pi}{6}\right).$$

习题 3-1

1. 用导数公式求下列函数在指定点处的导数:

(1) $y=\sqrt{x}, x=4$; (2) $y=\frac{1}{x^3}, x=\frac{1}{2}$;

(3) $y=\log_2 x, x=3$; (4) $y=3^{-x}, x=1$.

2. 求曲线 $y=x^3$ 上点(2,8)处的切线方程与法线方程.

3. 求曲线 $y=\sin x$ 上点 $\left(\frac{5\pi}{4},-\frac{\sqrt{2}}{2}\right)$ 处的切线方程与法线方程.

4. 一根质量不均匀的细杆放在数轴的 $[0,l]$ 上,在点 $x\in[0,l]$ 处的质量 m 是 x 的函数 $m=m(x)$. 请写出线密度的数学模型.

§3-2 导数的运算

用定义可以求导数,但如果每个函数都用定义求导数,将是很麻烦的,甚至是很困难的. 为便于求导数,本节将继续介绍导数公式以及求导法则.

一、基本初等函数导数公式(二)

7. $(\tan x)'=\sec^2 x$; 8. $(\cot x)'=-\csc^2 x$;

9. $(\sec x)'=\sec x\tan x$; 10. $(\csc x)'=-\csc x\cot x$;

11. $(\arcsin x)'=\frac{1}{\sqrt{1-x^2}}$; 12. $(\arccos x)'=-\frac{1}{\sqrt{1-x^2}}$;

13. $(\arctan x)'=\frac{1}{1+x^2}$; 14. $(\text{arccot}\, x)'=-\frac{1}{1+x^2}$.

二、导数运算

1. 导数的四则运算法则

法则 1 若函数 $u=u(x)$，$v=v(x)$ 在点 x 处可导，则函数 $u\pm v$，$u\cdot v$，$\frac{u}{v}(v\neq 0)$ 在点 x 处也可导，而且

(1) $(u\pm v)'=u'\pm v'$；

(2) $(u\cdot v)'=u'\cdot v+u\cdot v'$；

(3) $(ku)'=ku'$(k 为常数)；

(4) $\left(\frac{u}{v}\right)'=\frac{u'v-uv'}{v^2}$.

其中，法则(1)、(2) 可以推广到有限个函数的情形. 若 u,v,w 均在点 x 处可导，则有

$$(uvw)'=u'vw+uv'w+uvw'.$$

例 1 求函数 $y=x^5+2\arctan x-3\ln x$ 的导数.

解 $y'=(x^5+2\arctan x-3\ln x)'$.

$$=(x^5)'+2(\arctan x)'-3(\ln x)'=5x^4+\frac{2}{1+x^2}-\frac{3}{x}.$$

例 2 求 $y=\sqrt{x}\sec x$ 的导数.

解 $y'=(\sqrt{x})'\sec x+\sqrt{x}(\sec x)'=\frac{1}{2\sqrt{x}}\sec x+\sqrt{x}\sec x\tan x$.

例 3 证明正切函数 $y=\tan x$ 的导数公式.

证明 $y'=(\tan x)'=\left(\frac{\sin x}{\cos x}\right)'=\frac{(\sin x)'\cos x-\sin x(\cos x)'}{\cos^2 x}=\frac{\cos^2 x+\sin^2 x}{\cos^2 x}=\sec^2 x$.

导数公式的(8)、(9)、(10) 都可以用类似的方法证明.

例 4 设函数 $f(x)=\frac{\cos x}{1+\sin x}$，求 $f'\left(\frac{\pi}{4}\right)$.

解 因为 $f'(x)=\left(\frac{\cos x}{1+\sin x}\right)'=\frac{(\cos x)'(1+\sin x)-\cos x(1+\sin x)'}{(1+\sin x)^2}$

$$=\frac{-\sin x(1+\sin x)-\cos x\cos x}{(1+\sin x)^2}$$

$$=\frac{-1-\sin x}{(1+\sin x)^2}=-\frac{1}{1+\sin x}.$$

所以 $$f'\left(\frac{\pi}{4}\right)=-\frac{1}{1+\sin\frac{\pi}{4}}=-\frac{1}{1+\frac{\sqrt{2}}{2}}=-\frac{2}{2+\sqrt{2}}=-2+\sqrt{2}.$$

例 5(引例三) 设新浇混凝土的抗压强度 f 是混凝土龄期 n(从混凝土浇灌后算起的养护时间) 的函数，且 $f(n)=\frac{f_{28}}{\lg 28}\lg n$(假设 $f(n)$ 是 n 的连续函数). 其中 f_{28} 是龄期 28d(天) 的混凝土设计抗压强度，为常数.

解 混凝土强度的增长速度即混凝土强度的变化率，所以混凝土强度的增长速度为

$$f'(n)=\frac{f_{28}}{\lg 28}\cdot\frac{1}{n\ln 10}=\frac{f_{28}}{n\lg 28}\lg e.$$

显然 $f'(n)$ 是 n 的递减函数，由此可以看到新浇混凝土的抗压强度的增长是前快后慢，这就提醒我们要重视混凝土的前期养护工作.

2. 复合函数的求导法则

法则 2 设函数 $u=\varphi(x)$ 在点 x 处可导，函数 $y=f(u)$ 在对应点 u 处可导，则复合函数 $y=f[\varphi(x)]$ 在点 x 处可导，且

$$y'(x)=f'(u)\cdot\varphi'(x).$$

此法则也可写为

$$\frac{\mathrm{d}y}{\mathrm{d}x}=\frac{\mathrm{d}y}{\mathrm{d}u}\cdot\frac{\mathrm{d}u}{\mathrm{d}x}\text{ 或 }y'_x=y'_u\cdot u'_x.$$

复合函数 $y=f[\varphi(x)]$ 的导数，等于复合函数对中间变量的导数乘以中间变量对自变量的导数. 复合函数的求导法则也称为**链式法则**，这个法则可以推广到多个中间变量的情形.

如 $y=f(u)$，$u=\phi(v)$，$v=\varphi(x)$，那么复合函数 $y=f[\phi(\varphi(x))]$ 的导数为

$$y'(x)=f'(u)\phi'(v)\varphi'(x).$$

例 6 求函数 $y=\arcsin 2x$ 的导数.

解 函数 $y=\arcsin 2x$ 是由函数 $y=\arcsin u$ 与 $u=2x$ 复合而成的. 所以

$$y'=(\arcsin u)'(2x)'=\frac{1}{\sqrt{1-u^2}}\cdot 2=\frac{2}{\sqrt{1-4x^2}}.$$

例 7 求函数 $y=\ln\tan 6x$ 的导数.

解 函数 $y=\ln\tan 6x$ 是由 $y=\ln u$，$u=\tan v$，$v=6x$ 复合而成的. 所以

$$y'_x=\frac{\mathrm{d}y}{\mathrm{d}u}\cdot\frac{\mathrm{d}u}{\mathrm{d}v}\cdot\frac{\mathrm{d}v}{\mathrm{d}x}=\frac{1}{u}\cdot\sec^2 v\cdot 6=12\csc 12x.$$

在熟悉了复合函数求导法则之后，中间变量在求导过程中可以不必写出来，按照"由外向内，逐层求导"的原则即可.

例 8 求函数 $y=\sqrt{\tan(\ln x)}$ 的导数.

解 $y'=\dfrac{1}{2\sqrt{\tan(\ln x)}}(\tan(\ln x))'=\dfrac{1}{2\sqrt{\tan(\ln x)}}\sec^2(\ln x)(\ln x)'$

$$=\frac{1}{2x\sqrt{\tan(\ln x)}}\sec^2(\ln x).$$

例 9 求函数 $y=\ln|x|$ 的导数.

解 当 $x>0$，$y'=(\ln|x|)'=(\ln x)'=\dfrac{1}{x}$；

当 $x<0$，$y'=(\ln|x|)'=[\ln(-x)]'=\dfrac{-1}{-x}=\dfrac{1}{x}$

所以
$$y'=(\ln|x|)'=\frac{1}{x}.$$

习题 3-2

1. 求下列函数的导数：

(1) $y=6x^3-\dfrac{3}{x}+5\ln x-\mathrm{e}$； (2) $y=(x-2)(2x^2-1)$；

(3) $y=\dfrac{x^2+x\sqrt{x}-3\sqrt{x}+1}{x}$； (4) $y=\dfrac{3}{x^2+1}$；

(5) $y=x^5\ln x$；

(6) $y=\dfrac{x-1}{x+1}$；

(7) $y=x^2\sin x+\operatorname{arccot}x$；

(8) $y=\dfrac{x}{1-\tan x}$；

(9) $y=\dfrac{\sin x}{x}+3^x\csc x$；

(10) $y=x\sin x\ln x$.

2. 求下列函数的导数：

(1) $y=e^{\cos x}$；

(2) $y=\sqrt{x^3+x}$；

(3) $y=\sec(\ln x)$；

(4) $y=\lg(\sin x+5)$；

(5) $y=\cot(\sin\sqrt{x})$；

(6) $y=\ln(\csc^2\sqrt{x}+1)$；

(7) $y=\sin^2x+\sin x^3$；

(8) $y=3e^{5x+6}-\arccos(x^2-1)$；

(9) $y=e^{5x}\tan 2x$；

(10) $y=\dfrac{2x}{(1-x^2)^2}$.

3. 建筑工地上有时可看到工人用上抛的方法将少量的砖运到几米高的脚手架上，若砖上抛的高度 s 与时间 t 的关系满足 $s=v_0t-\dfrac{1}{2}gt^2$，v_0 是砖上抛时的初速度. (1) 求 t 时刻砖的速度；(2) 经过多少时间速度为零？(3) 砖上抛的最大高度是多少？

§3-3 隐函数导数　高阶导数

一、隐函数的导数

一般地，将形为 $y=f(x)$ 函数称为显函数. 例如，$y=\ln 2x$，$y=e^{\csc x}$ 等. 而当 y 为 x 的函数关系隐藏在方程 $F(x,y)=0$ 中时，称为隐函数. 例如，$2x^2-y-1=0$，$xy-e^{x+y}=0$ 等.

有些隐函数可以从方程 $f(x,y)=0$ 中解出 y 来，称为隐函数的显化. 如 $2x^2-y-1=0$，可显化为 $y=2x^2-1$. 但有的隐函数显化很困难，或根本不可能显化. 如 $xy-e^{x+y}=0$.

下面给出一种无需显化也能求导数的方法.

将方程 $F(x,y)=0$ 中的 y 看成是 x 的函数，运用复合函数的求导法则，在方程两边同时对 x 求导，切记方程中的 y 是 x 的函数，它的导数是 y'_x，得到一个关于 y'_x 的方程，解出 y'_x 即可.

例 1　求由方程 $x^2+y^2=1$ 所确定的隐函数的导数 y'_x.

解　方程两边对 x 求导，并注意到 y^2 是 x 的复合函数，有

$$2x+2yy'_x=0,$$

得

$$y'_x=-\frac{x}{y}.$$

一般地，由方程 $F(x,y)=0$ 所确定的隐函数的导数 y'_x 中，仍然含有 y.

例 2　求由方程 $xy-e^{x+y}=0$ 所确定的隐函数导数 y'_x.

解　方程两边对 x 求导，有　$y+xy'_x-e^{x+y}(1+y'_x)=0$，

$$y'_x(x-e^{x+y})=e^{x+y}-y,$$

得

$$y'_x=\frac{e^{x+y}-y}{x-e^{x+y}}.$$

利用隐函数的求导方法，还可以简化一些显函数的求导运算. 例如，对某些由乘、除、乘方、开方构成的函数求导数，可先对等式两边取对数，变成隐函数的形式，然后利用隐函数的求导方法求出它的导数，这种方法称为**对数求导法**.

例 3　推导指数函数 $y = a^x (a > 0, a \neq 1)$ 的导数公式.

解　等式两边同时取对数，得 $$\ln y = x\ln a,$$
两边对 x 求导，得 $$\frac{1}{y}y' = \ln a,$$
即 $$y' = y\ln a = a^x \ln a,$$
所以 $$(a^x)' = a^x \ln a.$$

同理，可推导幂函数 $y = x^\alpha$ 的导数公式.

例 4　求函数 $y = \sqrt[3]{\frac{(x-1)(x-2)}{(x-3)(x-4)}}$ 的导数.

解　等式两边同时取对数，得

$$\ln y = \frac{1}{3}[\ln(x-1) + \ln(x-2) - \ln(x-3) - \ln(x-4)].$$

两边对 x 求导，得 $$\frac{1}{y}y' = \frac{1}{3}\left(\frac{1}{x-1} + \frac{1}{x-2} - \frac{1}{x-3} - \frac{1}{x-4}\right),$$
即 $$y' = \frac{1}{3}y\left(\frac{1}{x-1} + \frac{1}{x-2} - \frac{1}{x-3} - \frac{1}{x-4}\right)$$
$$= \frac{1}{3}\sqrt[3]{\frac{(x-1)(x-2)}{(x-3)(x-4)}}\left(\frac{1}{x-1} + \frac{1}{x-2} - \frac{1}{x-3} - \frac{1}{x-4}\right).$$

对数求导法，还可用来求幂指函数 $y = u(x)^{v(x)}$ 的导数，如 $y = x^{\sin x}$ 等.

例 5　推导反正弦函数 $y = \arcsin x(-1 < x < 1)$ 的导数公式.

解　由 $y = \arcsin x(-1 < x < 1)$，得

$$x = \sin y\left(-\frac{\pi}{2} < y < \frac{\pi}{2}\right).$$

两边对 x 求导，得 $$1 = y'\cos y,$$
所以 $$y' = \frac{1}{\cos y} = \frac{1}{\sqrt{1-\sin^2 y}} = \frac{1}{\sqrt{1-x^2}},$$
即 $$(\arcsin x)' = \frac{1}{\sqrt{1-x^2}}.$$

同理，可推导其他反三角函数的导数公式.

利用基本初等函数的求导公式，及前面所学的导数四则运算法则和复合函数的求导法则，解决了求初等函数的导数问题. 而且可以断言：**任何初等函数的导数仍是初等函数**.

例 6　若水以 $2m^3/s$ 的速度灌入高 $h = 10m$，底半径 $r = 5m$ 的圆锥形水槽中(图3-3). 问：当水深为 5m 时，水位上升的速度是多少?

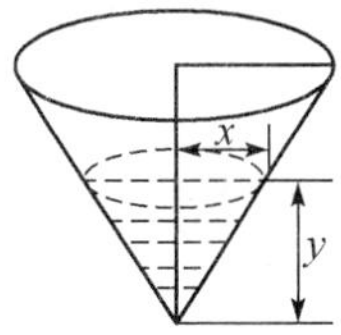

图 3-3

解　设在 t 时刻水槽中水的体积为 $V(t)$，水面半径为 $x(t)$，此时水的深度为 $y(t)$，由题意得

$$\frac{dV}{dt} = 2m^3/s, V = \frac{1}{3}\pi x^2 y, y = 2x,$$

所以 $$V = \frac{1}{3}\pi \cdot \frac{1}{4}y^3 = \frac{1}{12}\pi y^3.$$

两边关于 t 求导数 $\dfrac{dV}{dt}=\dfrac{dV}{dy}\cdot\dfrac{dy}{dt}=\dfrac{1}{12}\pi\cdot 3y^2\cdot\dfrac{dy}{dt}=\dfrac{1}{4}\pi y^2\dfrac{dy}{dt}$,

水位上升速度为 $\dfrac{dy}{dt}=\dfrac{4}{\pi y^2}\dfrac{dV}{dt}=\dfrac{8}{\pi y^2}$.

当 $y=5$ 时,水位上升的速度为 $\left.\dfrac{dy}{dt}\right|_{y=5}=\dfrac{4}{\pi y^2}\left.\dfrac{dV}{dt}\right|_{y=5}=\dfrac{4\times 2}{\pi 5^2}\approx 0.10(\mathrm{m/s})$.

二、高阶导数

高阶导数的概念及运算

在变速直线运动中,加速度是速度的变化率,而速度 $v(t)=\dfrac{ds}{dt}$,则加速度 $a(t)=\dfrac{dv}{dt}=\dfrac{d\left(\dfrac{ds}{dt}\right)}{dt}$,出现了导数的导数问题.

定义 3.2 如果函数 $y=f(x)$ 的导数 $y'=f'(x)$ 仍是可导函数,那么称 $f'(x)$ 的导数为 $f(x)$ 的**二阶导数**,记作

$$y'',f''(x),\frac{d^2y}{dx^2}\text{或}\frac{d^2f(x)}{dx^2}.$$

即 $y''=(y')',f''(x)=[f'(x)]',\dfrac{d^2y}{dx^2}=\dfrac{d}{dx}\left(\dfrac{dy}{dx}\right)$或$\dfrac{d^2f(x)}{dx^2}=\dfrac{d}{dx}\left(\dfrac{df(x)}{dx}\right)$.

类似地,可定义 $f(x)$ 的三阶导数、四阶导数……它们分别记为

$$y''',f'''(x),\frac{d^3y}{dx^3}\text{或}\frac{d^3f(x)}{dx^3},$$

$$y^{(4)},f^{(4)}(x),\frac{d^4y}{dx^4}\text{或}\frac{d^4f(x)}{dx^4}\cdots$$

一般地,$f(x)$ 的 $n-1$ 阶导数的导数,便称为 $f(x)$ 的 n 阶导数,记为

$$y^{(n)},f^{(n)}(x),\frac{d^ny}{dx^n}\text{或}\frac{d^nf(x)}{dx^n}.$$

二阶及二阶以上的导数统称为**高阶导数**.

$y=f(x)$ 在点 x_0 处的 n 阶导数,记为

$$y^{(n)}\big|_{x=x_0},f^{(n)}(x_0),\left.\frac{d^ny}{dx^n}\right|_{x=x_0}\text{或}\left.\frac{d^nf(x)}{dx^n}\right|_{x=x_0}.$$

例 7 求函数 $y=6x^3-3x^2+7x-5$ 的四阶导数.

解 $y'=18x^2-6x+7$,

$y''=36x-6$,

$y'''=36$,

$y^{(4)}=0$.

一般地,一个 n 次多项式的 n 阶导数为常数,$n+1$ 阶导数为零.

例 8 求函数 $y=e^{-x}\sin x$ 的二阶导数.

解 $y'=-e^{-x}\sin x+e^{-x}\cos x=-e^{-x}(\sin x-\cos x)$,

$y''=e^{-x}(\sin x-\cos x)-e^{-x}(\cos x+\sin x)=-2e^{-x}\cos x$.

例 9 求函数 $y=\ln(x+1)$ 的 n 阶导数.

解 $y'=\frac{1}{x+1}=(x+1)^{-1}$,

$y''=-(x+1)^{-2}$,

$y'''=2(x+1)^{-3}, y^{(4)}=-2\cdot 3(x+1)^{-4}, \cdots$

一般地 $y^{(n)}=(-1)^{n-1}(n-1)!(x+1)^{-n}$.

在求 n 阶导数时，应注意探究在导数阶数增高过程中导数的变化规律，以便归纳得出结论.

习题 3-3

1. 求下列隐函数的导数：

(1) $y^2-3xy+9x^2=0$;　　(2) $\arctan(x+y)=x$;

(3) $xy+e^x-e^y=0$;　　(4) $xy-\sin(\pi y^2)=0$.

2. 求椭圆 $\frac{x^2}{25}+\frac{y^2}{9}=1$ 在点 $\left(1,\frac{6\sqrt{6}}{5}\right)$ 处的切线方程.

3. 求下列函数的二阶导数：

(1) $y=3x^2+\ln x$;　　(2) $y=(x^2+1)\arctan x$;

(3) $y=e^{-x}\cos x$;　　(4) $y=\ln(x+\sqrt{x^2+1})$.

4. 某款汽车在刹车后汽车的运动规律为 $s=19.2t-0.4t^3$，假设汽车做直线运动，求刹车后汽车的速度与加速度，及汽车完全停下来所需的时间.

§3-4　微分

许多实际问题中，需要计算当自变量 x 在 x_0 处取得增量 Δx 时函数 $y=f(x)$ 的增量. 当然，这可以通过 $\Delta y=f(x_0+\Delta x)-f(x_0)$ 求得，但很多时候很难求得. 另一方面，实际问题中很可能只需要 Δy 的近似值即可. 希望有一种快捷的计算方法.

一、微分的概念

实例：一块正方形金属薄片受温度变化的影响，其边长从 x_0 变到 $x_0+\Delta x$，问此薄片面积改变了多少？

因为正方形的面积公式为 $S=x^2$. 设此薄片的边长为 x_0，当边长 x 从 x_0 变到 $x_0+\Delta x$ 时，相应的面积 S 增量为

$$\Delta S=(x_0+\Delta x)^2-x^2=2x_0\Delta x+(\Delta x)^2.$$

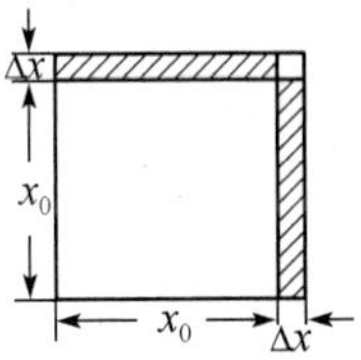

图 3-4

ΔS 由两部分组成：第一部分 $2x_0\Delta x$ 是 Δx 的线性函数(图 3-4 中带有斜线的两个矩形面积之和)，第二部分 $(\Delta x)^2$(图 3-4 中的小正方形面积) 比 $2x_0\Delta x$ 小得多，是 Δx 的高阶无穷小.

因此，当 $|\Delta x|$ 很小时，第一项 $2x_0\Delta x$ 是函数增量 ΔS 的主要部分，故可得 ΔS 的近似值.

$$\Delta S\approx 2x_0\Delta x=S'|_{x=x_0}\cdot\Delta x.$$

这时所产生的误差是较 Δx 高阶的无穷小.

从上面的实例中，我们看到了函数 $S=x^2$ 具有以下两点：

(1) 函数的增量可以写成 $\Delta S = A\Delta x + o(\Delta x)$，这里的 $A = 2x_0$ 为常数，与 Δx 无关；

(2) 常数 $A = S'(x_0)$.

对于一般函数，有：

定义 3.3 设函数 $y = f(x)$ 在点 x_0 可导，则称 $f'(x_0)\Delta x$ 为函数 $y = f(x)$ 在点 x_0 **微分**，记作 $\mathrm{d}y$，

即
$$\mathrm{d}y = f'(x_0)\Delta x.$$

显然，函数 $y = f(x)$ 在点 x_0 处的增量 $\Delta y = f(x_0 + \Delta x) - f(x_0)$ 与微分 $\mathrm{d}y = f'(x_0)\Delta x$ 有以下关系：

$\Delta y = f'(x_0)\Delta x + o(\Delta x) \approx f'(x_0)\Delta x = \mathrm{d}y$.

通常，将自变量 x 的增量 Δx 称为**自变量的微分**，记作 $\mathrm{d}x$，即 $\mathrm{d}x = \Delta x$.

函数 $y = f(x)$ 在任意点 x 处的微分称为**函数的微分**，记作 $\mathrm{d}y$，即 $\mathrm{d}y = f'(x)\mathrm{d}x$.

由此可见，导数 $\dfrac{\mathrm{d}y}{\mathrm{d}x}$ 是函数微分与自变量微分之商，所以导数也称**微商**.

二、微分的几何意义

设函数 $y = f(x)$（图 3-5），在 x 轴上取点 x 与 $x + \Delta x$，在曲线上有相对应的点 $M(x, f(x))$ 和 $M'(x + \Delta x, f(x + \Delta x))$，过点 M 作倾斜角为 α 的切线 MT，交 $M'P$ 于点 Q，根据微分定义

$$\mathrm{d}y = f'(x)\Delta x = \tan\alpha \cdot \Delta x = PQ.$$

因此，函数 $y = f(x)$ 在点 x 处微分的几何意义，就是曲线 $y = f(x)$ 在点 $M(x, f(x))$ 处对应这一横坐标改变量时切线 MT 的纵坐标的改变量 PQ.

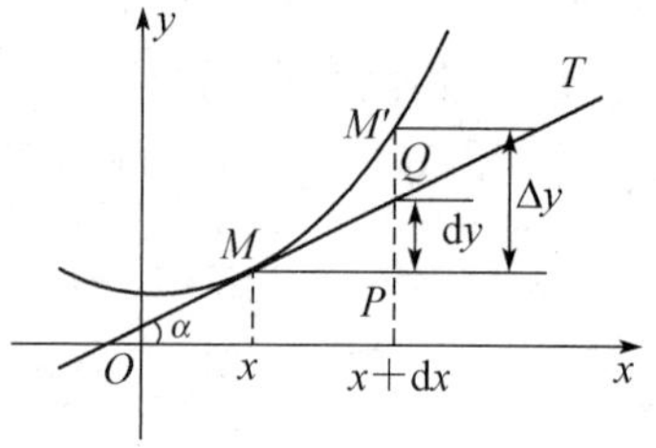

图 3-5

三、微分的运算

由 $\mathrm{d}y = f'(x)\mathrm{d}x$ 可知，要计算函数的微分，只要求出函数的导数，再乘以自变量的微分即可. 所以从基本初等函数的导数公式和法则能直接推出微分的基本公式和法则.

1. 微分基本公式

(1) $\mathrm{d}c = 0$；

(2) $\mathrm{d}(x^\alpha) = \alpha x^{\alpha-1}\mathrm{d}x$；

(3) $\mathrm{d}(a^x) = a^x \ln a \mathrm{d}x$，$\mathrm{d}(\mathrm{e}^x) = \mathrm{e}^x \mathrm{d}x$；

(4) $\mathrm{d}(\log_a x) = \dfrac{1}{x\ln a}\mathrm{d}x$，$\mathrm{d}(\ln x) = \dfrac{1}{x}\mathrm{d}x$；

(5) $\mathrm{d}(\sin x) = \cos x \mathrm{d}x$；

(6) $\mathrm{d}(\cos x) = -\sin x \mathrm{d}x$；

(7) $\mathrm{d}(\tan x) = \sec^2 x \mathrm{d}x$；

(8) $\mathrm{d}(\cot x) = -\csc^2 x \mathrm{d}x$；

(9) $\mathrm{d}(\sec x) = \sec x \tan x \mathrm{d}x$；

(10) $\mathrm{d}(\csc x) = -\csc x \cot x \mathrm{d}x$；

(11) $\mathrm{d}(\arcsin x) = \dfrac{1}{\sqrt{1 - x^2}}\mathrm{d}x$；

(12) $\mathrm{d}(\arccos x) = -\dfrac{1}{\sqrt{1 - x^2}}\mathrm{d}x$；

(13) $\mathrm{d}(\arctan x) = \dfrac{1}{1 + x^2}\mathrm{d}x$；

(14) $\mathrm{d}(\mathrm{arccot}\, x) = -\dfrac{1}{1 + x^2}\mathrm{d}x$.

2. 函数和、差、积、商的微分法则

设函数 u、v 都是 x 的可微函数，k 为常数，则

(1) $\mathrm{d}(u \pm v) = \mathrm{d}u \pm \mathrm{d}v$；

(2) $\mathrm{d}(uv) = v\mathrm{d}u + u\mathrm{d}v$；

(3) $d(ku) = kdu$;

(4) $d\left(\frac{u}{v}\right) = \frac{vdu - udv}{v^2}$.

3. 复合函数微分法则

设函数 $u = \varphi(x)$ 在点 x 处可微，$y = f(u)$ 在点 u 处可微，则复合函数 $y = f[\varphi(x)]$ 在点 x 处也可微，且微分为

$$dy = \{f[\varphi(x)]\}'dx = f'[\varphi(x)]\varphi'(x)dx = f'[\varphi(x)]d\varphi(x) = f'(u)du.$$

由上式知，无论 u 是中间变量还是自变量，其微分都具有 $dy = f'(u)du$ 的形式，这个性质称为**一阶微分形式不变性**. 在求复合函数的微分时，可以利用复合函数的求导法则，再乘以自变量的微分；也可以用微分形式不变性进行计算.

例 1 求函数 $y = \sin\sqrt{x}$ 的微分.

解法一 $dy = (\sin\sqrt{x})'dx = \frac{1}{2\sqrt{x}}\cos\sqrt{x}dx$.

解法二 $dy = d(\sin\sqrt{x}) = \cos\sqrt{x}d(\sqrt{x}) = \frac{1}{2\sqrt{x}}\cos\sqrt{x}dx$.

例 2 求函数 $y = x^2e^{-x}$ 的微分.

解法一 $dy = (x^2e^{-x})'dx = (2xe^{-x} - x^2e^{-x})dx$.

解法二 $dy = d(x^2e^{-x}) = e^{-x}d(x^2) + x^2d(e^{-x}) = (2xe^{-x} - x^2e^{-x})dx$.

例 3 设 $x^2 + xy + y^2 = 3$，求 $dy, dy|_{x=1}$.

解 $d(x^2 + xy + y^2) = d(3)$，　　$d(x^2) + d(xy) + d(y^2) = d(3)$，

$2xdx + ydx + xdy + 2ydy = 0$，　　$(x + 2y)dy = -(2x + y)dx$，

则

$$dy = -\frac{2x + y}{x + 2y}dx.$$

当 $x = 1$ 时，原方程为 $1 + y + y^2 = 3$，并解得 $y_1 = 1, y_2 = -2$.

故

$$dy\Big|_{\substack{x=1\\y=1}} = -dx, \quad dy\Big|_{\substack{x=1\\y=-2}} = 0.$$

例 4 用微分方法求由方程 $\begin{cases} x = 5\cos t, \\ y = 3\sin t, \end{cases}$ 所确定的函数 $y = f(x)$ 的导数 $\frac{dy}{dx}$.

解 因为 $dy = 3\cos t dt, dx = -5\sin t dt$，所以

$$\frac{dy}{dx} = \frac{3\cos t dt}{-5\sin t dt} = -\frac{3}{5}\cot t.$$

四、微分的应用举例

1. 微分的近似计算

若函数 $y = f(x)$ 在点 x_0 处的导数 $f'(x_0) \neq 0$，且 $|\Delta x|$ 很小，有

$$\Delta y = f(x_0 + \Delta x) - f(x_0) \approx f'(x_0)\Delta x = dy,$$

或

$$f(x_0 + \Delta x) \approx f(x_0) + f'(x_0)\Delta x.$$

此即微分近似公式.

例 5 在建筑工程中，计算圆环形管的管厚截面积 ΔS 时，常用近似公式 $\Delta S \approx \pi D\delta$，其中 D 是管的直径，δ 为管厚. 试说明理由.

解 设圆面积为 $S=\pi R^2$，则 $dS=2\pi R dR$，由 $R=\dfrac{D}{2}$，$dR=\delta$.
因此，管厚截面积为 $\Delta S\approx dS=2\pi R dR=\pi D\delta$.

当 $|x|$ 很小时，工程中常用的近似公式有：

$$e^x\approx 1+x;\sin x\approx x;\tan x\approx x;\ln(1+x)\approx x;\sqrt[n]{1+x}\approx 1+\frac{1}{n}x.$$

2. 误差估计

建筑工程离不开测量.但由于测量设备、方法等多种原因，测出的数据总存在一定的误差，使得利用这些数据计算出来的量也必定有误差.误差不可避免，关键是要能对误差进行估计.从数学角度来分析误差，就是将测量带来的误差看成是自变量的改变量，将计算误差看成是函数的改变量.这样，误差估计就成为计算函数改变量的问题，也就可用微分来估计误差.若设 x 为一可直接测量的量，其测量误差为 Δx，y 为依赖于 x 的量满足 $y=f(x)$，则 y 的相应误差为

$\Delta y=f(x+\Delta x)-f(x)$，分别称 $|\Delta y|$，$\left|\dfrac{\Delta y}{y}\right|$ 为 y 的绝对误差与相对误差.

在计算误差时通常用 dy 代替 Δy.

例 6 经测量一个球的半径为 21cm，可能的测量误差约为 0.05cm.利用这个测量值计算球体积时，最大的误差及相对误差为多少？

解 记 Δr 为半径的测量误差，则球体积最大误差为 $\Delta V\approx dV=\left(\dfrac{4}{3}\pi r^3\right)'dr=4\pi r^2\Delta r$.

当 $r=21$，$\Delta r=0.05$ 时，体积的最大误差约为 $\Delta V\approx 4\pi(21)^2\cdot 0.05\approx 277\,(\text{cm})^3$.

最大相对误差为 $\dfrac{\Delta V}{V}\approx\dfrac{dV}{V}=\dfrac{4\pi(21)^2\cdot 0.05}{\frac{4}{3}\pi\cdot 21^3}\approx 0.00714=0.714\%$.

习题 3-4

1. 求下列各函数的微分：

(1) $y=(\sqrt{x}+1)\left(\dfrac{1}{\sqrt{x}}-1\right)$；　　(2) $y=(2x^3+3x^2+1)^3$；

(3) $y=e^{\cos 2x}$；　　(4) $y=e^x\sin(2-x)$；

(5) $y=\dfrac{\ln x}{x^n}$；　　(6) $y=\dfrac{\tan x}{x^2+1}$；

(7) $xy=e^x-e^y$；　　(8) $\arctan\dfrac{y}{x}=\sqrt{x^2+y^2}$.

2. 边长为 a 的混凝土正方体受热膨胀，边长增加了 h，问这个正方体体积近似增加了多少？

3. 一钢筋混凝土排水管，内径为 1.5m，壁厚 0.12m，管长 3m，且已知钢筋混凝土容重为 2400kg/m^3，计算这根钢筋混凝土排水管质量的近似值.

4. 用标尺和望远镜测量角度 α(图 3-6).已知 $s=20\text{m}$，$h=250\text{mm}$.问：当 h 有误差 $\Delta h=10\text{mm}$ 时测量的角度 α 的误差有多大？

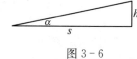

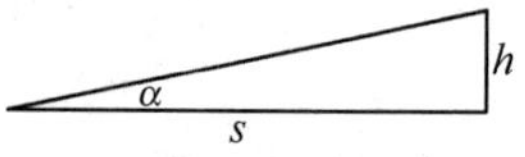

图 3-6

本章小结

本章内容是本课程的核心内容之一. 牢固掌握导数和微分的基本概念、熟悉导数与微分的公式与运算法则,熟练地进行导数和微分的运算,对于初学者都是必须的. 本课程学习的成功与否由此而始,读者切不可等闲视之!

主要内容:

1. 导数的概念

导数的定义

$$f'(x_0)=\lim_{\Delta x\to 0}\frac{\Delta y}{\Delta x}=\lim_{\Delta x\to 0}\frac{f(x_0+\Delta x)-f(x_0)}{\Delta x},$$

或

$$f'(x_0)=\lim_{x\to x_0}\frac{f(x)-f(x_0)}{x-x_0}.$$

导数的几何意义为曲线上某点切线的斜率.

可导与连续的关系:可导一定连续,连续未必可导.

2. 导数的运算

基本初等函数的导数公式;导数的四则运算法则;复合函数的求导法则;隐函数求导法;对数求导法.

3. 微分

微分的概念:微分 $\mathrm{d}y=f(x)\Delta x$ 是函数增量 $\Delta y=f'(x)\Delta x+o(\Delta x)$ 的线性主部. 微分与导数是两个不同的概念. 微分是由于函数的自变量发生变化而引起函数变化量的近似值. 导数则是函数在一点处的变化率. 对于一个给定的函数来说,它的微分跟 x 与 Δx 都有关,而导数只与 x 有关.

微分的几何意义是:函数在某点(x_0,y_0)处的切线对应于横坐标有改变量时的纵坐标改变量.

微分的运算:可按定义求微分;也可用微分的公式,微分的四则运算法则、一阶形式不变形求微分;用微分还可以求各种形式的导数,包括复合函数的导数、隐函数的导数、参数方程的导数.

综合训练三

1. 已知函数 $f(x)$ 在点 x_0 处可导,求下列极限:

(1) $\lim\limits_{\Delta x\to 0}\dfrac{f(x_0+2\Delta x)-f(x_0)}{\Delta x}$;　　(2) $\lim\limits_{\Delta x\to 0}\dfrac{f(x_0-2\Delta x)-f(x_0)}{\Delta x}$;

(3) $\lim\limits_{\Delta x\to 0}\dfrac{f(x_0+\Delta x)-f(x_0-\Delta x)}{\Delta x}$;　　(4) $\lim\limits_{h\to 0}\dfrac{f(x_0)-f(x_0-h)}{h}$.

2. 求曲线 $y=x^3+3x^2-5$ 在点$(1,-1)$处的切线方程与法线方程.

3. 求下列函数的导数:

(1) $y=(1-x^3)^{50}$;　　(2) $y=\lg(3-\sqrt{x})$;

(3) $y=\cot e^{-\sqrt{x}}$;　　(4) $y=\ln\cos\dfrac{1}{x}$;

(5) $y=x(\sin^2 x-\sin 2x)$;　　(6) $y=\dfrac{e^x}{e^{3x}+1}$;

(7) $y = \ln\ln\ln x - x^2 3^x$；　(8) $y = \sqrt{1+x^2} + \ln\cos x + e^2$.

4. 求下列方程所确定的隐函数的导数：

(1) $x^3 y + \ln y - 2xe^y = 0$；　(2) $e^x + e^y = \sin(xy) + e$.

5. 求下列函数的二阶导数：

(1) $y = \ln(1+x^2)$；　(2) $y = \ln\sin x$.

6. 求下列函数的微分：

(1) $y = 5x^3 - x^4$；　(2) $y = \ln\sqrt{1-x^2}$；

(3) $y = \arcsin\sqrt{1-x}$；　(4) $y = \dfrac{\sin 3x}{x}$；

(5) $y - xy^3 + 2x^2 y = 1$；　(6) $xy + \ln y = x$.

7. 利用微分求下列参数方程确定函数的导数：

(1) $\begin{cases} x = t - \sin t, \\ y = 1 - \cos t; \end{cases}$　(2) $\begin{cases} x = \ln(1+t^2), \\ y = t - \arctan t. \end{cases}$

8. 求下列函数的 n 阶导数：

(1) $y = \sin x$；　(2) $y = \ln(x^2 - x - 12)$.

第四章　导数的应用

【引例四(荷载作用下梁的挠曲线的形状分析)】

在建筑结构设计中，通常要考虑一个跨度为 l、两端固定的梁，在均匀分布的荷载 q 作用下发生弯曲变形的问题. 变形后的梁轴线在建筑力学上称为挠曲线(图 4-11a). 通过对挠曲线的形状进行分析，根据挠曲线的凹向，以确定配设承受拉力的钢筋位置. 而分析曲线形状的常用工具是导数.

本章将介绍用导数这一重要工具来拓展极限的计算，研究函数的某些性态、特征及其图形，并运用这些知识解决一些实际问题.

§4-1　微分中值定理

用导数研究函数的基础是微分中值定理. 微分中值定理反映了函数在某一区间上的改变量与函数在这个区间内某点处导数之间的关系.

定理 4.1(拉格朗日中值定理)　如果函数 $f(x)$ 满足下列条件：

(1) 在闭区间 $[a,b]$ 上连续；

(2) 在开区间 (a,b) 内可导.

那么在区间 (a,b) 内至少存在一点 $\xi\ (a<\xi<b)$，使等式

$$f'(\xi)=\frac{f(b)-f(a)}{b-a} \tag{1}$$

成立.

定理的几何解释如下.

由图 4-1 得知，$f'(\xi)$ 是点 $C(\xi,f(\xi))$ 处的切线斜率，而 $\dfrac{f(b)-f(a)}{b-a}$ 是曲线 $y=f(x)$ 上两点 $A(a,f(a))$，$B(b,f(b))$ 连线的斜率，故：

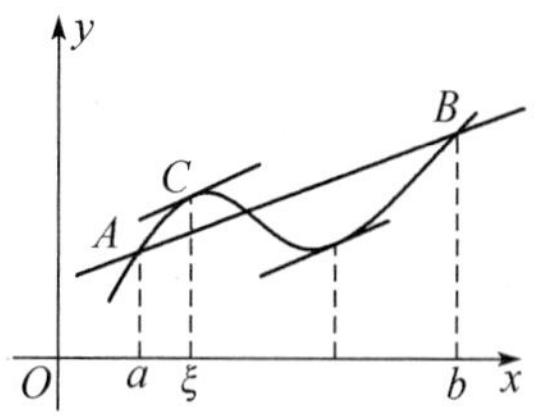

图 4-1

(1) 式的意义是点 C 处的切线平行于弦 AB. 即拉格朗日中值定理的几何意义是：若连续曲线 $y=f(x)$ 上的每一点(除端点外)处都有不垂直于 x 轴的切线，则在曲线弧 AB 内至少能找到一点 $C(\xi,f(\xi))$，使得该点处的切线与弦 AB 所在直线平行.

(1) 式也叫拉格朗日中值公式，若令 $x=a$，$\Delta x=b-a$，则(1) 式可写成

$$f(x+\Delta x)-f(x)=f'(\xi)\Delta x \tag{2}$$

它给出了函数的增量与导数及自变量增量之间的直接联系，从而开辟了用导数研究函数某些特性的途径.

例 1　求函数 $f(x)=x^3$ 在 $[-1,2]$ 内满足拉格朗日中值定理条件的 ξ 值.

解　因为 $f'(x)=3x^2$，$f(-1)=-1$，$f(2)=8$，满足拉格朗日中值定理的 ξ 值为

$$f(2)-f(-1)=3\xi^2[2-(-1)],$$

即

$$9=9\xi^2,\qquad 得\ \xi=\pm 1$$

因为 $1 \in (-1,2), \quad -1 \notin (-1,2)$
所以满足拉格朗日中值定理条件的 ξ 值为 $\xi = 1$.

在拉格朗日中值定理中，若添加条件 $f(a) = f(b)$，则可得到罗尔(Rolle) 中值定理.

定理 4.2(罗尔中值定理) 如果函数 $f(x)$ 在闭区间 $[a,b]$ 上连续，在开区间 (a,b) 内可导，且 $f(a) = f(b)$，那么在 (a,b) 内至少存在一点 ξ，使 $f'(\xi) = 0$ 成立.

罗尔中值定理的几何意义是很明显的，读者可以自己分析.

由拉格朗日中值定理，还可得到下面的推论.

推论 1 如果函数 $f(x)$ 在区间 (a,b) 内满足 $f'(x) \equiv 0$，那么在 (a,b) 内 $f(x) = C$(C 为常数).

证 在 (a,b) 内任取两点 x_1, x_2，且 $x_1 < x_2$，由拉格朗日中值定理，可得

$$f(x_2) - f(x_1) = f'(\xi)(x_2 - x_1) \ (x_1 < \xi < x_2).$$

由于 $f'(\xi) = 0$，所以 $f(x_2) - f(x_1) = 0$，即

$$f(x_1) = f(x_2).$$

因为 x_1, x_2 是 (a,b) 内的任意两点，于是上式表明 $f(x)$ 在 (a,b) 内任意两点的值总是相等的，即在 (a,b) 内 $f(x) = C$(C 为常数).

推论 2 如果两个函数 $f(x), g(x)$ 在 (a,b) 内有 $f'(x) \equiv g'(x)$，那么在 (a,b) 内 $f(x) = g(x) + C$ (C 为常数).

证 令 $F(x) = f(x) - g(x)$，则 $F'(x) = f'(x) - g'(x) \equiv 0$，
由推论 1 知 $F(x)$ 在 (a,b) 内为一常数 C，即 $f(x) = g(x) + C$.

例 2 求证 $\arcsin x + \arccos x = \frac{\pi}{2}\ (-1 \leqslant x \leqslant 1)$.

证 设 $f(x) = \arcsin x + \arccos x$，当 $-1 < x < 1$ 时，有

$$f'(x) = \frac{1}{\sqrt{1-x^2}} + \frac{-1}{\sqrt{1-x^2}} \equiv 0.$$

由推论 1，$f(x)$ 在区间 $(-1,1)$ 内为一常数 C，即

$$\arcsin x + \arccos x = C.$$

下面确定常数 C 的值，不妨取 $x = 0$，得

$$C = f(0) = \arcsin 0 + \arccos 0 = 0 + \frac{\pi}{2},$$

所以当 $-1 < x < 1$ 时，$\qquad \arcsin x + \arccos x = \frac{\pi}{2}.$

对于 $x = \pm 1$ 时，等式显然成立，故命题得证.

习题 4-1

1. 下列函数在指定的区间上是否满足拉格朗日中值定理的条件？若满足，求出定理结论中的 ξ 值.

   (1) $f(x) = \frac{1}{x^2}\ [-1,2]$； (2) $f(x) = (x+2)^2\ [1,5]$；

   (3) $f(x) = \sqrt{x}\ [1,4]$； (4) $f(x) = \arctan x\ [0,1]$.

2. 曲线 $y = \frac{1}{3}x^3 - 4x + 4$ 上哪一点的切线与连接曲线上点 $(0,4)$ 和点 $(3,1)$ 的割线

平行？

3. 函数 $f(x)=x(x-1)(x-2)(x-3)$ 的导数有几个零点（即满足 $f'(x_0)=0$ 的点 x_0）？各位于哪个区间？

4. 证明 $\arctan x+\operatorname{arccot} x=\dfrac{\pi}{2}$.

§4-2　洛必达法则

如果在 x 的某个变化过程中，两个函数 $f(x)$，$g(x)$ 都趋向于零（或无穷大）. 这时极限 $\lim\dfrac{f(x)}{g(x)}$ 可能存在也可能不存在，通常把上述极限叫做**未定式**，并分别记为$\dfrac{0}{0}$ 型或$\dfrac{\infty}{\infty}$ 型. 例如，$\lim\limits_{x\to1}\dfrac{\ln x}{(x-1)^2}$ 和$\lim\limits_{x\to0}\dfrac{x-\sin x}{x^3}$ 都是$\dfrac{0}{0}$ 型，$\lim\limits_{x\to\infty}\dfrac{\ln(1+x^2)}{x}$ 和 $\lim\limits_{x\to0^+}\dfrac{\ln\cot x}{\ln x}$ 都是$\dfrac{\infty}{\infty}$ 型.

用第一章所学的方法求其极限较困难. 下面介绍求这类极限的一种简便而有效的方法 —— **洛必达法则**.

定理 4.3　如果函数 $f(x)$，$g(x)$ 可导，在 x 的同一变化过程中满足下列条件：

(1) $\lim f(x)=\lim g(x)=0$；

(2) $g'(x)\neq0$；

(3) $\lim\dfrac{f'(x)}{g'(x)}=A$（或 ∞）.

那么$\lim\dfrac{f(x)}{g(x)}=\lim\dfrac{f'(x)}{g'(x)}=A$（或 ∞）.（证明略）

定理说明$\dfrac{0}{0}$ 型的未定式极限在符合定理的条件下，可通过对分子、分母分别求导后来求极限.

例 1　求$\lim\limits_{x\to0}\dfrac{e^x-e^{-x}}{\sin x}$.

解　这是$\dfrac{0}{0}$ 型，所以$\lim\limits_{x\to0}\dfrac{e^x-e^{-x}}{\sin x}=\lim\limits_{x\to0}\dfrac{e^x+e^{-x}}{\cos x}=2$.

例 2　求$\lim\limits_{x\to1}\dfrac{\ln x}{(x-1)^2}$.

解　$\lim\limits_{x\to1}\dfrac{\ln x}{(x-1)^2}\overset{\frac{0}{0}}{=}\lim\limits_{x\to1}\dfrac{\frac{1}{x}}{2(x-1)}=\lim\limits_{x\to1}\dfrac{1}{2x(x-1)}=\infty$.

如果$\lim\limits_{x\to x_0}\dfrac{f'(x)}{g'(x)}$ 仍属于$\dfrac{0}{0}$ 型，且 $f'(x)$，$g'(x)$ 仍满足洛必达法则的条件，那么可以继续使用该法则进行计算.

例 3　求$\lim\limits_{x\to0}\dfrac{x-\sin x}{x^3}$.

解　$\lim\limits_{x\to0}\dfrac{x-\sin x}{x^3}\overset{\frac{0}{0}}{=}\lim\limits_{x\to0}\dfrac{1-\cos x}{3x^2}\overset{\frac{0}{0}}{=}\lim\limits_{x\to0}\dfrac{\sin x}{6x}=\dfrac{1}{6}$.

对$\dfrac{\infty}{\infty}$ 型的未定式极限也有类似于$\dfrac{0}{0}$ 型的洛必达法则，除$\dfrac{0}{0}$ 与$\dfrac{\infty}{\infty}$ 的差别外，条件与结果极

为相似，下面只举例说明它的应用.

例 4 求$\lim\limits_{x\to\infty}\dfrac{\ln(1+x^2)}{x}$.

解 $\lim\limits_{x\to\infty}\dfrac{\ln(1+x^2)}{x}\overset{\frac{\infty}{\infty}}{=}\lim\limits_{x\to+\infty}\dfrac{\dfrac{2x}{1+x^2}}{1}=\lim\limits_{x\to+\infty}\dfrac{2x}{1+x^2}\overset{\frac{\infty}{\infty}}{=}\lim\limits_{x\to+\infty}\dfrac{2}{2x}=0.$

例 5 求$\lim\limits_{x\to 0^+}\dfrac{\ln\cot x}{\ln x}$.

解 $\lim\limits_{x\to 0^+}\dfrac{\ln\cot x}{\ln x}\overset{\frac{\infty}{\infty}}{=}\lim\limits_{x\to 0^+}\dfrac{\dfrac{1}{\cot x}\left(-\dfrac{1}{\sin^2 x}\right)}{\dfrac{1}{x}}=\lim\limits_{x\to 0^+}\dfrac{-x}{\sin x\cos x}$

$$=-\lim_{x\to 0^+}\frac{x}{\sin x}\cdot\lim_{x\to 0}\frac{1}{\cos x}=-1.$$

除$\dfrac{0}{0}$型与$\dfrac{\infty}{\infty}$型的未定式之外，还有 $0\cdot\infty$，$\infty-\infty$，0^0，1^∞，∞^0 等未定式，对这些类的未定式求极限，通常是先进行恒等变形转化为$\dfrac{0}{0}$或$\dfrac{\infty}{\infty}$型，然后用洛必达法则进行计算.

例 6 求$\lim\limits_{x\to 0^+}x\ln x$.

解 这是 $0\cdot\infty$ 型，因此$\lim\limits_{x\to 0^+}x\ln x=\lim\limits_{x\to 0^+}\dfrac{\ln x}{\dfrac{1}{x}}\overset{\frac{\infty}{\infty}}{=}\lim\limits_{x\to 0^+}\dfrac{\dfrac{1}{x}}{-\dfrac{1}{x^2}}=\lim\limits_{x\to 0^+}\dfrac{-x^2}{x}=0.$

但洛必达法则不是万能的，有时我们还会碰到一些特殊情形.

例 7 求$\lim\limits_{x\to\infty}\dfrac{x+\sin x}{x}$.

解 这是$\dfrac{\infty}{\infty}$型，但因为

$\lim\limits_{x\to\infty}\dfrac{x+\sin x}{x}\overset{\frac{\infty}{\infty}}{=}\lim\limits_{x\to\infty}\dfrac{1+\cos x}{1}$不存在，所以不能用洛必达法则求这个极限，

事实上 $$\lim_{x\to\infty}\frac{x+\sin x}{x}=\lim_{x\to\infty}\left(1+\frac{1}{x}\sin x\right)=1+0=1.$$

用洛必达法则求极限时，要注意以下几点：

(1) 洛必达法则只适用于$\dfrac{0}{0}$型或$\dfrac{\infty}{\infty}$型的极限. 故每次使用洛必达法则前，必须检查所求极限是否为$\dfrac{0}{0}$型或$\dfrac{\infty}{\infty}$型；

(2) 当$\lim\dfrac{f'(x)}{g'(x)}$不存在时，并不能断定所求的$\lim\dfrac{f(x)}{g(x)}$不存在，而需用其他方法来求极限；

(3) 洛必达法则并不是万能的，有时可能会失效$\left(如\lim\limits_{x\to+\infty}\dfrac{\sqrt{1+x^2}}{x}\right)$，需另寻其他解法.

习题 4－2

1. 用洛必达法则求下列极限：

(1) $\lim\limits_{x\to\frac{\pi}{2}}\dfrac{2x-\pi}{\cos x}$；　　(2) $\lim\limits_{x\to 0}\dfrac{e^{x}-e^{-x}}{x}$；

(3) $\lim\limits_{x\to 1}\dfrac{x^{3}-3x+2}{x^{3}-x^{2}-x+1}$；　　(4) $\lim\limits_{x\to+\infty}\dfrac{\ln(1+x^{2})}{e^{x}}$；

(5) $\lim\limits_{x\to+\infty}\dfrac{\ln\left(1+\dfrac{1}{x}\right)}{\operatorname{arccot}x}$；　　(6) $\lim\limits_{x\to 0^{+}}\dfrac{\csc x}{\ln x}$.

2. 求下列极限：

(1) $\lim\limits_{x\to 0}\dfrac{x^{2}\sin\dfrac{1}{x}}{\sin x}$；　　(2) $\lim\limits_{x\to+\infty}\dfrac{2x}{\sqrt[3]{x^{3}+1}}$.

§4－3　函数的单调性、极值与最值

函数的单调性在几何上表现为图形的升降，函数的极值在几何上为曲线的波谷点. 而导数 $f'(x)$ 表示曲线 $y=f(x)$ 在点 $(x,f(x))$ 处的切线斜率，反映了在每一点曲线变化的方向. 所以可以考虑用 $f'(x)$ 来研究函数 $y=f(x)$ 的单调性、极值.

一、函数的单调性

如图 4－2，函数 $y=f(x)$ 在某区间上单调增加时，曲线上各点处的切线斜率为非负，即 $y'=f'(x)\geqslant 0$；单调减少时，曲线上各点处的切线斜率为非正，即 $y'=f'(x)\leqslant 0$. 可见函数的单调性与导数的符号有着密切的联系.

图 4－2

定理 4.4　设函数 $f(x)$ 在区间 (a,b) 内可导.

(1) 如果在 (a,b) 内 $f'(x)>0$，那么 $f(x)$ 在 (a,b) 内单调增加；

(2) 如果在 (a,b) 内 $f'(x)<0$，那么 $f(x)$ 在 (a,b) 内单调减少.

证明　(1) 在 (a,b) 内任取两点 x_1,x_2，且 $x_1<x_2$，根据拉格朗日中值定理，存在一点 $\xi(x_1<\xi<x_2)$，使

$$f(x_2)-f(x_1)=f'(\xi)(x_2-x_1).\qquad(*)$$

因为在区间 (a,b) 内有 $f'(x)>0$，则 $(*)$ 式中的 $f'(\xi)>0$，而 $x_2-x_1>0$，因此由(1)式知 $f(x_2)>f(x_1)$，即 $f(x)$ 在 (a,b) 内单调增加.

同理，可证明结论(2)的成立.

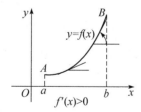

求函数的单调区间，除了利用定理 4.4，还需解决单调区间的分界点. 观察图 4-3.

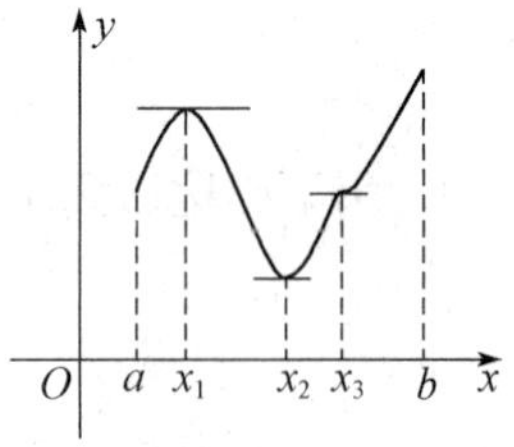

图 4-3

函数 $f(x)$ 在区间 $[a,x_1]$，$[x_2,b]$ 上单调增加，而在区间 $[x_1,x_2]$ 上单调减少，点 x_1，x_2 为单调区间的分界点. 在这些点处有一个特征：切线水平，即 $f'(x_1)=f'(x_2)=0$.

使导数等于零的点[即方程 $f'(x)=0$ 的实根]，叫做函数 $f(x)$ 的**驻点**.

因此要确定可导函数 $f(x)$ 的单调区间，首先要求出驻点，然后用这些驻点将其定义域分成若干个区间，再在每个区间上判定导数的符号以确定函数的单调性.

例 1 讨论函数 $f(x)=\dfrac{1}{3}x^3+\dfrac{1}{2}x^2-2x$ 的单调性.

解 因为 $f'(x)=x^2+x-2=(x+2)(x-1)$，令 $f'(x)=0$，得驻点 $x_1=-2$，$x_2=1$. 这两点将 $f(x)$ 的定义域 $(-\infty,+\infty)$ 分成三个部分：$(-\infty,-2)$，$(-2,1)$，$(1,+\infty)$，下面用列表的形式进行讨论(表中"↗"表示单调增加，"↘"表示单调减少).

表 4-1

x	$(-\infty,-2)$	-2	$(-2,1)$	1	$(1,+\infty)$
$f'(x)$	$+$	0	$-$	0	$+$
$f(x)$	↗	$\dfrac{10}{3}$	↘	$-\dfrac{7}{6}$	↗

根据表 4-1 的讨论可得：函数 $f(x)$ 在区间 $(-\infty,-2)$ 和 $(1,+\infty)$ 内单调增加，在区间 $(-2,1)$ 内单调减少.

注意： 函数的连续而不可导的点也可能是单调区间的分界点.

例 2 确定函数 $y=\sqrt[3]{x^2}$(图 4-4) 的单调区间.

解 函数的定义域为 $(-\infty,+\infty)$，而 $y'=\dfrac{2}{3\sqrt[3]{x}}$，

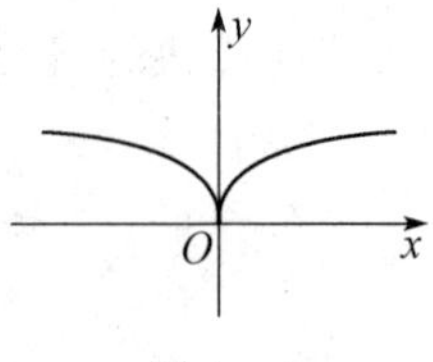

图 4-4

显然，函数没有驻点，而当 $x=0$ 时，函数的导数不存在.

当 $x>0$ 时，有 $y'>0$，函数在区间 $(0,+\infty)$ 内单调增加；

当 $x<0$ 时，有 $y'<0$，函数在区间 $(-\infty,0)$ 内单调减少.

二、函数的极值与最值

在实际生活中，常会遇到：在一定条件下，怎样使"产量最高"、"用料最省"、"成本最低"、"耗时最少"等问题. 这一类问题在数学上可归结为函数的最大值、最小值.

定义 4.1 设函数 $f(x)$ 在点 x_0 的近旁都有 $f(x)<f(x_0)$，则称 $f(x_0)$ 是函数 $f(x)$ 的一个**极大值**；若都有 $f(x)>f(x_0)$，则称 $f(x_0)$ 是函数 $f(x)$ 的一个**极小值**. 函数的极大值与极小值统称为函数的**极值**，使函数取得极值的点 x_0 称为**极值点**.

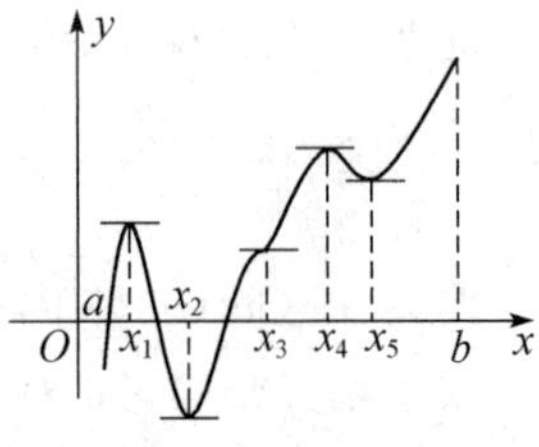

图 4-5

在图 4-5 中，点 x_1，x_2，x_4，x_5 是函数的极值点.

定义 4.2 设函数 $f(x)$ 对除 x_0 外所有的点 $x\in D$，都有 $f(x)<f(x_0)$，则称 $f(x_0)$ 是函数 $f(x)$ 的**最大值**；若都有 $f(x)>f(x_0)$，则称 $f(x_0)$ 是函数 $f(x)$ 的**最小值**. 函数的最大值与最小值

统称为函数的**最值**,使函数取得最值的点 x_0 称为**最值点**.

由图 4-5 可知,点 x_2,b 是函数的最值点.

极值与最值最大的区别在于:极值是局部概念,最值是全局概念.

1. 函数的极值

求极值的关键是找出极值点,由图 4-5,对可导函数来讲,在取得极值处,曲线的切线是水平的,即在极值点处函数的导数为零.反之却不成立.如 $f'(x_3)=0$,但 x_3 不是极值点.

定理 4.5(极值存在的必要条件) 设函数 $f(x)$ 在点 x_0 处导数存在,且在 x_0 处取得极值,则函数 $f(x)$ 在 x_0 处的导数 $f'(x_0)=0$,即 x_0 是函数 $f(x)$ 的**驻点**.

注意,定理 4.5 仅是极值存在的必要条件,而非充分条件.

如函数 $y=x^3$,在 $x=0$ 处有 $y'|_{x=0}=0$,但 $y|_{x=0}=0$不是极值.

定理 4.5 可简单叙述为:可导函数的极值点必是驻点,而驻点却未必是极值点.

对于一个连续函数,它的极值点还可能是使导数不存在的点.如 $f(x)=|x|$,$f'(0)$ 不存在,但 $x=0$ 是它的一个极小值点.从图形上看,这样的点称为曲线的**尖点**.

连续函数可能的极值点是驻点与尖点.问题是这些点满足什么条件才能为极值点?

定理 4.6(极值存在第一充分条件) 设函数 $f(x)$ 为连续函数,且在点 x_0 的近旁可导(x_0 可除外),当 x 由小增大经过 x_0 时,有:

(1) $f'(x)$ 的符号由正变负,则 $f(x)$ 在点 x_0 处取得极大值;

(2) $f'(x)$ 的符号由负变正,则 $f(x)$ 在点 x_0 处取得极小值;

(3) $f'(x)$ 的符号不变,则 $f(x)$ 在点 x_0 处取不到极值.

证明 (1) 由条件,$f(x)$ 在点 x_0 左近旁单调增加,在点 x_0 右近旁单调减少,即当 $x<x_0$ 时有 $f(x)<f(x_0)$,当 $x>x_0$ 时有 $f(x)<f(x_0)$,因此 $f(x)$ 在点 x_0 处取到极大值.

同理,可证明结论(2) 和(3).

例 3 求函数 $f(x)=(x^2-4)^{\frac{2}{3}}$ 的极值.

解 因为 $f'(x)=\dfrac{4x}{3\sqrt[3]{x^2-4}}(x\neq\pm 2)$,

令 $f'(x)=0$,得 $x=0$,所以函数有驻点 $x=0$,尖点 $x=\pm 2$.

列表考察 $f'(x)$ 的符号:

表 4-2

x	$(-\infty,-2)$	-2	$(-2,0)$	0	$(0,2)$	2	$(2,+\infty)$
$f'(x)$	$-$	不存在	$+$	0	$-$	不存在	$+$
$f(x)$	↘	极小值 0	↗	极大值 $\sqrt[3]{16}$	↘	极小值 0	↗

故当 $x=0$ 时,函数 $f(x)$ 有极大值 $\sqrt[3]{16}$;当 $x=\pm 2$ 时,函数 $f(x)$ 有极小值 0.

此外,还可利用二阶导数来求极值.

定理 4.7(极值存在的第二充分条件) 设函数 $f(x)$ 在点 x_0 及其近旁有连续的二阶导数 $f''(x)$ 存在,又 $f'(x_0)=0$.

(1) 若 $f''(x_0)<0$,则 $f(x)$ 在 x_0 处取得极大值;

(2) 若 $f''(x_0)>0$,则 $f(x)$ 在 x_0 处取得极小值.

例 4 求函数 $f(x)=\sqrt{3}x+2\sin x$ 在区间$[0,2\pi]$内的极值.

解 因为 $f'(x)=\sqrt{3}+2\cos x, f''(x)=-2\sin x$.

令 $f'(x_0)=0$,得驻点 $x_1=\dfrac{5\pi}{6}, x_2=\dfrac{7\pi}{6}$.

而 $f''\left(\dfrac{5\pi}{6}\right)=-1<0$,所以 $f\left(\dfrac{5\pi}{6}\right)=\dfrac{5\sqrt{3}\pi}{6}+1$ 为极大值;

$f''\left(\dfrac{7\pi}{6}\right)=1>0$,所以 $f\left(\dfrac{7\pi}{6}\right)=\dfrac{7\sqrt{3}\pi}{6}-1$ 为极小值.

2. 函数的最值

由于在闭区间$[a,b]$上连续的函数 $f(x)$ 一定存在最大值和最小值. 又函数的最值既可在区间内部取到,也可在区间的端点上取到. 当最值在区间内部取到,那么这个最值一定是函数的极值. 因此求 $f(x)$ 在区间$[a,b]$上的最值,可先求出一切可能的极值点(驻点及尖点),并将这些点的函数值和端点处的函数值进行比较,即可得函数的最大值和最小值.

例 5 求函数 $y=x^4-4x^2+6$ 在区间$[-3,3]$上的最大值和最小值.

解 因为 $y'=4x^3-8x$,

令 $y'=0$,得驻点 $x_1=-\sqrt{2}, x_2=0, x_3=\sqrt{2}$.

所以 $y|_{x=\pm\sqrt{2}}=2, y|_{x=0}=6$,而 $y|_{x=\pm 3}=51$.

经比较,得函数的最大值为 $y=51$,最小值为 $y=2$.

图 4-6

连续函数 $f(x)$ 在开区间内的极值情况比较复杂,我们只考虑在开区间内有唯一的极值点 x_0,那么这个极值必定为相应的最值(图 4-6).

例 6 求函数 $f(x)=(x^2-1)^3+1$ 的最值.

解 因为 $f'(x)=6x(x^2-1)^2$,得驻点 $x=0, x=\pm1$,并只有 $x=0$ 点的左右使 $f'(x)$ 由负变正. 因此 $x=0$ 是函数 $f(x)$ 的唯一极值点,且是极小值点. 故函数的极小值就是函数的最小值,为 $f(0)=0$,不存在最大值.

例 7 一家房地产公司有50套公寓可出租,若租金定为2000元时,公寓会全部租出,若月租金每增加100元,就有一套公寓租不出. 又租出的公寓每套每月需200元的维修费. 问租金定为多少时可获得最大收入?

解 设每套公寓月租金定为 x 元,月收入为 y,则

$$y=\left(50-\frac{x-2000}{100}\right)(x-200)=\frac{1}{100}(-x^2+7200x-1400000),(x\geqslant 2000),$$

$$y'=\frac{1}{100}(-2x+7200).$$

得驻点 $x=3600$,而 $y''=-\dfrac{1}{50}<0$,所以当租金定为 3600 元时,可获得最大收入.

边际是经济学中常见的概念. 边际是指 y 在 x 的某一给定值处的瞬时变化率,即 y 对 x 的

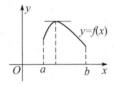

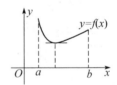

导数$\frac{dy}{dx}$. 利用导数研究经济变量边际变化的方法，称为**边际分析**.

定义 4.3 设可导函数 $y=f(x)$，则称函数 $f'(x)$ 为 $f(x)$ 的**边际函数**. $f'(x)$ 在点 x_0 处的值 $f'(x_0)$ 称为 $f(x)$ 在点 x_0 处的**边际函数值**.

由 $f(x_0+1)-f(x_0)=\Delta y\Big|_{\substack{x=x_0\\ \Delta x=1}}\approx dy\Big|_{\substack{x=x_0\\ \Delta x=1}}=f'(x_0)$，

所以边际函数值的经济意义为：

$f(x)$ 在点 $x=x_0$ 处，当 x 有再产生 1 个单位的改变时，y 近似改变了 $f'(x_0)$ 个单位.

例 8 某厂生产一种产品，日产量为 x 件时，总成本为 $C(x)=\frac{1}{2}x^2+4x+1800$(元)，市场对该产品的需求为 $x=280-2P$(价格 P 的单位是：元 / 件). 求：

(1) 边际成本、边际收益、边际利润；

(2) 解释当 $x=50$ 时边际利润的经济意义；

(3) 最大利润的日产量及最大利润.

解 (1) 边际成本 $C'(x)=x+4$；

收益函数 $R(x)=Px=\left(140-\frac{x}{2}\right)x$；

边际收益 $R'(x)=140-x$；

边际利润 $L'(x)=R'(x)-C'(x)=136-2x$.

(2) $L'(50)=(136-2x)\big|_{x=50}=36$.

经济意义：当产量在 50 件时，再生产 1 件，利润将增加 36 元.

(3) 令 $L'(x)=136-2x=0$，得 $x=68$(件).

而 $L''(x)=-2<0$，则 $L''(50)=-2<0$，当日产量达到 68 件时利润最大，最大利润为 $L(68)=2824$ 元.

习题 4-3

1. 求下列函数的单调区间：

(1) $y=xe^x$； (2) $y=2x^3-6x^2-18x-7$.

2. 求下列函数的极值：

(1) $f(x)=x^3+6x^2-15x+1$； (2) $f(x)=\sin x+\cos x$，$(0\leqslant x\leqslant 2\pi)$.

3. 已知函数 $f(x)=x^3+ax^2+bx$ 在 $x=1$ 处有极值 -12，试确定系数 a，b 的值.

4. 求下列函数在给定区间上的最值：

(1) $f(x)=x^4-2x^2+6$，$[-2,3]$；

(2) $f(x)=(x+1)^4$，$(-\infty,+\infty)$.

5. 某房屋平面图上墙的总长为 57.6m，平面布置如图 4-7. 问：走廊宽 x 为多少米时，三个房间的面积最大？

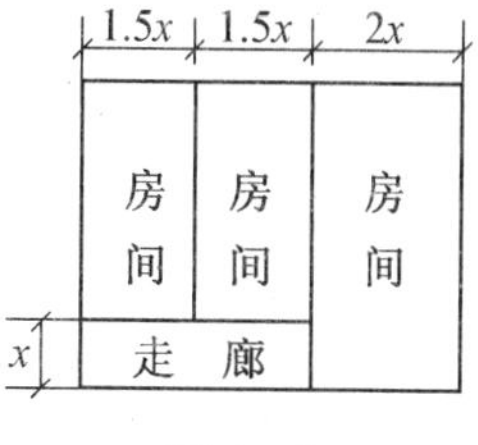

图 4-7

6. 如图 4-8，从直径为 d 的圆木中切出横截面为矩形的梁，此矩形的长为 b，宽为 h，已知梁的强度与 bh^2 成正比. 问：梁的横截面尺寸为多少时，其强度最大？

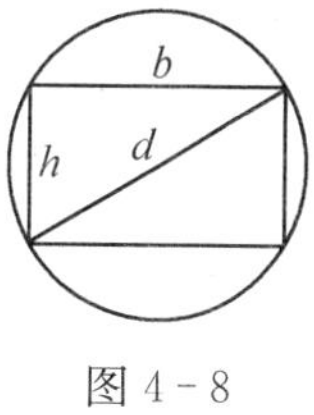

图 4-8

7. 要造一个无盖的长方体蓄水池，其容积为 500m^3. 底面是正方形，设底面与四壁的单位造价比为 1∶2，问：底与高为多少时，才能使造价最小？

8. 某煤炭公司每天生产 x 吨煤的总成本函数为 $C(x)=2000+450x+0.02x^2$，每吨煤的销售价格为 490 元.

(1) 求边际成本、边际收益、边际利润；

(2) 求解释当 $x=50$ 时边际利润的经济意义；

(3) 求最大利润的日产量及最大利润.

§4-4　曲线的凹向与曲率

为了进一步研究函数的特性并正确地作出函数的图形，需要研究曲线的弯曲方向和弯曲程度. 在几何上，曲线的弯曲方向用曲线的“凹向”来描述，弯曲程度用曲率表示.

一、曲线的凹向与拐点

观察图 4-9.

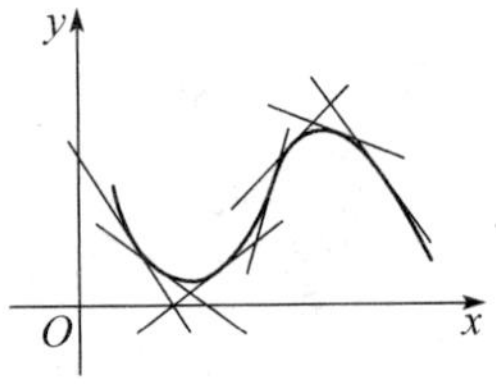

图 4-9

定义 4.4　如果在某区间内的曲线弧总是位于其任一点切线的上方，那么称此曲线弧在该区间内是**上凹(或凹的)**；如果总是位于其任一点切线的下方，那么称此曲线弧在该区间内是**下凹(或凸的)**. 相应的区间分别称为上凹区间与下凹区间. 上凹、下凹曲线弧的连接点称为曲线的**拐点**.

从图 4-9 还可以看出，对于上凹的曲线弧，其切线的斜率 $f'(x)$ 随着 x 的增大而增大，即 $f'(x)$ 单调增大；对于下凹的曲线弧，其切线的斜率 $f'(x)$ 随着 x 的增大而减小，即 $f'(x)$ 单调减小. $f'(x)$ 的单调性可用二阶导数 $f''(x)$ 的符号来判定. 故曲线 $y=f(x)$ 的凹向与 $f''(x)$ 的符号有关.

定理 4.8　设函数 $f(x)$ 在区间 (a,b) 上二阶可导.

(1) 如果在区间 (a,b) 上，有 $f''(x)>0$，那么曲线在 (a,b) 内是上凹的；

(2) 如果在区间 (a,b) 上，有 $f''(x)<0$，那么曲线在 (a,b) 内是下凹的.

例 1　求曲线 $y=\dfrac{1}{5}x^5-\dfrac{1}{3}x^4$ 的凹向区间与拐点.

解　函数的定义域为 $(-\infty,+\infty)$，

$$y'=x^4-\frac{4}{3}x^3,\ y''=4x^3-4x^2=4x^2(x-1),$$

$$\text{令 } y''=0,\text{得 } x=0,x=1.$$

由于 $x=0$ 的左右近旁 y'' 不改变符号，$(0,0)$ 不是拐点. 当 $x<1$ 时，$y''<0$；当 $x>1$ 时，$y''>0$. 故曲线在 $(-\infty,1)$ 内下凹，在 $(1,+\infty)$ 内上凹；$\left(1,-\dfrac{2}{15}\right)$ 为拐点.

注意： 使 $f(x)$ 连续且 $f''(x)$ 不存在的点，也可能成为曲线的拐点.

例 2　求曲线 $y=x^{\frac{5}{3}}$ 的拐点.

解　定义域为 $(-\infty,+\infty)$，$y'=\dfrac{5}{3}x^{\frac{2}{3}}$，$y''=\dfrac{10}{9}x^{-\frac{1}{3}}$，$(x\neq 0)$.

令 $y''=0$ 时，方程 $\frac{10}{9}x^{-\frac{1}{3}}=0$ 无解. 而当 $x<0$ 时，$y''<0$；当 $x>0$ 时，$y''>0$，即曲线在区间$(-\infty,0)$ 内下凹，在区间$(0,+\infty)$ 内上凹，点$(0,0)$ 是曲线的拐点.

二、函数绘图

1. 渐近线

定义 4.5 若一动点沿某曲线变动，其横坐标或纵坐标趋于无穷远时，它与某一固定直线的距离趋向于零，则称此直线为曲线的**渐近线**.

例如，直线 $\frac{x}{a}-\frac{y}{b}=0$，$\frac{x}{a}+\frac{y}{b}=0$ 为双曲线$\frac{x^2}{a^2}-\frac{y^2}{b^2}=1$ 的渐近线.

但并不是所有的曲线都有渐近线，下面只对两种情况的渐近线予以讨论.

(1) 水平渐近线

如果当自变量 $x\to\infty$ 时，函数 $f(x)$ 以常量 C 为极限，即$\lim\limits_{x\to\infty}f(x)=C$，那么称直线 $y=C$ 为曲线 $y=f(x)$ 的**水平渐近线**.

(2) 铅直渐近线(或垂直渐近线)

如果当自变量 $x\to x_0$ 时，函数 $f(x)$ 为无穷大量，即$\lim\limits_{x\to x_0}f(x)=\infty$，那么称直线 $x=x_0$ 为曲线 $y=f(x)$ 的**铅直渐近线**.

说明： 对 $x\to\infty$ 时，有时也可能仅当 $x\to+\infty$ 或 $x\to-\infty$；对 $x\to x_0$，有时也可能仅当 $x\to x_0^+$ 或 $x\to x_0^-$.

例 3 求下列曲线的水平或铅直渐近线.

(1) $y=\frac{x^3}{x^2+2x-3}$；　　(2) $y=\frac{1}{\sqrt{2\pi}}e^{-\frac{x^2}{2}}$.

解 (1) 因为 $\lim\limits_{x\to-3}\frac{x^3}{x^2+2x-3}=\infty$，$\lim\limits_{x\to1}\frac{x^3}{x^2+2x-3}=\infty$，所以直线 $x=-3$，$x=1$ 是曲线的两条铅直渐近线. 没有水平渐近线.

(2) 因为 $\lim\limits_{x\to\infty}\frac{1}{\sqrt{2\pi}}e^{-\frac{x^2}{2}}=0$，所以直线 $y=0$ 为其水平渐近线. 没有铅直渐近线.

2. 函数图形的描绘

利用导数描绘函数图形的一般步骤为：

(1) 确定函数的定义域，考察函数的奇偶性、周期性；

(2) 确定函数的单调区间、极值点、凹向区间以及拐点；

(3) 考察渐近线；

(4) 作一些辅助点；

(5) 由上面的讨论，画出函数的图形.

例 4 作函数 $f(x)=x^3-3x^2+1$ 的图形.

解 (1) 函数定义域为$(-\infty,+\infty)$.

(2) $f'(x)=3x^2-6x$，令 $f'(x)=0$，得 $x_1=0$，$x_2=2$；$f''(x)=6x-6$，令 $f''(x)=0$，得 $x_3=1$.

列表：

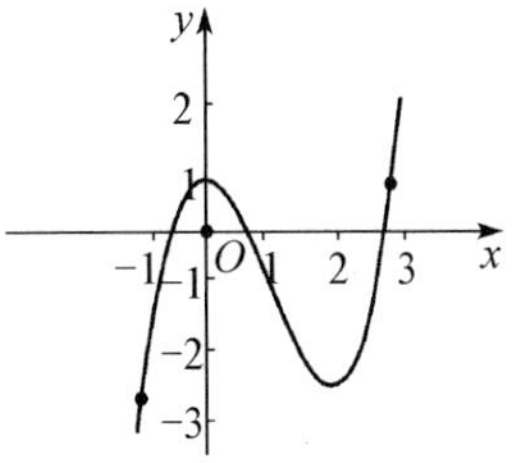

图 4-10

表 4-3

x	$(-\infty,0)$	0	$(0,1)$	1	$(1,2)$	2	$(2,+\infty)$
$f'(x)$	+	0	−		−	0	+
$f''(x)$	−		−	0	+		+
$f(x)$	↗	极大值 1	↘	拐点$(1,-1)$	↘	极小值 -3	↗

说明:"↗"表示上升且下凹,"↘"表示下降且下凹,"↘"表示下降且上凹,"↗"表示上升且上凹.

(3) 无渐近线.

(4) 取辅助点$(-1,-3)$,$(3,1)$.

(5) 画图(图 4-10).

现在,我们有能力来解决本章一开始提出的问题——荷载作用下梁的挠曲线的形状分析.

例 5(引例五) 有一个跨度为 l、两端固定的梁,在均匀分布的荷载 q 作用下发生弯曲变形. 选择坐标系如图(4-11(a)),由建筑力学知道,变形后的梁轴线(力学上称为挠曲线)方程为

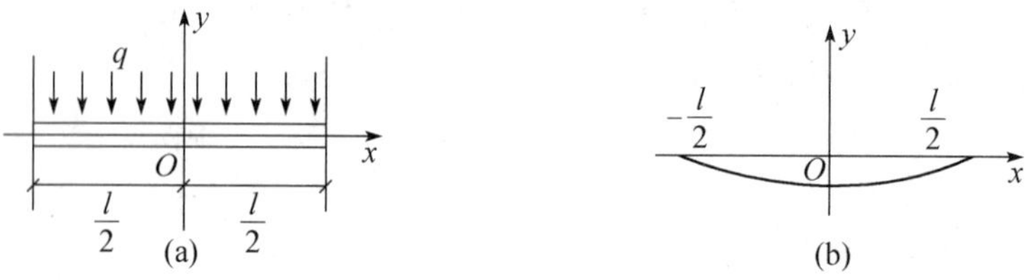

图 4-11

$$y=-\frac{q}{24EI}\left[x^2-\left(\frac{l}{2}\right)^2\right]^2,\left(-\frac{l}{2}\leqslant x\leqslant\frac{l}{2}\right)$$

其中 EI 为正常数,与梁的材料、横截面的几何形状有关. 试分析梁的挠曲线的形状.

解 由 $y=-\frac{q}{24EI}\left[x^2-\left(\frac{l}{2}\right)^2\right]^2,\left(-\frac{l}{2}\leqslant x\leqslant\frac{l}{2}\right)$作出图形,函数为偶函数,

$$y'=-\frac{q}{6EI}\left[x^2-\left(\frac{l}{2}\right)^2\right]x=-\frac{q}{6EI}\left[x^3-\left(\frac{l}{2}\right)^2x\right],$$

$y''=-\frac{q}{6EI}\left[3x^2-\left(\frac{l}{2}\right)^2\right]$,令 $y'=0$,$y''=0$,得 $x_1=0$,$x_{2,3}=\pm\frac{l}{2}$,$x_{4,5}=\pm\frac{l}{2\sqrt{3}}$.

列表:

x	0	$\left(0,\frac{l}{2\sqrt{3}}\right)$	$\frac{l}{2\sqrt{3}}$	$\left(\frac{l}{2\sqrt{3}},\frac{l}{2}\right)$
y'	0	+		+
y''		+	0	−
y	极小值 $-\frac{ql^4}{384EI}$	↗	拐点 $\left(\frac{l}{2\sqrt{3}},-\frac{ql^4}{864EI}\right)$	↗

作图(图 4-11(b)).

由挠曲线图形的凹向,可确定配设承受拉力的钢筋位置.

三、曲率

对曲线的弯曲程度进行研究是生产实际的需要.如在设计铁路和公路的弯道时,要考虑弯道的弯曲程度;在建筑工程中梁的设计与施工中,要考虑梁的可靠度(与梁的弯曲程度有关).

问题:怎样从数量上来刻画曲线的弯曲程度?

如图4-12(a),(b),$\widehat{M_1N_1}$ 和$\widehat{M_2N_2}$ 是两条等长的光滑的曲线弧段.当动点沿弧段从$M_1(M_2)$移动到$N_1(N_2)$时,动点处的切线也相应地沿着弧段在转动,切线转过的角度(简称**转角**)记为$\Delta\alpha_1(\Delta\alpha_2)$.可得$\Delta\alpha_1<\Delta\alpha_2$.即在线段等长时,弯曲程度与转角成正比.

如图4-12(c),当转角相等时,短的曲线弧$\widehat{M_4N_4}$ 比长的曲线弧$\widehat{M_3N_3}$ 弯曲得厉害些,由此可见曲线的弯曲程度与弧长成反比.

曲线的弯曲程度与转角成正比,与弧长成反比.

弧的弯曲程度在数量上用弧$\widehat{MN}$ 的转角$\Delta\alpha$与弧长$\widehat{MN}$ 之比$\dfrac{\Delta\alpha}{\widehat{MN}}$来刻划.

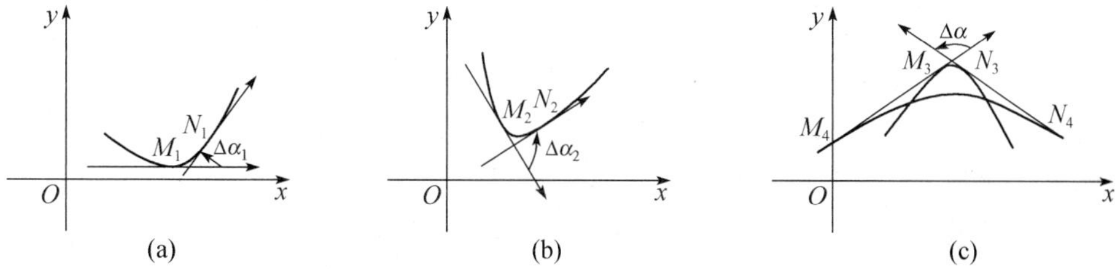

图4-12

通常把弧的两端切线的转角与弧长之比,叫做这段弧上的**平均曲率**,记为$\overline{K}$,即

$$\overline{K}=\left|\frac{\Delta\alpha}{\widehat{MN}}\right|$$

定义 4.6 设M,N是曲线l上的两点,当点N沿着曲线趋于点M时,若弧段$\widehat{MN}$ 的平均曲率$\overline{K}$有极限,这个极限称为曲线在点M处的**曲率**,记作K,即

$$K=\lim_{\widehat{MN}\to 0}\overline{K}=\lim_{\widehat{MN}\to 0}\left|\frac{\Delta\alpha}{\widehat{MN}}\right|.$$

如果$y=f(x)$在任一点x处二阶可导,那么点x处曲率的大小为:

曲率计算公式 $$K=\frac{|y''|}{[1+(y')^2]^{\frac{3}{2}}}.$$

例 6 求直线$y=ax+b$的曲率.

解 $y'=a,y''=0$,

所以直线$y=ax+b$上任一点处的曲率$K=\dfrac{|y''|}{[1+(y')^2]^{\frac{3}{2}}}=0$.

除直线上点的曲率为零外,还有曲线的拐点(在二阶导数存在的情况下)处的曲率也为零.

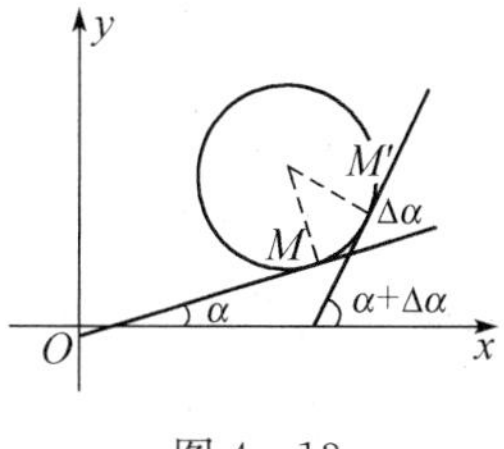

图4-13

例 7 求半径为R的圆上任一点的曲率.

解 用定义求,如图4-13所示,圆上任一段$\widehat{MM'}$,

其平均曲率为
$$\overline{K}=\frac{\Delta\alpha}{R\cdot\Delta\alpha}=\frac{1}{R}.$$
其上任一点的曲率为
$$K=\lim_{\overset{\frown}{MM'}\to 0}\overline{K}=\lim_{\overset{\frown}{MM'}\to 0}\frac{1}{R}=\frac{1}{R}.$$

上述结论说明，圆上任一点的曲率 K 都等于半径 R 的倒数，即圆周的弯曲程度是均匀的，且半径越小，曲率越大，即弧弯曲得越厉害，这与直观相符.

另外，由于圆的半径等于圆的曲率的倒数，所以对于一般的曲线，把它在各点的曲率的倒数称为该点的**曲率半径**，记为 R，因此 $R=\frac{1}{K}$.

习题 4－4

1. 求下列曲线的拐点及凹向区间：

 (1) $y=x^3-5x^2+3x-5$； (2) $y=1-\sqrt[3]{x-2}$.

2. 求下列曲线的水平或铅直渐近线：

 (1) $y=\dfrac{x-3}{x^2+x-12}$； (2) $y=\dfrac{e^x}{x-1}+1$.

3. 作函数 $y=8x^3-12x^2+6x+1$ 的图形.

4. 图 4－14 为一嵌入在墙之间的长为 L 的横梁.

 如果荷载 W(常量) 均匀分布在横梁上，那么横梁弯曲的曲线为：$y=-\dfrac{W}{24EI}x^4+\dfrac{WL}{12EI}x^3-\dfrac{WL^2}{24EI}x^2$，其中 E,I 为正的常数，画出弯曲曲线的图形.

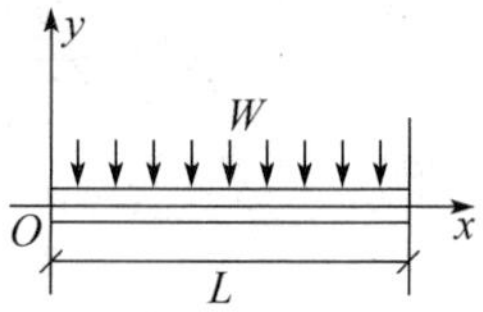

图 4－14

5. 求下列曲线在指定点处的曲率：

 (1) $y=x^2-2x+2$ 的顶点处； (2) $x^2+2y^2=3$ 的(1,1) 点处.

6. 若某一桥梁的桥面设计为抛物线，方程为 $y=x^2$. 求它在点(1,1) 处的曲率.

本章小结

本章是对导数知识的一个应用研究，运用这些知识解决一些实际问题. 而研究问题的理论基础是微分中值定理.

主要内容：

1. 微分中值定理；
2. 拓展求极限的方法 —— 洛必达法则；
3. 应用导数研究函数的性态：函数的单调性、极值与最值，曲线的凹向、弯曲程度；
4. 实际应用两个方面：一是实际问题中的最值问题；二是经济变量的边际与边际分析.

主要方法：

用洛必达法则求未定型的极限；函数单调性的判定，单调区间的求法；极值点的判定与极值的求法(极值存在的必要条件、第一充分条件、第二充分条件)；连续函数在闭区间上的最大值及最小值的求法，求实际问题中的最大值(最小值) 的方法；经济问题中的边际分析法. 曲线的凹向区间及拐点的求法；曲线渐近线的求法，一元函数图形的描绘方法；曲线弯曲程度(曲率) 的计算公式.

综合训练四

1. 求下列极限：

(1) $\lim\limits_{x\to\pi}\dfrac{\tan 5x}{\sin 3x}$；

(2) $\lim\limits_{x\to a}\dfrac{x^m-a^m}{x^n-a^n}$；

(3) $\lim\limits_{x\to 4}\dfrac{\sqrt{1+2x}-3}{\sqrt{x}-2}$；

(4) $\lim\limits_{x\to 0}\dfrac{\sin x-x\cos x}{x^2\sin x}$；

(5) $\lim\limits_{x\to+\infty}\dfrac{x^2+\ln x}{x\ln x}$；

(6) $\lim\limits_{x\to+\infty}\dfrac{\ln\left(1+\dfrac{1}{x}\right)}{\arctan\dfrac{1}{x}}$；

(7) $\lim\limits_{x\to+\infty}\dfrac{e^{3x}}{x^2}$；

(8) $\lim\limits_{x\to+\infty}\dfrac{\ln\ln x}{\sqrt{x}}$；

(9) $\lim\limits_{x\to\frac{\pi}{2}}(\sec x-\tan x)$；

(10) $\lim\limits_{x\to\infty}x^2\left(1-\cos\dfrac{1}{x}\right)$.

2. 求下列函数的单调区间与极值：

(1) $y=x(2-x)^2$；

(2) $y=x+e^{-x}$；

(3) $y=4x-6x^{\frac{2}{3}}+2$；

(4) $y=(x^2-4)^2$；

(5) $y=\sin 2x+\cos 2x-1, x\in[0,\pi]$；

(6) $y=\dfrac{1}{1+x^2}$.

3. 求下列函数的最值：

(1) $y=x^3-3x^2-9x+14, x\in[0,4]$；

(2) $y=\dfrac{2x}{1+x^2}, x\in[-3,3]$.

4. 求下列函数的凹凸区间：

(1) $y=x^3-5x^2+8x$；

(2) $y=\dfrac{1}{x^2-1}$.

5. 作函数的图形：

(1) $y=x^3-3x$；

(2) $y=\dfrac{x}{1+x^2}$；

(3) $y=x^2+\ln x$；

(4) $y=e^{2x-x^2}$.

6. 在抛物线 $y^2=2px$ 上求一点，使该点与点 $M(p,p)$ 的距离最小.

7. 要制造一个容积为 V 的圆柱形无盖容器，问底半径和高分别为多少时，所用的材料最省？

8. 求下列曲线在指定点处的曲率.

(1) 曲线$\dfrac{x^2}{a^2}+\dfrac{y^2}{b^2}=1$ 在点$\left(\dfrac{\sqrt{2}}{2}a,\dfrac{\sqrt{2}}{2}b\right)$处的曲率；

(2) 曲线 $y=\dfrac{x}{1+x^2}$ 在点$\left(1,\dfrac{1}{2}\right)$处的曲率.

9. 某产品的需求函数和总成本函数分别为 $Q=2000-100P, C=C(Q)=100+8Q$. 求利润最大时的产量与最大利润.

第五章　积　分

【引例五(建筑物表面积计算问题)】

某发电厂建造一个冷却水用的双曲线冷却塔，其通风筒是一个由双曲线绕虚轴旋转而成的旋转双曲面(如图 5-25). 为了计算通风筒表面的抹灰工作量，需计算通风筒表面积的大小.

其实，在建筑工地上不但会出现计算面积，还会要求计算体积问题. 如计算工地上的砂、石堆的体积，而这些面积、体积往往不是规则图形，不能简单地去用规则图形的面积、体积计算公式，而需要一种新的知识 —— 积分学才能解决.

积分学的起源要比微分学早得多. 其源头可追溯到 2500 多年前的古希腊、中国和印度的数学家，他们用无限小求和来计算特殊形状的面积、体积. 如用“割圆术”解决圆面积的问题. 虽然当时没有提出积分学的观点，但其构筑了积分学的基础. 直到 17 世纪，德国的莱布尼兹在意大利数学家卡瓦列里(Cavalieri，1598—1647) 不可分量的原理基础上，将曲边形看成无穷多个宽度为无穷小的矩形之和，从而产生了积分. 英国的牛顿从另一角度 —— 面积变化率入手，通过求变化率的逆过程来计算面积. 两人都得到了计算特殊形状面积问题的一般算法(积分计算法)，同时又互相独立地提出了积分与微分的互逆关系(积分基本定理)，创立了积分学. 19 世纪的法国数学家柯西(Cauchy，1789—1857) 与德国数学家黎曼(Riemann，1826—1866) 又完善了积分学的理论.

积分学与微分学被合称为微积分学.

在古代，求面积、体积问题被认为是非常难的，只有天才敢于挑战. 现在，通过学习牛顿、莱布尼兹发展的积分体系可以很容易地解决这些问题. 本章将通过考察面积、路程的问题，介绍积分学的主要内容 —— 定积分、不定积分.

§5-1　定积分概念

一、曲边梯形的面积

在初等数学中，对于一些规则图形如三角形、矩形、梯形等给出了面积计算公式. 但现实中还存在着许多以曲线为边缘的平面图形，在建筑工程中这样的问题也很多. 对于由曲线围成的图形面积不能直接用规则图形的面积公式，就需要引入新的方法加以解决.

下面考察曲边梯形的面积.

曲边梯形是指如图 5-1 所示的图形.

设这曲边梯形是由连续曲线 $y=f(x)$(不妨设 $f(x)\geqslant 0$) 和直线 $x=a, x=b, y=0$ 所围成. 求其面积 A.

因为曲边梯形的高 $f(x)$ 是变量，不能用规则图形的面积公式，现在考虑用矩形面积来近似代替曲边梯形的面积 A；并通过增加矩形的个数，提高精确度；最后得到曲边梯形的面积. 具体步骤如下：

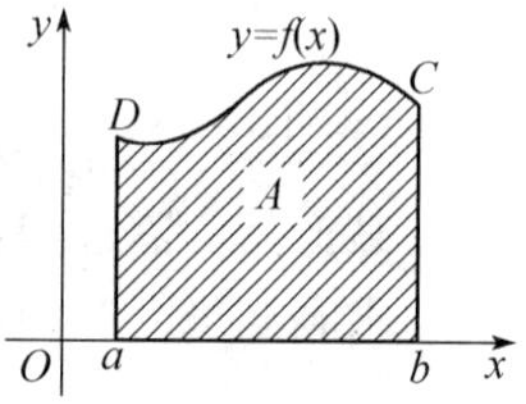

图 5-1

(1) 分割：

如图 5-2，在$[a,b]$内任意插入 $n-1$ 个分点，使

$$a=x_0<x_1<x_2<\cdots<x_{i-1}<x_i<\cdots<x_{n-1}<x_n=b,$$

将区间$[a,b]$分成 n 个子区间$[x_{i-1},x_i]$$(i=1,2,\cdots,n)$，其长度记为：

$$\Delta x_i=x_i-x_{i-1}(i=1,2,\cdots,n)$$

过各分点 $x_i(i=1,2,\cdots,n-1)$ 作 x 轴的垂线，将原曲边梯形划分成 n 个小曲边梯形.

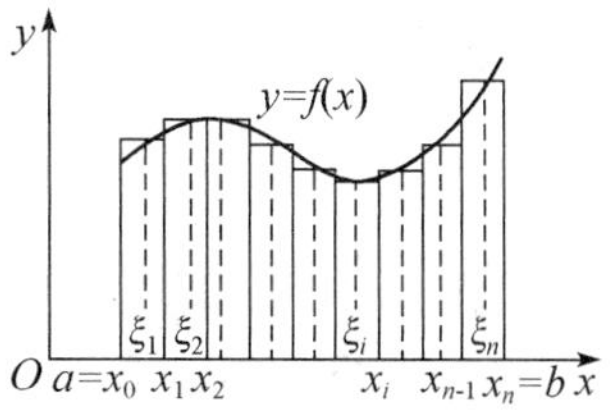

图 5-2

(2) 取近似值：

在每个子区间$[x_{i-1},x_i]$上任取一点 $\xi_i(x_{i-1}\leqslant\xi_i\leqslant x_i)$. 当子区间长度 Δx_i 很小时，用 Δx_i 为宽，$f(\xi_i)$ 为高的小矩形面积近似代替对应的小曲边梯形面积 ΔA_i，即

$$\Delta A_i\approx f(\xi_i)\cdot\Delta x_i(i=1,2,\cdots,n)$$

(3) 作和式：

将这 n 个小矩形的面积相加，得到曲边梯形的面积 A 的近似值，即

$$A=\sum_{i=1}^{n}\Delta A_i\approx\sum_{i=1}^{n}f(\xi_i)\cdot\Delta x_i.$$

(4) 求极限

显然，分割越细，$\Delta x_i(i=1,2,\cdots,n)$ 越小，$f(\xi_i)\cdot\Delta x_i$ 的值与 ΔA_i 就越接近，$\sum\limits_{i=1}^{n}f(\xi_i)\cdot\Delta x_i$ 也越接近于曲边梯形的面积A. 为了保证每个子区间的长度都无限小，令

$$\lambda=max\{\Delta x_i\}(i=1,2,\cdots,n)$$

当 $\lambda\to0$ 时，若$\sum\limits_{i=1}^{n}f(\xi_i)\cdot\Delta x_i$ 的极限存在，则可以认为此极限就是曲边梯形面积A的精确值，即

$$A=\lim_{\lambda\to0}\sum_{i=1}^{n}f(\xi_i)\cdot\Delta x_i.$$

在现实生活中，有许多问题都可以归结为上面这种特定和式的极限. 如变速直线运动路程、物体的质量、几何体体积等. 所以这种特定和式的极限具有很重要的意义.

二、定积分概念

定义 5.1 设函数 $f(x)$ 在区间$[a,b]$上有界，任取 $n-1$ 个分点，满足

$$a=x_0<x_1<x_2<\cdots<x_{i-1}<x_i<\cdots<x_{n-1}<x_n=b$$

将区间$[a,b]$分成 n 个子区间$[x_{i-1},x_i]$$(i=1,2,\cdots,n)$，记 $\Delta x_i=x_i-x_{i-1}$ 为第 i 个子区间的长度. 在每个子区间上任取一点 $\xi_i(x_{i-1}\leqslant\xi_i\leqslant x_i)$，作积 $f(\xi_i)\cdot\Delta x_i(i=1,2,\cdots,n)$，并作和式

$$\sum_{i=1}^{n}f(\xi_i)\cdot\Delta x_i.$$

记 $\lambda=max\{\Delta x_i\}(i=1,2,\cdots,n)$，如果不论对区间$[a,b]$怎样分法，也不论在子区间$[x_{i-1},x_i]$上点 ξ_i 怎样取法，极限

$$\lim_{\lambda\to0}\sum_{i=1}^{n}f(\xi_i)\cdot\Delta x_i$$

总存在，则称函数 $f(x)$ 在$[a,b]$上可积，称这个极限值是 $f(x)$ 在区间$[a,b]$上的定积分（简称

积分)，记为$\int_a^b f(x)\mathrm{d}x$，即

$$\int_a^b f(x)\mathrm{d}x = \lim_{\lambda\to 0}\sum_{i=1}^{n} f(\xi_i)\cdot\Delta x_i.$$

其中 $f(x)$ 称为**被积函数**，$f(x)\mathrm{d}x$ 称为**被积表达式**，x 称为**积分变量**，$[a,b]$ 称为**积分区间**，a 称为**积分下限**，b 称为**积分上限**.

根据定义，曲边梯形面积 A 可用定积分表示为 $A=\int_a^b f(x)\mathrm{d}x.$

对定积分的定义还需要说明：

(1) 定积分是一个数值，它只与积分区间和被积函数有关，而与区间$[a,b]$的分法和 ξ_i 的取法无关，也与积分变量的记号无关，故若$\int_a^b f(x)\mathrm{d}x$ 存在，则有

$$\int_a^b f(x)\mathrm{d}x=\int_a^b f(u)\mathrm{d}u=\int_a^b f(t)\mathrm{d}t.$$

(2) 在定义中假设了 $a<b$，为了计算方便，现规定

$$\int_a^b f(x)\mathrm{d}x=-\int_b^a f(x)\mathrm{d}x,$$

$$\int_a^a f(x)\mathrm{d}x=0.$$

定积分的几何意义

观察图 5-3，设图形阴影部分的面积为 A，由定积分的定义可知其几何意义为：

若在$[a,b]$上有 $f(x)\geqslant 0$(如图 5-3(a))，则图形位于 x 轴上方，有$\int_a^b f(x)\mathrm{d}x=A$；

若在$[a,b]$上 $f(x)\leqslant 0$(如图 5-3(b))，则图形位于 x 轴下方，积分值为负，即

$$\int_a^b f(x)\mathrm{d}x=-A;$$

如果 $f(x)$ 在$[a,b]$上有正、有负(如图 5-3(c))，积分值等于 x 轴上方部分与下方部分面积的代数和，即

$$\int_a^b f(x)\mathrm{d}x=A_1-A_2+A_3.$$

注意：$\int_a^b f(x)\mathrm{d}x=A_1-A_2+A_3\neq A$，而 $A=\int_a^b |f(x)|\mathrm{d}x=A_1+A_2+A_3$.

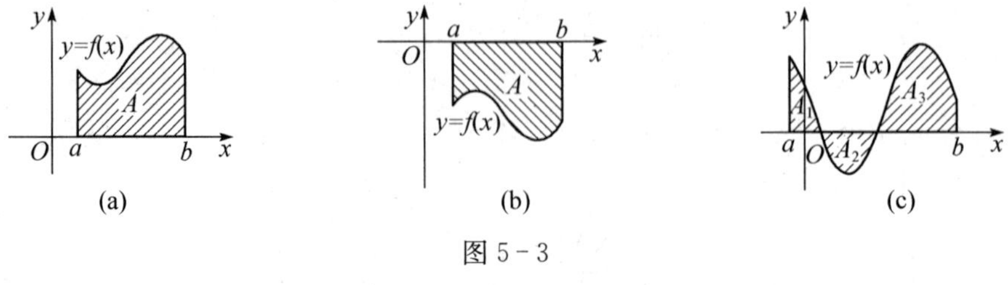

图 5-3

由几何意义可以推得定积分的一个重要结论：

若函数 $y=f(x)$ 在区间$[-a,a]$上具有奇偶性(图 5-4)，则

$$\int_{-a}^{a} f(x)\mathrm{d}x=\begin{cases}0, & f(x)\text{ 为奇函数},\\ 2\int_0^a f(x)\mathrm{d}x, & f(x)\text{ 为偶函数}.\end{cases}$$

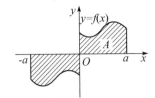

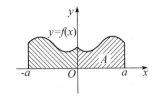

图 5-4

例 1 求$\int_{-1}^{1}\frac{x^3}{\cos x}\mathrm{d}x$.

解 因为函数$\frac{x^3}{\cos x}$在$[-1,1]$上为奇函数,所以$\int_{-1}^{1}\frac{x^3}{\cos x}\mathrm{d}x=0$.

例 2 求$\int_{0}^{R}\sqrt{R^2-x^2}\mathrm{d}x$.

解 由定积分的几何意义,该积分是由曲线$y=\sqrt{R^2-x^2}$与x,y轴所围图形的面积,即以R为半径的四分之一圆面积(图 5-5),

故$\int_{0}^{R}\sqrt{R^2-x^2}\mathrm{d}x=\frac{\pi R^2}{4}$.

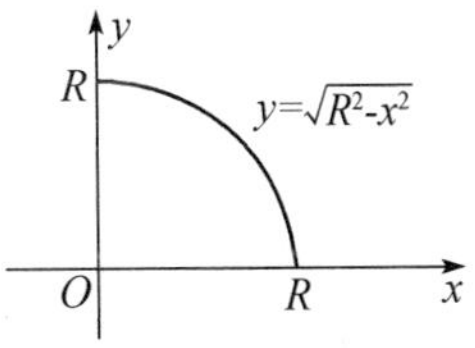

图 5-5

三、求总量的方法——元素法

解决曲边梯形面积问题的思想是:分割、近似代替、作和、取极限.其实质为:

(1) 用矩形面积来近似代替曲边梯形的面积(以直代曲,以不变代变),即在$[x_i,x_{i+1}]$上,$\Delta A_i\approx f(\xi_i)\Delta x_i$.

(2) 对所有小矩形面积的和取极限(积小成多,积微成整),

$$A=\int_a^b f(x)\mathrm{d}x=\lim_{\lambda\to 0}\sum_{i=1}^{n}f(\xi_i)\cdot\Delta x_i.$$

现在用$[x,x+\mathrm{d}x]$表示任一微区间$[x_i,x_{i+1}]$,$f(x)\mathrm{d}x$表示相应区间上的微矩形面积$f(\xi_i)\cdot\Delta x_i(i=1,2,\cdots,n)$.$\Delta A$表示区间$[x,x+\mathrm{d}x]$(假设$\mathrm{d}x>0$)上的微曲边梯形的面积(图 5-6),则由图可得

$$\Delta A=f(x)\mathrm{d}x+\Delta A_1.$$

ΔA_1是微曲边三角形PQR的面积.由于$\mathrm{d}x$很小,所以ΔA_1是较$f(x)\mathrm{d}x$高阶的无穷小,因此$f(x)\mathrm{d}x$就是曲边梯形面积A的微分,称为面积A的微元

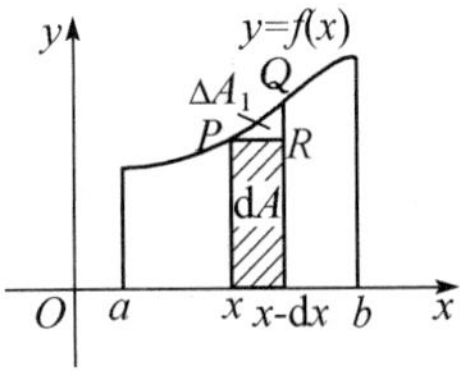

图 5-6

即 $$\mathrm{d}A=f(x)\mathrm{d}x.$$

曲边梯形的面积A是微矩形面积$f(x)\mathrm{d}x$的无穷累加,也就是A的微分的无穷累加,即

$$A=\int_a^b f(x)\mathrm{d}x=\int_a^b\mathrm{d}A.$$

上述分析也就可理解为:**积分是微分的无穷积累**.

在实际问题中,要求区间$[a,b]$上某个总量F时,可按如下步骤进行:

① 求微元(微分式):找出F在任一微区间$[x,x+\mathrm{d}x]$上的改变量ΔF的近似值$\mathrm{d}F$,即F的微分,在实际问题中称为F的**微元**(或**元素**)$\mathrm{d}F=f(x)\mathrm{d}x$.

② 求积分:总量F就是$\mathrm{d}F$在区间$[a,b]$上的无穷积累,即$F=\int_a^b\mathrm{d}F=\int_a^b f(x)\mathrm{d}x$.上述方

法通常被称为累积问题的微元法，在解决实际问题时被广泛应用.

习题 5－1

1. 用定积分表示下列曲线围成的图形面积：

(1) 由曲线 $y=e^x, x=1, x=2, y=0$ 围成；

(2) 由曲线 $y=\sin x, x=\frac{\pi}{2}$, x 轴围成.

2. 利用几何意义求下列定积分：

(1) $\int_{-\pi}^{\pi} x^2 \sin x \mathrm{d}x$；　　(2) $\int_{-2}^{1} 4\mathrm{d}x$；

(3) $\int_{-0}^{2} (x-1)\mathrm{d}x$；　　(4) $\int_{-2}^{2} \sqrt{4-x^2}\mathrm{d}x$.

§5－2　不定积分概念与微积分基本定理

定积分是一个特殊和式的极限，按定义计算定积分，一般说来是十分复杂的. 本节将介绍原函数、不定积分、积分基本定理，微分与积分的互逆关系，以建立定积分运算的基本方法.

实例　设变速直线运动的路程函数为 $s=s(t)$，速度函数为 $v=v(t)$，求物体在时间段 $[T_1, T_2]$ 上所移动的路程 Δs.

解决该问题可有两种方法：

(1) 若路程函数已知，则物体在 $[T_1, T_2]$ 上所移动的路程 $\Delta s=s(T_2)-s(T_1)$；

(2) 若速度函数已知，由微元法，$\mathrm{d}s=s'(t)\mathrm{d}t=v(t)\mathrm{d}t$，所以 $\Delta s=\int_{T_1}^{T_2} v(t)\mathrm{d}t$，

得
$$\Delta s=s(T_2)-s(T_1)=\int_{T_1}^{T_2} v(t)\mathrm{d}t.$$

由 $v(t)=s'(t)$，通常把函数 $s(t)$ 称为函数 $v(t)$ 的**原函数**. 因此，不失普遍性地可以想象定积分的计算应与被积函数的原函数有关.

一、原函数与不定积分的概念

1. 原函数

定义 5.2　设函数 $f(x)$ 是定义在某个区间上的已知函数，如果存在一个函数 $F(x)$，使得 $F'(x)=f(x)$ 或 $\mathrm{d}F(x)=f(x)\mathrm{d}x$，那么称 $F(x)$ 为 $f(x)$ 的一个**原函数**.

由拉格朗日中值定理的推论 2 可得：若 $F(x)$ 为 $f(x)$ 的一个原函数，则 $F(x)+C$ 也是 $f(x)$ 的原函数，而且是 $f(x)$ 的全体原函数.

2. 不定积分的定义

定义 5.3　函数 $f(x)$ 的原函数全体 $F(x)+C$，称为 $f(x)$ 的**不定积分（简称积分）**. 记作

$$\int f(x)\mathrm{d}x=F(x)+C.$$

其中，符号 $\int$，$f(x)$，$f(x)\mathrm{d}x$，x 的意义与定积分相同，而 C 称为**积分常数**.

通常情况下，一种运算的出现往往伴随着逆运算的出现. 从上面的定义可知，不定积分与

微分是互为逆运算. 因此有：

(1) $\frac{d}{dx}[\int f(x)dx] = f(x)$ 或 $d[\int f(x)dx] = f(x)dx$；

(2) $\int F'(x)dx = F(x) + C$ 或 $\int dF(x) = F(x) + C$.

3. 不定积分的基本积分公式(一)

因为不定积分运算是导数运算的逆运算，由基本初等函数的导数公式便可得到相应的基本积分公式(一).

导数公式	积分公式
1. $C' = 0$；	1. $\int 0dx = C$；
2. $x' = 1$；	2. $\int dx = x + C$；
3. $\left(\frac{x^{\alpha+1}}{\alpha+1}\right)' = x^{\alpha}(\alpha \neq -1)$；	3. $\int x^{\alpha}dx = \frac{1}{\alpha+1}x^{\alpha+1} + C(\alpha \neq -1)$；
4. $(\ln\|x\|)' = \frac{1}{x}$；	4. $\int \frac{1}{x}dx = \ln\|x\| + C$；
5. $\left(\frac{a^x}{\ln a}\right)' = a^x$；	5. $\int a^x dx = \frac{a^x}{\ln a} + C\ (a > 0, a \neq 1)$；
6. $(e^x)' = e^x$；	6. $\int e^x dx = e^x + C$；
7. $(-\cos x)' = \sin x$；	7. $\int \sin x dx = -\cos x + C$；
8. $(\sin x)' = \cos x$；	8. $\int \cos x dx = \sin x + C$；
9. $(\tan x)' = \sec^2 x$；	9. $\int \sec^2 x dx = \int \frac{1}{\cos^2 x}dx = \tan x + C$；
10. $(-\cot x)' = \csc^2 x$；	10. $\int \csc^2 x dx = \int \frac{1}{\sin^2 x}dx = -\cot x + C$；
11. $(\sec x)' = \sec x \tan x$；	11. $\int \sec x \tan x dx = \sec x + C$；
12. $(-\csc x)' = \csc x \cot x$；	12. $\int \csc x \cot x dx = -\csc x + C$；
13. $(\arcsin x)' = \frac{1}{\sqrt{1-x^2}}$；	13. $\int \frac{1}{\sqrt{1-x^2}}dx = \arcsin x + C$；
14. $(\arctan x)' = \frac{1}{1+x^2}$.	14. $\int \frac{1}{1+x^2}dx = \arctan x + C$.

这些公式是求不定积分的基础，必须熟记.

例 1 求下列不定积分：

(1) $\int x\sqrt{x}dx$；　(2) $\int \frac{1}{x^3}dx$；　(3) $\int x^{-1}dx$.

解 (1) $\int x\sqrt{x}dx = \int x^{\frac{3}{2}}dx = \frac{1}{\frac{3}{2}+1}x^{\frac{3}{2}+1} + C = \frac{2}{5}x^{\frac{5}{2}} + C$.

(2) $\int \frac{1}{x^3}dx = \int x^{-3}dx = \frac{1}{-3+1}x^{-3+1} + C = -\frac{1}{2}x^{-2} + C = -\frac{1}{2x^2} + C$.

(3) $\int x^{-1}\mathrm{d}x=\int \frac{1}{x}\mathrm{d}x=\ln|x|+C$.

例 2 求$\int 5^x \mathrm{e}^x \mathrm{d}x$.

解 $\int 5^x\mathrm{e}^x\mathrm{d}x=\int (5\mathrm{e})^x\mathrm{d}x=\frac{(5\mathrm{e})^x}{\ln(5\mathrm{e})}+C=\frac{5^x\mathrm{e}^x}{1+\ln 5}+C$.

二、微积分基本定理

1. 积分上限函数

如图 5－7,设函数 $f(t)$ 在区间$[a,b]$上连续,x 介于a,b之间. 定积分$\int_a^x f(t)\mathrm{d}t$ 的值随积分上限 x 的变化而变化,是积分上限 x 的函数. 记为 $\Phi(x)$,即

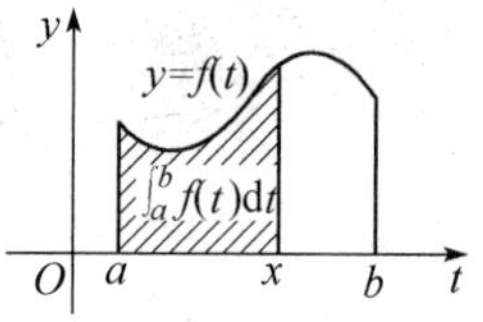

图 5－7

$$\Phi(x)=\int_a^x f(t)\mathrm{d}t\quad (a\leqslant x\leqslant b).$$

显然,$\Phi(a)=0,\Phi(b)=\int_a^b f(t)\mathrm{d}t=\int_a^b f(x)\mathrm{d}x$. 函数 $\Phi(x)$ 称为**积分上限函数**.

函数 $\Phi(x)$ 具有下面的重要性质.

定理 5.1 若函数 $f(t)$ 在区间$[a,b]$上连续,则函数 $\Phi(x)=\int_a^x f(t)\mathrm{d}t$ 在$[a,b]$上可导,且导数为

$$\Phi'(x)=\frac{\mathrm{d}}{\mathrm{d}x}\left[\int_a^x f(t)\mathrm{d}t\right]=f(x)\qquad (a\leqslant x\leqslant b).$$

例 3 求下列函数的导数:

(1) $\Phi(x)=\int_0^x \mathrm{e}^{2t}\mathrm{d}t$;　(2) $\Phi(x)=\int_x^1 \cos(2t-1)\mathrm{d}t$;　(3) $\Phi(x)=\int_a^{\sin x}\frac{\ln t}{t}\mathrm{d}t$.

解 (1) $\Phi'(x)=\left[\int_0^x \mathrm{e}^{2t}\mathrm{d}t\right]'=\mathrm{e}^{2x}$.

(2) $\Phi'(x)=\left[\int_x^1 \cos(2t-1)\mathrm{d}t\right]'=\left[-\int_1^x \cos(2t-1)\mathrm{d}t\right]'=-\cos(2x-1)$.

(3) $\Phi(x)=\int_a^{\sin x}\frac{\ln t}{t}\mathrm{d}t$ 是由函数 $\Phi(u)=\int_a^u \frac{\ln t}{t}\mathrm{d}t$ 与 $u=\sin x$ 复合的,所以

$$\Phi'(x)=\left[\int_a^{\sin x}\frac{\ln t}{t}\mathrm{d}t\right]'=\left[\int_a^u \frac{\ln t}{t}\mathrm{d}t\right]'_u(\sin x)'_x=\frac{\ln u}{u}\cos x=\frac{\ln\sin x}{\sin x}\cos x=\cot x\ln\sin x.$$

2. 牛顿—莱布尼兹公式

定理 5.2 若 $F(x)$ 是连续函数 $f(x)$ 在区间$[a,b]$上的一个原函数,则

$$\int_a^b f(x)\mathrm{d}x=F(b)-F(a).$$

(可由 定理 5.1 来证明)

$\int_a^b f(x)\mathrm{d}x=F(b)-F(a)$ 称为**牛顿—莱布尼兹公式**.

定理 5.1、定理 5.2 合称为**微积分基本定理**. 它给出了微分与积分之间准确的互逆关系.

牛顿—莱布尼兹公式把定积分的计算问题转化成了求原函数(不定积分)的问题,从而给出了求定积分的一个有效而简便的方法.

为了书写的方便，$F(b)-F(a)$ 也可以用记号$[F(x)]_a^b$ 或$F(x)\big|_a^b$ 来表示.

例 4 求$\int_0^1 x^2\mathrm{d}x$.

解 因为 $\int x^2\mathrm{d}x=\frac{1}{3}x^3+C$

所以
$$\int_0^1 x^2\mathrm{d}x=\left[\frac{1}{3}x^3\right]_0^1=\frac{1}{3}\times 1^3-\frac{1}{3}\times 0^3=\frac{1}{3}.$$

例 5 求$\int_0^{\frac{\sqrt{3}}{2}}\frac{1}{\sqrt{1-x^2}}\mathrm{d}x$.

解 $\int_0^{\frac{\sqrt{3}}{2}}\frac{1}{\sqrt{1-x^2}}\mathrm{d}x=\left[\arcsin x\right]_0^{\frac{\sqrt{3}}{2}}=\arcsin\frac{\sqrt{3}}{2}-\arcsin 0=\frac{\pi}{3}$.

习题 5－2

1. 求下列不定积分：

(1) $\int\frac{1}{x^2}\mathrm{d}x$；　(2) $\int x\sqrt[3]{x}\mathrm{d}x$；

(3) $\int 3^x4^x\mathrm{d}x$；　(4) $\int\frac{3^x}{4^x}\mathrm{d}x$.

2. 求下列定积分：

(1) $\int_1^4\frac{1}{x}\mathrm{d}x$；　(2) $\int_1^9\frac{1}{\sqrt{x}}\mathrm{d}x$；

(3) $\int_{-\frac{1}{2}}^{\frac{\sqrt{2}}{2}}\frac{-1}{\sqrt{1-x^2}}\mathrm{d}x$；　(4) $\int_{-1}^{\sqrt{3}}\frac{1}{1+x^2}\mathrm{d}x$；

(5) $\int_0^{\frac{\pi}{3}}\sec^2x\mathrm{d}x$；　(6) $\int_{\frac{\pi}{6}}^{\frac{\pi}{2}}\csc x\cot x\mathrm{d}x$.

3. 求下列函数的导数：

(1) $\Phi(x)=\int_3^x\sin t^2\mathrm{d}t$；　(2) $\Phi(x)=\int_x^0(3t^2-2t+1)\mathrm{d}t$；

(3) $\Phi(x)=\int_1^{x^2}\mathrm{e}^t\mathrm{d}t$；　(4) $\Phi(x)=\int_1^{\cos x}\ln(1+t)\mathrm{d}t$.

§5－3 积分性质

一、不定积分的性质

性质 1 $\int kf(x)\mathrm{d}x=k\int f(x)\mathrm{d}x$ （k 为常数）.

性质 2 $\int[f(x)\pm g(x)]\mathrm{d}x=\int f(x)\mathrm{d}x\pm\int g(x)\mathrm{d}x$.

性质 2 可推广到有限个函数代数和的情形.

二、定积分性质

性质 1 $\int_a^b kf(x)\mathrm{d}x=k\int_a^b f(x)\mathrm{d}x$ （k 为常数）.

性质 2 $\int_a^b [f(x) \pm g(x)]\mathrm{d}x = \int_a^b f(x)\mathrm{d}x \pm \int_a^b g(x)\mathrm{d}x.$

性质 2 可推广到有限个函数代数和的情形.

性质 3 （区间的可加性）设 c 为区间 $[a,b]$ 内（或外）的一点，则有

$$\int_a^b f(x)\mathrm{d}x = \int_a^c f(x)\mathrm{d}x + \int_c^b f(x)\mathrm{d}x.$$

性质 4 $\int_a^b k\mathrm{d}x = k(b-a).$

特别地有
$$\int_a^b 1\mathrm{d}x = \int_a^b \mathrm{d}x = b-a.$$

性质 5 在 $[a,b]$ 上，若 $f(x) \leqslant g(x)$，则 $\int_a^b f(x)\mathrm{d}x \leqslant \int_a^b g(x)\mathrm{d}x.$

以上性质均可以用定积分的几何意义来说明.

例 1 证明不等式 $\int_0^1 x\mathrm{d}x \geqslant \int_0^1 \ln(1+x)\mathrm{d}x.$

证明 设 $f(x) = x - \ln(1+x)(0 \leqslant x \leqslant 1)$，有

$f'(x) = 1 - \frac{1}{1+x} = \frac{x}{1+x} \geqslant 0$，则函数 $f(x)$ 在 $[0,1]$ 上单调增加，

故 $f(x) \geqslant f(0) = 0$， 即 $x \geqslant \ln(1+x)$，

所以
$$\int_0^1 x\mathrm{d}x \geqslant \int_0^1 \ln(1+x)\mathrm{d}x.$$

由性质 5 可推得.

性质 6 设 M 和 m 分别是 $f(x)$ 在区间 $[a,b]$ 上的最大值与最小值，则

$$m(b-a) \leqslant \int_a^b f(x)\mathrm{d}x \leqslant M(b-a).$$

性质 7(定积分中值定理) 若函数 $f(x)$ 在区间 $[a,b]$ 上连续，则在 $[a,b]$ 上至少存在一点 ξ 使

$$\int_a^b f(x)\mathrm{d}x = f(\xi)(b-a).$$

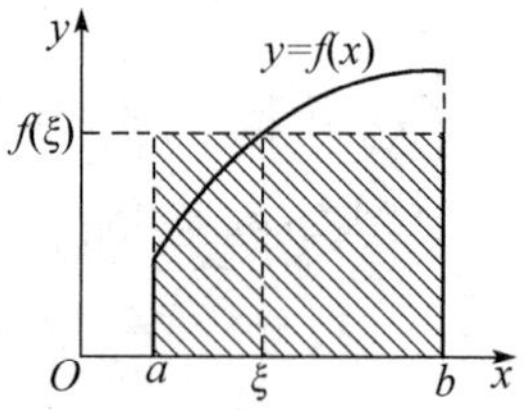

图 5－8

定积分中值定理的几何意义是显然的. 如图 5－8 所示，必存在一个同底而高为 $f(\xi)$ 的一个矩形，其面积恰好与曲边梯形的面积相等.

三、直接积分法

有了积分基本公式、性质、牛顿－莱布尼兹公式等知识，就可以解决求积分的问题了.

直接由积分基本公式和性质；或被积函数经过适当的恒等变形，再利用积分基本公式和性质求出结果，这样的积分方法叫做直接积分法.

1. 求不定积分

例 2 求 $\int(2-\sqrt{x}+\sec^2 x - \mathrm{e}^x)\mathrm{d}x.$

解 利用不定积分的基本公式和性质：

$\int(2-\sqrt{x}+\sec^2 x - \mathrm{e}^x)\mathrm{d}x$

$$= \int 2\mathrm{d}x - \int x^{\frac{1}{2}}\mathrm{d}x + \int \sec^2 x\mathrm{d}x - \int \mathrm{e}^x\mathrm{d}x = 2x - \frac{2}{3}x^{\frac{3}{2}} + \tan x - \mathrm{e}^x + C.$$

例 3 求 $\int \frac{3x^2}{1+x^2}\mathrm{d}x$.

解 由 $x^2 = x^2+1-1$,所以

$$\int \frac{3x^2}{1+x^2}\mathrm{d}x = 3\int \frac{x^2+1-1}{1+x^2}\mathrm{d}x = 3\left(\int \mathrm{d}x - \int \frac{1}{1+x^2}dx\right) = 3(x-\arctan x)+C.$$

例 4 求 $\int \tan^2 x\mathrm{d}x$.

解 因为 $\tan^2 x = \sec^2 x - 1$,所以

$$\int \tan^2 x\mathrm{d}x = \int(\sec^2 x - 1)\mathrm{d}x = \tan x - x + C.$$

2. 求定积分

求定积分的步骤:

(1) 用不定积分找到被积函数的原函数;

(2) 用牛顿—莱布尼兹公式求定积分的值.

例 5 求 $\int_1^4 \frac{2x^2+x\sqrt{x}-1}{x^2}\mathrm{d}x$.

解 $\int_1^4 \frac{2x^2+x\sqrt{x}-1}{x^2}\mathrm{d}x = \int_1^4\left(2+\frac{1}{\sqrt{x}}-\frac{1}{x^2}\right)\mathrm{d}x = \left[2x+\frac{x^{\frac{1}{2}}}{\frac{1}{2}}-\frac{x^{-1}}{-1}\right]_1^4$

$$= \left[2x+2\sqrt{x}+\frac{1}{x}\right]_1^4 = 2\cdot 4+2\sqrt{4}+\frac{1}{4}-2\cdot 1-2\sqrt{1}-\frac{1}{1} = \frac{29}{4}.$$

例 6 设 $f(x)=\begin{cases}1-x, & -2\leqslant x<0,\\ \frac{1}{\sqrt{1-x^2}}, & 0\leqslant x\leqslant \frac{\sqrt{3}}{2},\end{cases}$ 求 $\int_{-2}^{\frac{\sqrt{3}}{2}} f(x)\mathrm{d}x$.

解 由区间可加性

$$\int_{-2}^{\frac{\sqrt{3}}{2}} f(x)\mathrm{d}x = \int_{-2}^{0} f(x)\mathrm{d}x + \int_{0}^{\frac{\sqrt{3}}{2}} f(x)\mathrm{d}x = \int_{-2}^{0}(1-x)\mathrm{d}x + \int_{0}^{\frac{\sqrt{3}}{2}}\frac{1}{\sqrt{1-x^2}}\mathrm{d}x$$

$$= \left(x-\frac{1}{2}x^2\right)\Big|_{-2}^{0} + \arcsin x\Big|_{0}^{\frac{\sqrt{3}}{2}} = 4+\frac{\pi}{3}.$$

例 7 求 $\int_0^{\frac{\pi}{2}} \cos^2\frac{x}{2}\mathrm{d}x$.

解 因为 $\cos^2\frac{x}{2} = \frac{1}{2}(1+\cos x)$,所以

$$\int_0^{\frac{\pi}{2}} \cos^2\frac{x}{2}\mathrm{d}x = \frac{1}{2}\int_0^{\frac{\pi}{2}}(1+\cos x)\mathrm{d}x = \frac{1}{2}\left[x+\sin x\right]_0^{\frac{\pi}{2}} = \frac{1}{2}\left(\frac{\pi}{2}+\sin\frac{\pi}{2}\right) = \frac{\pi+2}{4}.$$

例 8 求 $\int_0^{\frac{\pi}{4}} \frac{\cos 2x}{\sin x+\cos x}\mathrm{d}x$.

解 $\int_0^{\frac{\pi}{4}} \frac{\cos 2x}{\sin x+\cos x}\mathrm{d}x = \int_0^{\frac{\pi}{4}} \frac{\cos^2 x-\sin^2 x}{\sin x+\cos x}\mathrm{d}x = \int_0^{\frac{\pi}{4}}(\cos x-\sin x)\mathrm{d}x.$

$$= (\sin x+\cos x)\Big|_0^{\frac{\pi}{4}} = \sqrt{2}-1.$$

有时先对被积函数进行化简,再求积分能收到事半功倍的效果.

习题 5-3

1. 利用定积分性质比较大小：

(1) $\int_0^1 t\mathrm{d}t$ 与 $\int_0^1 t^2\mathrm{d}t$；　　(2) $\int_0^{\frac{\pi}{2}} t\mathrm{d}t$ 与 $\int_0^{\frac{\pi}{2}} \sin t\mathrm{d}t$.

2. 求下列不定积分：

(1) $\int(3\mathrm{e}^x-2x+5)\mathrm{d}x$；　　(2) $\int\left(\frac{2}{x}-3\sin x+\frac{1}{1+x^2}\right)\mathrm{d}x$；

(3) $\int\frac{x^4}{1+x^2}\mathrm{d}x$；　　(4) $\int\frac{x^2+x+1}{x(1+x^2)}\mathrm{d}x$；

(5) $\int\cot^2x\mathrm{d}x$；　　(6) $\int\frac{1}{\sin^2x\cos^2x}\mathrm{d}x$.

3. 求下列定积分：

(1) $\int_1^4\frac{1-3x+x\sqrt{x}}{x^2}\mathrm{d}x$；　　(2) $\int_{-1}^1(1-x)^3\mathrm{d}x$；

(3) $\int_0^5|1-x|\mathrm{d}x$；　　(4) $\int_{-1}^1\sin^2\frac{x}{2}\mathrm{d}x$.

4. 设 $f(x)=\begin{cases}x^2+1, & 0\leqslant x\leqslant 1,\\ x+1, & -1\leqslant x<0,\end{cases}$ 求 $\int_{-1}^1 f(x)\mathrm{d}x$.

§5-4　换元积分法

用直接积分法所能计算的积分是非常有限的. 如 $\int\cos 2x\mathrm{d}x$，显然不能直接用基本积分公式，即 $\int\cos 2x\mathrm{d}x\neq\sin 2x+C$. 因此，还需要进一步研究求积分的方法，这一节将介绍换元积分法.

一、不定积分的换元积分法

1. 第一类换元积分法(凑微分法)

例 1　求 $\int\cos 2x\mathrm{d}x$.

分析：$\cos 2x$ 是一个复合函数，中间变量 $u=2x$，它的微分 $\mathrm{d}u=2\mathrm{d}x=\mathrm{d}(2x)$，若把 $\mathrm{d}x$ 看成微分，则 $2\mathrm{d}x$ 也可以看成微分.

解　$\int\cos 2x\mathrm{d}x=\frac{1}{2}\int\cos 2x\cdot 2\mathrm{d}x=\frac{1}{2}\int\cos 2x\mathrm{d}(2x)$

$=\frac{1}{2}\int\cos u\mathrm{d}u=\frac{1}{2}\sin u+C=\frac{1}{2}\sin 2x+C.$

定理 5.3　如果函数 $u=\varphi(x)$ 可导，函数 $f[\varphi(x)]$ 连续，那么有

$$\int f[\varphi(x)]\varphi'(x)\mathrm{d}x=\int f[\varphi(x)]\mathrm{d}\varphi(x)=\int f(u)\mathrm{d}u.$$

(证明略)

由定理 5.3 及例 1 的求解可归纳为：

$$\int g(x)\mathrm{d}x \xlongequal{\text{凑微分}} \int f[\varphi(x)]\varphi'(x)\mathrm{d}x = \int f[\varphi(x)]\mathrm{d}\varphi(x)$$

$$\xlongequal{\text{令 } \varphi(x)=u} \int f(u)\mathrm{d}u = F(u)+C \xlongequal{\text{回代 } u=\varphi(x)} F[\varphi(x)]+C.$$

这种先"凑"微分,再作变量代换的方法,叫做**第一类换元积分法**,也称为**凑微分法**. 其步骤是:凑、换元、积分、回代四步.

例 2 求 $\int x(3x^2+1)^8\mathrm{d}x$.

解 $\int x(3x^2+1)^8\mathrm{d}x \xlongequal{\text{凑微分}} \frac{1}{6}\int(3x^2+1)^8 6x\mathrm{d}x = \frac{1}{6}\int(3x^2+1)^8\mathrm{d}(3x^2+1)$

$\xlongequal{\text{令 } 3x^2+1=u} \frac{1}{6}\int u^8\mathrm{d}u = \frac{1}{54}u^9+C \xlongequal{\text{回代 } u=3x^2+1} \frac{1}{54}(3x^2+1)^9+C.$

凑微分法的难点在于凑这一步,因为题目并未指明应该把哪一部分凑成 $\mathrm{d}\varphi(x)$,一方面需要在解题过程中,积累解题的技巧和经验. 另一方面熟悉下列微分式,也有助于凑微分.

$\mathrm{d}x = \frac{1}{a}\mathrm{d}(ax+b)$; $x\mathrm{d}x = \frac{1}{2}\mathrm{d}(x^2)$;

$\frac{1}{x}\mathrm{d}x = \mathrm{d}(\ln|x|)$; $\frac{1}{\sqrt{x}}\mathrm{d}x = 2\mathrm{d}\sqrt{x}$;

$\mathrm{e}^x\mathrm{d}x = \mathrm{d}(\mathrm{e}^x)$; $\sin x\mathrm{d}x = -\mathrm{d}(\cos x)$;

$\cos x\mathrm{d}x = \mathrm{d}(\sin x)$; $\sec^2 x\mathrm{d}x = \mathrm{d}(\tan x)$;

$\csc^2 x\mathrm{d}x = -\mathrm{d}(\cot x)$; $\frac{1}{1+x^2}\mathrm{d}x = \mathrm{d}(\arctan x)$;

$\frac{1}{\sqrt{1-x^2}}\mathrm{d}x = \mathrm{d}(\arcsin x)$; $\sec x\tan x\mathrm{d}x = \mathrm{d}(\sec x)$.

当运算熟练后,设中间变量 $u=\varphi(x)$ 和回代两个步骤可不必写出.

例 3 求 $\int \frac{\ln^2 x}{x}\mathrm{d}x$.

解 因为 $\ln x$ 中 $x>0$, 所以 $\frac{1}{x}\mathrm{d}x = \mathrm{d}(\ln x)$.

于是 $\int \frac{\ln^2 x}{x}\mathrm{d}x = \int \frac{1}{x}\ln^2 x\mathrm{d}x = \int(\ln x)^2\mathrm{d}(\ln x) = \frac{1}{3}(\ln x)^3+C.$

例 4 求证 $\int \tan x\mathrm{d}x = -\ln|\cos x|+C$.

证 $\int \tan x\mathrm{d}x = \int \frac{\sin x}{\cos x}\mathrm{d}x = -\int \frac{\mathrm{d}(\cos x)}{\cos x} = -\ln|\cos x|+C.$

即 $$\int \tan x\mathrm{d}x = -\ln|\cos x|+C.$$

类似可得 $$\int \cot x\mathrm{d}x = \ln|\sin x|+C.$$

例 5 求证 $\int \sec x\mathrm{d}x = \ln|\sec x+\tan x|+C$.

证 $\int \sec x\mathrm{d}x = \int \frac{\sec x(\sec x+\tan x)}{\sec x+\tan x}\mathrm{d}x = \int \frac{\sec^2 x+\sec x\tan x}{\sec x+\tan x}\mathrm{d}x$

$$= \int \frac{\mathrm{d}(\sec x+\tan x)}{\sec x+\tan x} = \ln|\sec x+\tan x|+C.$$

即 $$\int \sec x \mathrm{d}x = \ln|\sec x + \tan x| + C.$$

类似可得 $$\int \csc x \mathrm{d}x = \ln|\csc x - \cot x| + C.$$

例 6 求证 $\int \frac{1}{\sqrt{a^2 - x^2}}\mathrm{d}x = \arcsin\frac{x}{a} + C(a > 0)$.

证 $$\int \frac{1}{\sqrt{a^2 - x^2}}\mathrm{d}x = \int \frac{1}{a\sqrt{1-\left(\frac{x}{a}\right)^2}}\mathrm{d}x = \int \frac{1}{\sqrt{1-\left(\frac{x}{a}\right)^2}}\mathrm{d}\left(\frac{x}{a}\right) = \arcsin\frac{x}{a} + C.$$

即 $$\int \frac{1}{\sqrt{a^2 - x^2}}\mathrm{d}x = \arcsin\frac{x}{a} + C.$$

类似可得 $$\int \frac{1}{a^2 + x^2}\mathrm{d}x = \frac{1}{a}\arctan\frac{x}{a} + C.$$

例 7 求证 $\int \frac{1}{x^2 - a^2}\mathrm{d}x = \frac{1}{2a}\ln\left|\frac{x-a}{x+a}\right| + C$.

证 $$\int \frac{1}{x^2 - a^2}\mathrm{d}x = \frac{1}{2a}\int\left(\frac{1}{x-a} - \frac{1}{x+a}\right)\mathrm{d}x = \frac{1}{2a}(\int \frac{1}{x-a}\mathrm{d}x - \int \frac{1}{x+a}\mathrm{d}x)$$

$$= \frac{1}{2a}(\ln|x-a| - \ln|x+a| + C = \frac{1}{2a}\ln\left|\frac{x-a}{x+a}\right| + C.$$

即 $$\int \frac{1}{x^2 - a^2}\mathrm{d}x = \frac{1}{2a}\ln\left|\frac{x-a}{x+a}\right| + C.$$

利用第一类换元法求不定积分,有较大的灵活性,读者需要通过一定量的训练才能很好地掌握这种方法.

2. 第二类换元积分法

例 8 求 $\int \frac{1}{1+\sqrt[3]{x-1}}\mathrm{d}x$.

分析:此积分的困难在于被积函数中含有根式 $\sqrt[3]{x-1}$,不容易凑微分. 考虑消去根式,令 $\sqrt[3]{x-1} = t$ 即 $x = t^3 + 1$,则 $\mathrm{d}x = 3t^2\mathrm{d}t$. 于是有

解 $$\int \frac{1}{1+\sqrt[3]{x-1}}\mathrm{d}x \xlongequal{令\sqrt[3]{x-1}=t} \int \frac{3t^2}{1+t}\mathrm{d}t = 3\int \frac{t^2 - 1 + 1}{1+t}\mathrm{d}t = 3\int\left(t - 1 + \frac{1}{1+t}\right)\mathrm{d}t$$

$$= 3\left(\frac{1}{2}t^2 - t + \ln|1+t|\right) + C$$

$$\xlongequal{回代 t=\sqrt[3]{x-1}} 3\left[\frac{1}{2}(\sqrt[3]{x-1})^2 - \sqrt[3]{x-1} + \ln|1+\sqrt[3]{x-1}|\right] + C.$$

定理 5.4 设函数 $x = \varphi(t)$ 有连续导数,且有反函数存在,则

$$\int f(x)\mathrm{d}x \xlongequal{令 x=\varphi(t)} \int f[\varphi(t)]\varphi'(t)\mathrm{d}t = F(t) + C$$

$$\xlongequal{回代 t=\varphi^{-1}(x)} F[\varphi^{-1}(x)] + C.$$

这种求不定积分的方法称为**第二类换元法**.

简单根式代换

例 9 求 $\int \frac{1}{\sqrt{x}+\sqrt[3]{x}}\mathrm{d}x$.

解 令 $t=\sqrt[6]{x}$ 即 $x=t^6$，$dx=6t^5dt$，于是

$$\int\frac{1}{\sqrt{x}+\sqrt[3]{x}}dx=\int\frac{6t^5}{t^3+t^2}dt=6\int\frac{t^3}{t+1}dt=6\int\frac{t^3+1-1}{t+1}dt$$

$$=6\int\left(t^2-t+1-\frac{1}{t+1}\right)dt=2t^3-3t^2+6t-6\ln|t+1|+C$$

$$=2(\sqrt[6]{x})^3-3(\sqrt[6]{x})^2+6\sqrt[6]{x}-6\ln(\sqrt[6]{x}+1)+C$$

$$=2\sqrt{x}-3\sqrt[3]{x}+6\sqrt[6]{x}-6\ln(\sqrt[6]{x}+1)+C.$$

三角代换

例 10 求 $\int\sqrt{a^2-x^2}dx\ (a>0)$.

解 被积函数含有 $\sqrt{a^2-x^2}$，应设法去掉根号. 令 $x=a\sin t\left(-\frac{\pi}{2}\leqslant t\leqslant\frac{\pi}{2}\right)$，

则有 $\sqrt{a^2-x^2}=\sqrt{a^2-a^2\sin^2 t}=a\cos t$，且 $dx=a\cos t dt$.

于是

$$\int\sqrt{a^2-x^2}dx=a^2\int\cos^2 t dt=a^2\int\frac{1+\cos 2t}{2}dt$$

$$=\frac{a^2}{2}\left(t+\frac{1}{2}\sin 2t\right)+C=\frac{a^2}{2}t+\frac{a^2}{2}\sin t\cos t+C.$$

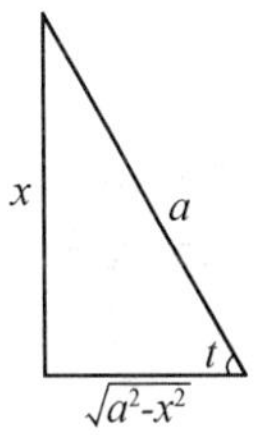

图 5 - 9

回代，较简便的方法是根据 $\sin t=\frac{x}{a}$ 作辅助直角三角形（见图 5 - 9），

得
$$\cos t=\frac{\sqrt{a^2-x^2}}{a}.$$

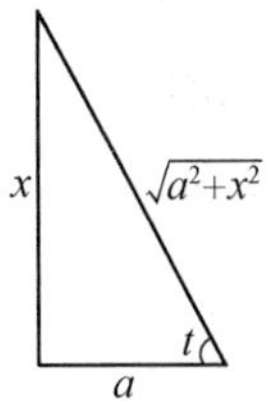

图 5 - 10

而 $t=\arcsin\frac{x}{a}$，于是所求积分为

$$\int\sqrt{a^2-x^2}dx=\frac{a^2}{2}\arcsin\frac{x}{a}+\frac{x}{2}\sqrt{a^2-x^2}+C.$$

三角代换的常见模式有：

(1) $\sqrt{a^2-x^2}$ 时，可作代换 $x=a\sin t$.

(2) $\sqrt{x^2+a^2}$ 时，可作代换 $x=a\tan t$.

(3) $\sqrt{x^2-a^2}$ 时，可作代换 $x=a\sec t$.

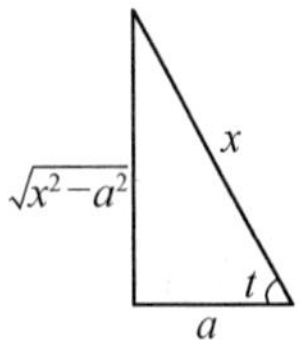

图 5 - 11

回代时的辅助三角形分别为图 5 - 9、图 5 - 10、图 5 - 11.

总结前面的例题，得**基本积分公式(二)**

15. $\int\tan x dx=-\ln|\cos x|+C$;

16. $\int\cot x dx=\ln|\sin x|+C$;

17. $\int\sec x dx=\ln|\sec x+\tan x|+C$;

18. $\int\csc x dx=\ln|\csc x-\cot x|+C$;

19. $\int\frac{1}{\sqrt{a^2-x^2}}dx=\arcsin\frac{x}{a}+C\ (a>0)$;

20. $\int\frac{1}{a^2+x^2}dx=\frac{1}{a}\arctan\frac{x}{a}+C$;

21. $\int\frac{1}{x^2-a^2}dx=\frac{1}{2a}\ln\left|\frac{x-a}{x+a}\right|+C$;

22. $\int\sqrt{a^2+x^2}dx=\frac{1}{2}x\sqrt{a^2+x^2}+\frac{a^2}{2}\ln\left|x+\sqrt{a^2+x^2}\right|+C.$

二、定积分的换元积分

用换元法求定积分时，有两种方法.

方法一是先计算不定积分，再用牛顿－莱布尼兹公式.

例 11 求 $\int_1^9 \frac{1}{1+\sqrt[3]{x-1}}dx$.

解 由例 8 $\int \frac{1}{1+\sqrt[3]{x-1}}dx = 3[\frac{1}{2}(\sqrt[3]{x-1})^2 - \sqrt[3]{x-1} + \ln|1+\sqrt[3]{x-1}|] + C$，

所以

$$\int_1^9 \frac{1}{1+\sqrt[3]{x-1}}dx = 3\left[\frac{1}{2}(\sqrt[3]{x-1})^2 - \sqrt[3]{x-1} + \ln|1+\sqrt[3]{x-1}|\right]_1^9$$

$$= 3\left(\frac{1}{2}\cdot 4 - 2 + \ln 3\right) = 3\ln 3.$$

方法二是在换元(积分变量改变)的同时，积分上、下限也改变. 这方法被称为**定积分的换元积分法**，既达到了求定积分的目的，又省略了回代的过程.

定理 5.5 若函数 $f(x)$ 在区间 $[a,b]$ 上连续，函数 $x=\varphi(t)$ 在区间 $[\alpha,\beta]$ 上单调且有连续而不为零的导函数 $\varphi'(t)$，又 $\varphi(\alpha)=a$，$\varphi(\beta)=b$，则

$$\int_a^b f(x)dx = \int_\alpha^\beta f[\varphi(t)]\cdot\varphi'(t)dt$$

这就是**定积分的换元积分公式.**

例 12 求定积分 $\int_0^a \sqrt{a^2-x^2}dx (a>0)$.

解 用定积分的换元积分公式，设 $x=a\sin t$，则 $dx=a\cos t dt$，当 $x=0$ 时 $t=0$，当 $x=a$ 时 $t=\frac{\pi}{2}$，于是

$$\int_0^a \sqrt{a^2-x^2}dx = a^2\int_0^{\frac{\pi}{2}}\cos^2 t dt = \frac{a^2}{2}\left[t+\frac{1}{2}\sin 2t\right]_0^{\frac{\pi}{2}} = \frac{\pi a^2}{4}.$$

读者可以通过例 10 想象，若按第一种解法，计算量要大得多. 当然这题还有更简单的方法，用定积分的几何意义来求.

例 13 $\int_0^{\frac{\pi}{2}} \cos^3 x \sin x dx$.

解 设 $\cos x = u$，则 $du = -\sin x dx$，当 $x=0$ 时，$u=1$，当 $x=\frac{\pi}{2}$ 时，$u=0$，于是

$$\int_0^{\frac{\pi}{2}} \cos^3 x\sin x dx = -\int_1^0 u^3 du = \int_0^1 u^3 du = \left.\frac{u^4}{4}\right|_0^1 = \frac{1}{4}.$$

为了书写简捷，上述运算过程也可写为

$$\int_0^{\frac{\pi}{2}} \cos^3 x\sin x dx = -\int_0^{\frac{\pi}{2}}\cos^3 x d(\cos x) = -\left.\frac{\cos^4 x}{4}\right|_0^{\frac{\pi}{2}} = \frac{1}{4}.$$

这说明，计算中使用了凑微分法，没有明显地引进新变量，积分的上、下限不必变更.

强调：定积分的计算中，换元必须换限.

例 14 求 $\int_0^4 \frac{\sqrt{x}}{1+\sqrt{x}}dx$.

解 令 $t=\sqrt{x}$,则 $x=t^2$,$\mathrm{d}x=2t\mathrm{d}t$,当 $x=4$ 时,$t=2$;当 $x=0$ 时,$t=0$.

$$\int_0^4 \frac{\sqrt{x}}{1+\sqrt{x}}\mathrm{d}x=\int_0^2 \frac{2t^2}{1+t}\mathrm{d}t=2\int_0^2 \frac{t^2-1+1}{1+t}\mathrm{d}t=2\int_0^2\left(t-1+\frac{1}{1+t}\right)\mathrm{d}t$$

$$=\left[t^2-2t+2\ln(1+t)\right]_0^2=4-4+2\ln3=2\ln3.$$

习题 5-4

1. 求下列积分:

(1) $\int_0^{\pi}\cos\frac{1}{3}x\mathrm{d}x$;

(2) $\int_0^1\frac{\mathrm{d}x}{5x-3}$;

(3) $\int_1^2 x\mathrm{e}^{x^2-1}\mathrm{d}x$;

(4) $\int_{-1}^1 x^3\cos(2x^4-2)\mathrm{d}x$;

(5) $\int_{-1}^{-\frac{1}{2}}\frac{1}{x^2}\mathrm{e}^{\frac{1}{x}}\mathrm{d}x$;

(6) $\int_1^2\left(1-\frac{1}{x^2}\right)\sin\left(x+\frac{1}{x}\right)\mathrm{d}x$;

(7) $\int_1^e\frac{1+\ln x}{x}\mathrm{d}x$;

(8) $\int_0^1\frac{\ln(1+x)}{1+x}\mathrm{d}x$;

(9) $\int_{-1}^0\frac{\mathrm{e}^x}{1+\mathrm{e}^x}\mathrm{d}x$;

(10) $\int_0^{\ln2}\frac{1}{\mathrm{e}^x+\mathrm{e}^{-x}}\mathrm{d}x$;

(11) $\int\frac{\cos x}{\sin^3x}\mathrm{d}x$;

(12) $\int\sin x\cos^3x\mathrm{d}x$;

(13) $\int\frac{1}{\sqrt{x}}\sec^2(1-\sqrt{x})\mathrm{d}x$;

(14) $\int\frac{1}{\sqrt{x(1-x)}}\mathrm{d}x$;

(15) $\int\mathrm{e}^x\sqrt{3+4\mathrm{e}^x}\mathrm{d}x$;

(16) $\int\frac{\mathrm{d}x}{x\ln x}$;

(17) $\int\frac{x^3}{\sqrt{1-x^8}}\mathrm{d}x$;

(18) $\int\frac{x}{\sqrt{1-x^4}}\mathrm{d}x$;

(19) $\int\frac{1}{x^2+4}\mathrm{d}x$;

(20) $\int\frac{\mathrm{d}x}{\sqrt{4-9x^2}}\mathrm{d}x$;

(21) $\int\cos^3x\mathrm{d}x$;

(22) $\int\sin^4x\mathrm{d}x$;

(23) $\int\frac{1}{1-\sin x}\mathrm{d}x$;

(24) $\int\frac{x^3-x}{1+x^4}\mathrm{d}x$;

(25) $\int\frac{x\mathrm{e}^{\sqrt{1+x^2}}}{\sqrt{1+x^2}}\mathrm{d}x$;

(26) $\int\frac{\sin x\cos x}{\sqrt{1-\sin^4x}}\mathrm{d}x$;

(27) $\int_{-2}^0\frac{\mathrm{d}x}{x^2+2x+2}$;

(28) $\int_0^2\frac{\mathrm{d}x}{\sqrt{-x^2+2x+3}}$.

2. 求下列积分:

(1) $\int\frac{\sqrt{x}}{1+\sqrt{x}}\mathrm{d}x$;

(2) $\int\frac{1}{1+\sqrt[3]{x+1}}\mathrm{d}x$;

(3) $\int\frac{\sqrt{x^2-1}}{x}\mathrm{d}x$;

(4) $\int_0^1\frac{1}{\sqrt{1+3x}+1}\mathrm{d}x$;

(5) $\int_1^4\frac{\mathrm{d}x}{1+\sqrt{x}}$;

(6) $\int_0^1 x^2\sqrt{1-x^2}\mathrm{d}x$.

§5-5 分部积分法

虽然利用直接积分法与换元积分法已经能够解决很多积分问题了，但对有些积分还是很难解决，如 $\int \arctan x \mathrm{d}x$，$\int_0^{\pi} x\sin 2x \mathrm{d}x$ 等. 本节将继续介绍积分方法.

一、不定积分的分部积分法

例 1 求$\int x\mathrm{e}^x \mathrm{d}x$.

分析：注意到被积函数是幂函数与指数函数的积，用前面的积分法解决不了问题. 注意到微分与积分的互逆关系，每一种微分法则对应一种积分法则. 从积的导数入手找新方法.

解 由$(x\mathrm{e}^x)' = \mathrm{e}^x + x\mathrm{e}^x$，两边积分 $x\mathrm{e}^x = \int \mathrm{e}^x dx + \int x\mathrm{e}^x \mathrm{d}x$，

移项
$$\int x\mathrm{e}^x \mathrm{d}x = x\mathrm{e}^x - \int \mathrm{e}^x \mathrm{d}x,$$

故
$$\int x\mathrm{e}^x \mathrm{d}x = x\mathrm{e}^x - \int \mathrm{e}^x \mathrm{d}x = x\mathrm{e}^x - \mathrm{e}^x + C.$$

上面的积分方法可以推广到一般形式.

定理 5.6 设函数 $u = u(x)$，$v = v(x)$ 具有连续导数，则 $\int u\mathrm{d}v = uv - \int v \,\mathrm{d}u$.

该公式称为**分部积分公式**，此公式的作用在于：把比较难求的 $\int u\mathrm{d}v$ 转化为比较容易求的 $\int v\mathrm{d}u$ 来计算，分部积分公式起到了化难为易的作用. 这种求积分的方法称为**分部积分法**.

例 2 求$\int x\cos x\mathrm{d}x$.

解 设 $u = x$，$\mathrm{d}v = \cos x\mathrm{d}x = \mathrm{d}\sin x$ 则
$$\int x\cos x\mathrm{d}x = \int x\mathrm{d}(\sin x) = x\sin x - \int \sin x\mathrm{d}x = x\sin x + \cos x + C.$$

能选择 $u = \cos x$，$\mathrm{d}v = x\mathrm{d}x = \mathrm{d}\left(\frac{1}{2}x^2\right)$吗？读者不妨一试. 其实这是一个糟糕的选择，因为得到的积分是比原来还要复杂的积分，不符合化难为易的初衷. 因此在应用分部积分法时，关键是恰当选择 u 与 $\mathrm{d}v$. 使得积分$\int v\mathrm{d}u$ 比 $\int u\mathrm{d}v$ 容易求出.

通常当被积函数是幂函数与指数函数(或三角函数)的乘积时，应选取幂函数为 u.
当分部积分法熟练以后，选择 u，$\mathrm{d}v$ 这一步可以省略.

例 3 求$\int x^2\mathrm{e}^x \mathrm{d}x$.

解
$$\int x^2\mathrm{e}^x \mathrm{d}x = \int x^2 \mathrm{d}\mathrm{e}^x = x^2\mathrm{e}^x - \int \mathrm{e}^x \mathrm{d}x^2 = x^2\mathrm{e}^x - 2\int x\mathrm{e}^x \mathrm{d}x$$
$$= x^2\mathrm{e}^x - 2\int x\mathrm{d}\mathrm{e}^x = x^2\mathrm{e}^x - 2x\mathrm{e}^x + 2\int \mathrm{e}^x \mathrm{d}x = x^2\mathrm{e}^x - 2x\mathrm{e}^x + 2\mathrm{e}^x + C.$$

例 4 求$\int x^2\ln x\mathrm{d}x$.

解 $\int x^2\ln x\mathrm{d}x=\frac{1}{3}\int\ln x\mathrm{d}x^3=\frac{1}{3}x^3\ln x-\frac{1}{3}\int x^3\mathrm{d}\ln x=\frac{1}{3}x^3\ln x-\frac{1}{3}\int x^3\ \frac{1}{x}\mathrm{d}x$

$$=\frac{1}{3}x^3\ln x-\frac{1}{3}\int x^2\mathrm{d}x=\frac{1}{3}x^3\ln x-\frac{1}{9}x^3+C.$$

通常当被积函数是幂函数与对数函数(或反三角函数)的乘积时,应选取对数函数(或反三角函数)为 $\boldsymbol{u}$.

例 5 求 $\int\arctan x\mathrm{d}x$.

解 将 $\arctan x$ 看成是 $x^0\arctan x$,

$$\int\arctan x\mathrm{d}x=x\arctan x-\int x\mathrm{d}(\arctan x)=x\arctan x-\int\frac{x}{1+x^2}\mathrm{d}x$$

$$=x\arctan x-\frac{1}{2}\int\frac{1}{1+x^2}\mathrm{d}(x^2+1)=x\arctan x-\frac{1}{2}\ln(x^2+1)+C.$$

例 6 求 $\int\mathrm{e}^x\sin x\mathrm{d}x$.

解 $\int\mathrm{e}^x\sin x\mathrm{d}x=\int\sin x\mathrm{d}(\mathrm{e}^x)=\mathrm{e}^x\sin x-\int\mathrm{e}^x\mathrm{d}(\sin x)$

$$=\mathrm{e}^x\sin x-\int\mathrm{e}^x\cos x\mathrm{d}x=\mathrm{e}^x\sin x-\int\cos x\mathrm{d}(\mathrm{e}^x)$$

$$=\mathrm{e}^x\sin x-\mathrm{e}^x\cos x-\int\mathrm{e}^x\sin x\mathrm{d}x.$$

得到了一个含有初始积分的等式,怎么办?

这时可将它看成一个求未知积分的方程:

$$\int\mathrm{e}^x\sin x\mathrm{d}x=\mathrm{e}^x\sin x-\mathrm{e}^x\cos x-\int\mathrm{e}^x\sin x\mathrm{d}x,$$

移项得 $2\int\mathrm{e}^x\sin x\mathrm{d}x=\mathrm{e}^x\sin x-\mathrm{e}^x\cos x$,

即 $$\int\mathrm{e}^x\sin x\mathrm{d}x=\frac{\mathrm{e}^x}{2}(\sin x-\cos x)+C\text{(注意加上积分常数)}.$$

通常当被积函数是指数函数与三角函数的乘积时,这两类函数都可选为 u.

二、定积分的分部积分法

运用上面的分部积分公式和牛顿—莱布尼兹公式就可得到定积分法的分部积分公式:

$$\int_a^b u\mathrm{d}v=[uv]_a^b-\int_a^b v\mathrm{d}u.$$

例 7 求 $\int_0^{\pi}x\sin2x\mathrm{d}x$.

解 $\int_0^{\pi}x\sin2x\mathrm{d}x=-\frac{1}{2}\int_0^{\pi}x\mathrm{d}(\cos2x)=-\frac{1}{2}x\cos2x\Big|_0^{\pi}+\frac{1}{2}\int_0^{\pi}\cos2x\mathrm{d}x.$

$$=-\frac{\pi}{2}+\frac{1}{4}\int_0^{\pi}\cos2x\mathrm{d}(2x)=-\frac{\pi}{2}+\frac{1}{4}\sin2x\Big|_0^{\pi}=-\frac{\pi}{2}.$$

例 8 求 $\int_{\frac{1}{\mathrm{e}}}^{\mathrm{e}}|\ln x|\mathrm{d}x$.

解 $\int_{\frac{1}{\mathrm{e}}}^{\mathrm{e}}|\ln x|\mathrm{d}x=\int_{\frac{1}{\mathrm{e}}}^{1}(-\ln x)\mathrm{d}x+\int_1^{\mathrm{e}}\ln x\mathrm{d}x$

$$=[-x\ln x]_{\frac{1}{e}}^{1}+\int_{\frac{1}{e}}^{1}x\cdot\frac{1}{x}dx+[x\ln x]_{1}^{e}-\int_{1}^{e}x\cdot\frac{1}{x}dx$$

$$=-\frac{1}{e}+\left(1-\frac{1}{e}\right)+e-(e-1)=2-\frac{2}{e}.$$

直接积分法、换元法、分部积分法是求积分的三种最基本的方法. 方法的掌握是很重要的，但更重要的是能灵活运用. 同样方法不是孤立的，有时计算某些积分要同时运用多种积分法，或一个积分问题用不同的积分法都能解决.

例 9 求$\int_{0}^{4}e^{\sqrt{x}}dx$.

解 先用换元法，再用分部积分法

设 $t=\sqrt{x}$，则 $x=t^2$，$dx=2tdt$，当 $x=4$ 时，$t=2$；$x=0$ 时，$t=0$，

$$\int_{0}^{4}e^{\sqrt{x}}dx=2\int_{0}^{2}te^{t}dt=2\int_{0}^{2}td(e^{t})=2te^{t}\Big|_{0}^{2}-2\int_{0}^{2}e^{t}dt=4e^{2}-2e^{t}\Big|_{0}^{2}=2e^{2}+2.$$

例 10 求$\int\frac{x}{\sqrt{1+x}}dx$.

解法一 变型，凑微分

$$\int\frac{x}{\sqrt{1+x}}dx=\int\frac{x+1-1}{\sqrt{1+x}}dx=\int\sqrt{1+x}dx-\int\frac{1}{\sqrt{1+x}}dx$$

$$=\int\sqrt{1+x}d(1+x)-\int\frac{1}{\sqrt{1+x}}d(1+x)$$

$$=\frac{2}{3}(1+x)\sqrt{1+x}-2\sqrt{1+x}+C.$$

解法二 用换元法，令$\sqrt{1+x}=t$，则 $1+x=t^2$，$dx=2tdt$.

$$\int\frac{x}{\sqrt{1+x}}dx=\int\frac{t^2-1}{t}2tdt=2\int(t^2-1)dt$$

$$=\frac{2}{3}t^3-2t+C=\frac{2}{3}(1+x)\sqrt{1+x}-2\sqrt{1+x}+C.$$

解法三 分部积分法

$$\int\frac{x}{\sqrt{1+x}}dx=2\int xd(\sqrt{1+x})=2\left(x\sqrt{1+x}-\int\sqrt{1+x}dx\right)$$

$$=2x\sqrt{1+x}-2\int\sqrt{1+x}d(1+x)=2x\sqrt{1+x}-\frac{4}{3}(1+x)\sqrt{1+x}+C$$

$$=\frac{2}{3}\sqrt{1+x}(x+1-3)+C=\frac{2}{3}(1+x)\sqrt{1+x}-2\sqrt{1+x}+C.$$

习题 5－5

1. 求下列不定积分：

(1) $\int x\sin x dx$；　　(2) $\int xe^{-3x}dx$；

(3) $\int x^2\ln x dx$；　　(4) $\int\ln(x^2+1)dx$；

(5) $\int\arcsin x dx$；　　(6) $\int x\arccos x dx$；

(7) $\int e^x\cos 2x\,dx$；　　(8) $\int e^{\sqrt[3]{x}}\,dx$.

2. 求下列定积分：

(1) $\int_0^2 x^2e^{2x}\,dx$；　　(2) $\int_0^1 \arctan x\,dx$；

(3) $\int_0^{e-1}\ln(x+1)\,dx$；　　(4) $\int_{\frac{\pi}{4}}^{\frac{\pi}{3}}\frac{x}{\sin^2 x}\,dx$；

(5) $\int_0^{\frac{\pi}{2}} e^x\cos x\,dx$；　　(6) $\int_{\frac{1}{e}}^{e}|\ln x|\,dx$.

§5－6　广义积分

定积分$\int_a^b f(x)\,dx$的定义要求：(1) 积分区间为有限区间$[a,b]$；(2) 被积函数 $f(x)$ 在区间$[a,b]$上有界. 而在实际问题中，往往会遇到区间是无限的，或函数是无界的情形. 本节将介绍这样的积分——广义积分.

一、无穷限的广义积分

定义 5.4　若函数 $f(x)$ 在区间$[a,+\infty)$上连续，取 $b>a$，如果极限$\lim\limits_{b\to+\infty}\int_a^b f(x)\,dx$存在，其极限值称为无穷限广义积分，并称这广义积分**收敛**，记为$\int_a^{+\infty}f(x)\,dx$，即

$$\int_a^{+\infty}f(x)\,dx=\lim_{b\to+\infty}\int_a^b f(x)\,dx.$$

否则，称广义积分$\int_a^{+\infty}f(x)\,dx$ **发散**.

类似地，可定义函数 $f(x)$ 在$(-\infty,b]$上的无穷限广义积分，取 $a<b$，

$$\int_{-\infty}^b f(x)\,dx=\lim_{a\to-\infty}\int_a^b f(x)\,dx.$$

对在$(-\infty,+\infty)$上的无穷限广义积分定义为

$$\int_{-\infty}^{+\infty}f(x)\,dx=\int_{-\infty}^{c}f(x)\,dx+\int_c^{+\infty}f(x)\,dx.$$

其中 c 为任意给定的实数. 当且仅当广义积分$\int_{-\infty}^{c}f(x)\,dx$和$\int_c^{+\infty}f(x)\,dx$都收敛时，广义积分$\int_{-\infty}^{+\infty}f(x)\,dx$才收敛，否则称$\int_{-\infty}^{+\infty}f(x)\,dx$发散.

例 1　求$\int_1^{+\infty}\frac{1}{x^2}\,dx$.

解　由无穷限积分定义，得

$$\int_1^{+\infty}\frac{1}{x^2}\,dx=\lim_{b\to+\infty}\int_1^b\frac{1}{x^2}\,dx=\lim_{b\to+\infty}\left[-\frac{1}{x}\right]_1^b=\lim_{b\to+\infty}\left(1-\frac{1}{b}\right)=1.$$

例 2　求$\int_{-\infty}^0 xe^x\,dx$.

解　$\int_{-\infty}^0 xe^x\,dx=\lim\limits_{a\to-\infty}\int_a^0 xe^x\,dx=\lim\limits_{a\to-\infty}\int_a^0 x\,de^x=\lim\limits_{a\to-\infty}\left(xe^x\big|_a^0-\int_a^0 e^x\,dx\right)$

$$= \lim_{a\to-\infty}(-a\mathrm{e}^{a}-1+\mathrm{e}^{a}) = \lim_{a\to-\infty}[(1-a)\mathrm{e}^{a}-1] = \lim_{a\to-\infty}\frac{1-a}{\mathrm{e}^{-a}}-1=-1.$$

例 3 求$\int_{0}^{+\infty}\sin x\mathrm{d}x$.

解 $\int_{0}^{+\infty}\sin x\mathrm{d}x = \lim_{b\to+\infty}\int_{0}^{b}\sin x\mathrm{d}x = \lim_{b\to+\infty}[-\cos x]_{0}^{b} = -\lim_{b\to+\infty}\cos b+1.$

极限不存在,故原广义积分发散.

例 4 求$\int_{-\infty}^{+\infty}\frac{1}{1+x^2}\mathrm{d}x$.

解

$$\int_{-\infty}^{+\infty}\frac{1}{1+x^2}\mathrm{d}x = \int_{-\infty}^{0}\frac{1}{1+x^2}\mathrm{d}x+\int_{0}^{+\infty}\frac{1}{1+x^2}\mathrm{d}x$$

$$= \lim_{a\to-\infty}\int_{a}^{0}\frac{1}{1+x^2}\mathrm{d}x+\lim_{b\to+\infty}\int_{0}^{b}\frac{1}{1+x^2}\mathrm{d}x = \lim_{a\to-\infty}[\arctan x]_{a}^{0}+\lim_{b\to+\infty}[\arctan x]_{0}^{b}$$

$$= \lim_{b\to+\infty}\arctan x-\lim_{a\to-\infty}\arctan x = \frac{\pi}{2}-\left(-\frac{\pi}{2}\right) = \pi.$$

二、无界函数的广义积分(或瑕积分)

定义 5.5 若函数 $f(x)$ 在$(a,b]$上连续,且$\lim_{x\to a^+}f(x)=\infty$. 又对 $\varepsilon>0$,若$\lim_{x\to\varepsilon^+}\int_{a+\varepsilon}^{b}f(x)\mathrm{d}x$存在,这极限称**无界函数的广义积分**,并称这**广义积分收敛**. 记为

$$\int_{a}^{b}f(x)\mathrm{d}x = \lim_{\varepsilon\to0^+}\int_{a+\varepsilon}^{b}f(x)\mathrm{d}x.$$

否则,称该无界函数广义积分$\int_{a}^{b}f(x)\mathrm{d}x$ 发散.

类似地,若函数 $f(x)$ 在$[a,b)$ 上连续,且$\lim_{x\to b^-}f(x)=\infty$,则可定义无界函数积分为

$$\int_{a}^{b}f(x)\mathrm{d}x = \lim_{\varepsilon\to0^+}\int_{a}^{b-\varepsilon}f(x)\mathrm{d}x.$$

若函数 $f(x)$ 在$[a,b]$上除点 $c(a<c<b)$ 外连续,且$\lim_{x\to c}f(x)=\infty$,则定义无界函数的广义积分为

$$\int_{a}^{b}f(x)\mathrm{d}x = \int_{a}^{c}f(x)\mathrm{d}x+\int_{c}^{b}f(x)\mathrm{d}x = \lim_{\varepsilon_1\to0^+}\int_{a}^{c-\varepsilon_1}f(x)\mathrm{d}x+\lim_{\varepsilon_2\to0^+}\int_{c+\varepsilon_2}^{b}f(x)\mathrm{d}x.$$

其中 c 为任意给定的实数. 当且仅当广义积分$\int_{a}^{c}f(x)\mathrm{d}x$ 和$\int_{c}^{b}f(x)\mathrm{d}x$ 都收敛,广义积分$\int_{a}^{b}f(x)\mathrm{d}x$ 才收敛的,否则称其为发散.

例 5 求由曲线 $y=\frac{1}{\sqrt{x}}$,直线 $x=0,x=1$ 与 x 轴所围成的"开口曲边梯形"的面积 A(图 5-12).

解 因为函数 $y=\frac{1}{\sqrt{x}}$ 在 $x=0$ 处无界,

设 $0<\varepsilon<1$,则所求"开口曲边梯形"的面积为

$$\int_{0}^{1}\frac{1}{\sqrt{x}}\mathrm{d}x = \lim_{\varepsilon\to0^+}\int_{\varepsilon}^{1}\frac{1}{\sqrt{x}}\mathrm{d}x$$

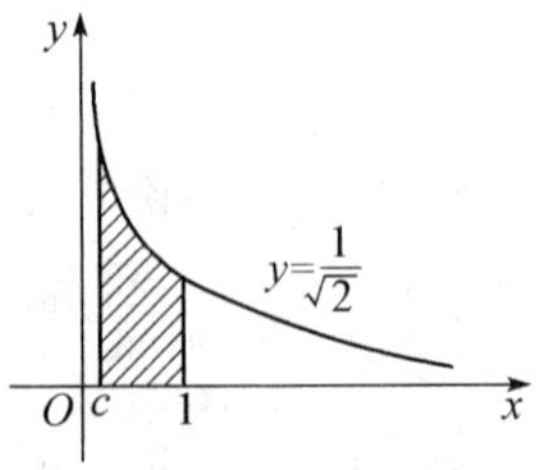

图 5-12

$$= \lim_{\varepsilon \to 0^+} \left[2\sqrt{x}\right]_\varepsilon^1 = \lim_{\varepsilon \to 0^+}(2 - 2\sqrt{\varepsilon}) = 2.$$

例 6 讨论积分$\int_{-1}^{1} \frac{dx}{x^2}$.

解 因为$\lim\limits_{x \to 0} \frac{1}{x^2} = \infty$,而 0 在 -1 与 1 之间,所以$\int_{-1}^{1} \frac{dx}{x^2}$ 为广义积分,由定义有

$$\int_{-1}^{1} \frac{dx}{x^2} = \int_{-1}^{0} \frac{dx}{x^2} + \int_{0}^{1} \frac{dx}{x^2}.$$

因为 $$\int_{-1}^{0} \frac{dx}{x^2} = \lim_{\varepsilon \to 0^+} \int_{-1}^{-\varepsilon} \frac{dx}{x^2} = \lim_{\varepsilon \to 0^+} \left[-\frac{1}{x}\right]_{-1}^{-\varepsilon} = \lim_{\varepsilon \to 0^+}\left(\frac{1}{\varepsilon} - 1\right) = +\infty,$$

即$\int_{-1}^{0} \frac{dx}{x^2}$ 发散,从而$\int_{-1}^{1} \frac{dx}{x^2}$ 发散.

如果不注意到$\int_{-1}^{1} \frac{dx}{x^2}$ 是无界函数积分,就有错误的解法:$\int_{-1}^{1} \frac{dx}{x^2} = \left[-\frac{1}{x}\right]_{-1}^{1} = -2$.

通过上面的例题,提请读者注意三点:

(1) 广义积分是定积分概念的推广,收敛的广义积分与定积分有类似的性质,但不能直接使用牛顿－莱布尼兹公式.

(2) 求广义积分的实质是:先求定积分,再求极限.求极限时可用一切求极限的方法.

(3) 无界函数的广义积分与定积分在记号的形式是一样的,要注意区别.

习题 5－6

1. 判断下列广义积分的敛散性,若收敛,则求出它的值.

(1) $\int_{1}^{+\infty} \frac{1}{\sqrt{x}} dx$;　　(2) $\int_{0}^{+\infty} x e^{-x^2} dx$;

(3) $\int_{0}^{+\infty} e^{-ax} dx\,(a > 0)$;　　(4) $\int_{-\infty}^{+\infty} \frac{1}{3 + 2x + x^2} dx$.

2. 判断下列广义积分的敛散性,若收敛,则求出它的值.

(1) $\int_{1}^{2} \frac{1}{x\ln x} dx$;　　(2) $\int_{0}^{1} \frac{1}{\sqrt{1 - x^2}} dx$;

(3) $\int_{\frac{\pi}{4}}^{\frac{\pi}{2}} \tan^2 x dx$;　　(4) $\int_{-2}^{2} \frac{dx}{x^2 - 1}$.

3. 讨论广义积分$\int_{1}^{+\infty} \frac{1}{x^p} dx\,(p > 0)$ 的敛散性.

§5－7　定积分应用举例

在本章 §5－1 中介绍了:若要求一个总量问题,可以通过元素法将问题转化为定积分解决.本节将介绍用定积分求平面图形的面积、旋转体体积等问题.

一、平面图形的面积

数学模型:

(1) 若函数 $f(x)$,$g(x)$ 在$[a,b]$上连续,且 $f(x) \geqslant g(x)$,则由曲线 $y = f(x)$,$y = g(x)$ 及直线 $x = a$,$x = b$ 所围成的平面图形的面积.

任取小区间$[x,x+\mathrm{d}x]$得面积微元(如图 5-13) 为

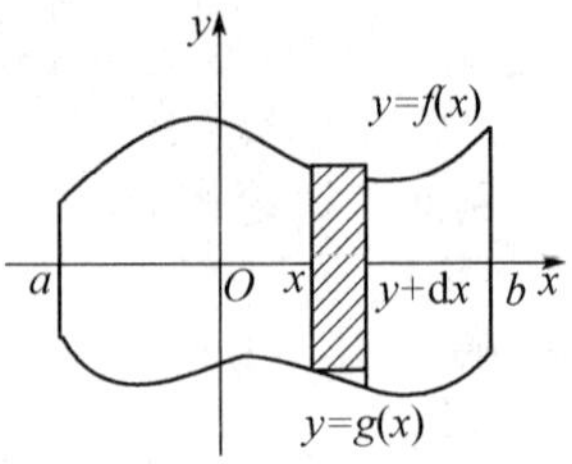

图 5-13

$$\mathrm{d}A=[f(x)-g(x)]\mathrm{d}x.$$

所求的面积为

$$A=\int_a^b[f(x)-g(x)]\mathrm{d}x.$$

(2) 由曲线$x=\varphi(y)$,$x=\psi(y)$及直线$y=c$,$y=d$所围成的平面图形的面积.

任取小区间$[y,y+\mathrm{d}y]$得面积微元(图 5-14) 为

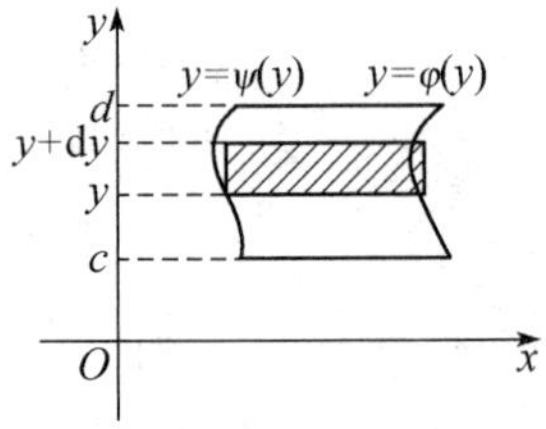

图 5-14

$$\mathrm{d}A=[\varphi(y)-\psi(y)]\mathrm{d}y,$$

所求的面积为

$$A=\int_c^d[\varphi(y)-\psi(y)]\mathrm{d}y.$$

例 1 求由抛物线$y=x^2$和$y=2x-x^2$所围图形的面积.

解 作图(图 5-15),由方程组$\begin{cases}y=x^2,\\y=2x-x^2\end{cases}$的解可知,两曲线的交点为(0,0) 和(1,1),即两曲线v所围成的图形恰好在直线$x=0$和$x=1$之间,取x为积分变量,$x\in[0,1]$则所求面积A的微元为图中的阴影部分,其表达式为

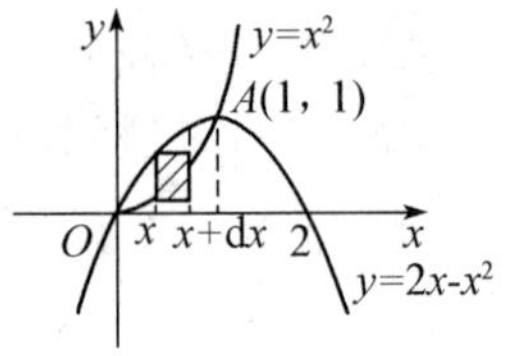

图 5-15

$$\mathrm{d}A=(2x-x^2-x^2)\mathrm{d}x.$$

于是$A=\int_0^1(2x-2x^2)\mathrm{d}x=\left(x^2-\frac{2}{3}x^3\right)\Big|_0^1=\frac{1}{3}.$

例 2 求抛物线$y^2=2x$与直线$x-y=4$所围图形的面积.

解 作图(图 5-16),由方程组$\begin{cases}y^2=2x\\x-y=4\end{cases}$,得交点为$(2,-2)$和(8,4),因此图形在直线$y=-2$与$y=4$之间,取$y$为积分变量,则所求面积$A$的微元为

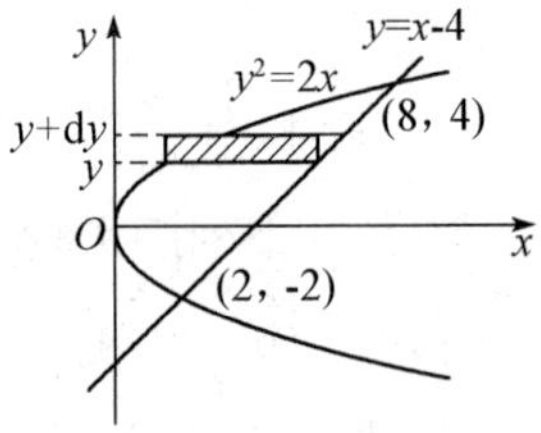

图 5-16

$$\mathrm{d}A=\left[(y+4)-\frac{y^2}{2}\right]\mathrm{d}y.$$

于是得

$$A=\int_{-2}^4\left[(y+4)-\frac{y^2}{2}\right]\mathrm{d}y=\left[\frac{y^2}{2}+4y-\frac{y^3}{6}\right]_{-2}^4=18.$$

若此题以x作为积分变量,则计算就要复杂得多.因此,使用微元法时合理选择积分变量是很重要的.

小结:利用微元法求平面图形的面积的步骤通常有:

① 作图,求出曲线的交点;

② 确定积分变量x(或y),同时确定积分变量的变化范围;

③ 写出面积的微元表达式;

④ 计算定积分的值.

二、旋转体体积

求一个不规则的几何体体积,可与求曲边梯形面积一样处理.用平行平面去截这几何体为n个薄片(分割);将这n个薄片近似看成是柱体(近似代替);小柱体体积相加(作和);求和式的

极限(所求几何体体积). 所以可用微元法(图 5-17).

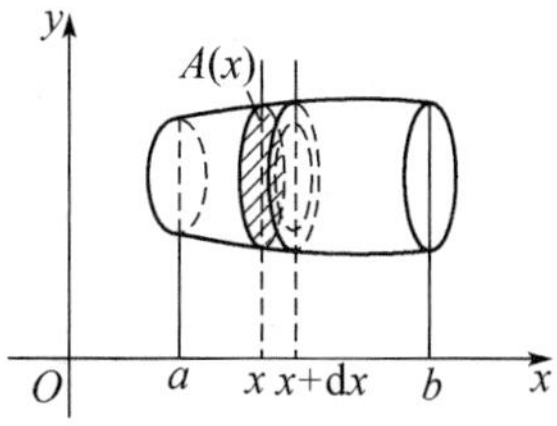

图 5-17

设几何体介于 $x=a, x=b$ 之间,即 $x\in[a,b]$. 任取小区间 $[x,x+\mathrm{d}x]$, 点 x 处的截面面积为 $A(x)$, 则体积微元为 $\mathrm{d}V=A(x)\mathrm{d}x$, 故几何体体积为

$$V=\int_a^b A(x)\mathrm{d}x.$$

要注意的是截面面积为 $A(x)$ 是随 x 的变化而变化的.

下面来考察一种特定的几何体 —— 旋转体的体积.

设由曲线 $y=f(x), x=a, x=b, y=0$ 围成的曲边梯形(图 5-18(a)),绕 x 轴旋转一周

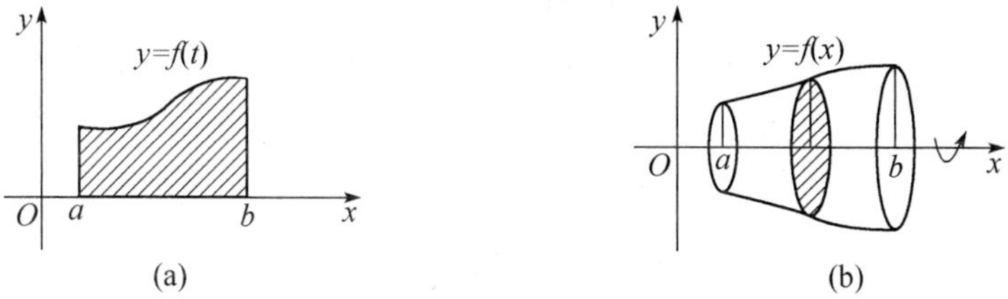

图 5-18

而成的旋转体(图 5-18(b)). 由于点 x 处垂直于旋转轴的截面是以半径为 $y=f(x)$ 的圆,可得截面面积为

$$A(x)=\pi y^2=\pi[f(x)]^2.$$

于是旋转体的体积微元为 $\mathrm{d}V=A(x)\mathrm{d}x=\pi[f(x)]^2\mathrm{d}x$.

体积为 $$V=\pi\int_a^b [f(x)]^2\mathrm{d}x$$

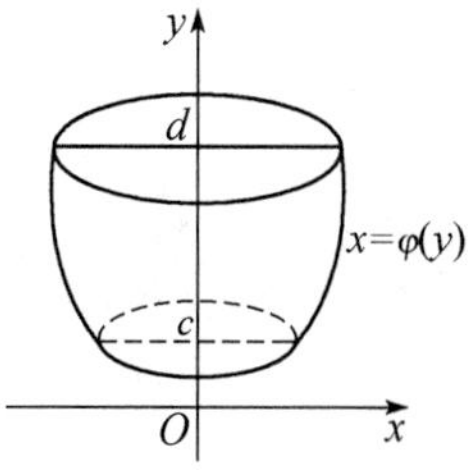

图 5-19

同理,由曲线 $x=\varphi(y)$ 与直线 $y=c, y=d, x=0$ 所围成的平面图形(见图 5-19) 绕 y 轴旋转一周而成的旋转体体积为

$$V=\pi\int_c^d [\varphi(y)]^2\mathrm{d}y.$$

例 3 求曲线 $\dfrac{x^2}{a^2}+\dfrac{y^2}{b^2}=1$ 所围图形绕 x 轴旋转,求旋转体体积.

解 如图 5-20 所示,绕 x 轴旋转可视为上半椭圆 $y=\dfrac{b}{a}\sqrt{a^2-x^2}$ 与 x 轴所围图形绕 x 轴旋转而成. 因此 $x\in[-a,a]$,

$$V=\pi\int_{-a}^a\left(\frac{b}{a}\sqrt{a^2-x^2}\right)^2\mathrm{d}x=2\pi\left(\frac{b}{a}\right)^2\int_0^a(a^2-x^2)\mathrm{d}x$$

$$=2\pi\left(\frac{b}{a}\right)^2\left[a^2x-\frac{1}{3}x^3\right]_0^a=\frac{4}{3}\pi ab^2.$$

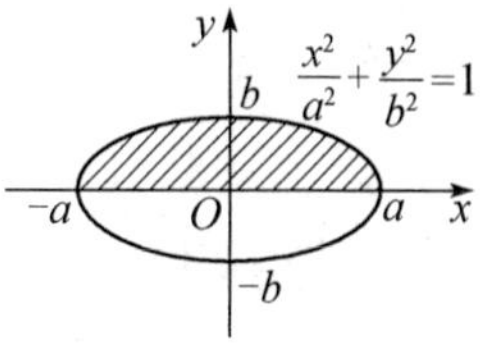

图 5-20

例 4 求由曲线 $y=x^3, y=8, x=0$ 围成的图形绕 y 轴旋转而成的旋转体体积.

解 如图 5-21, $y\in[0,8]$, $x=\sqrt[3]{y}$, 体积为

$$V=\pi\int_0^8(\sqrt[3]{y})^2\mathrm{d}y=\frac{3\pi}{5}y^{\frac{5}{3}}\Big|_0^8=\frac{96\pi}{5}.$$

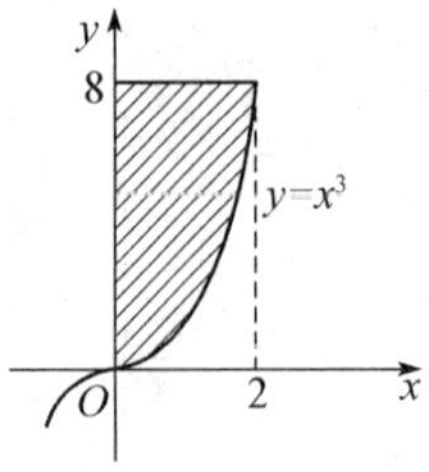

图 5-21

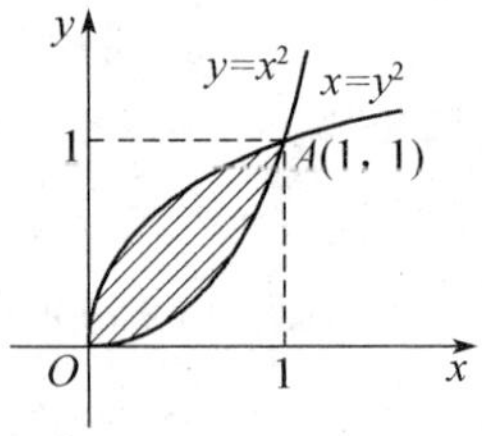

图 5-22

例 5 求由曲线 $y=x^2, y^2=x$ 所围成的平面图形绕 x 轴旋转而成的旋转体体积.

解 作图 5-22,求两曲线的交点为 $O(0,0)$, $A(1,1)$,所求旋转体的体积可以看成是两个旋转体体积之差. $x\in[0,1]$,所求的体积为

$$V=\pi\int_0^1(\sqrt{x})^2\mathrm{d}x-\pi\int_0^1(x^2)^2\mathrm{d}x=\pi\int_0^1(x-x^4)\mathrm{d}x=\frac{3\pi}{10}.$$

***1. 平面曲线弧长**

如图 5-23,设曲线 $y=f(x)$, $x\in[a,b]$,求其长度.

任取微区间 $[x,x+\mathrm{d}x]$ 对应的小弧段 Δs,现用点 $(x,f(x))$ 处的切线上相应的小段 $\mathrm{d}s$ 近似代替,即可得

$$\mathrm{d}s=\sqrt{(\mathrm{d}x)^2+(\mathrm{d}y)^2}=\sqrt{1+[f'(x)]^2}\mathrm{d}x\ (\text{称为弧微分}),$$

所求弧长为

$$s=\int_a^b\sqrt{1+[f'(x)]^2}\mathrm{d}x.$$

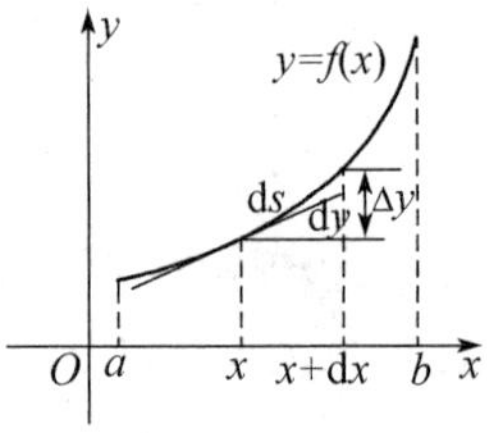

图 5-23

例 6 某建筑物屋盖是跨度为 $2l$,矢高为 f 的抛物线拱,试计算拱的长度.

解 建立如图 5-24 的坐标系,并得抛物线方程为

$$y=-\frac{f}{l^2}x^2+f, x\in[-l,l],$$

$\left(\text{为计算方便,记 } a=-\frac{f}{l^2}\right)$

$$y'=-2ax,$$

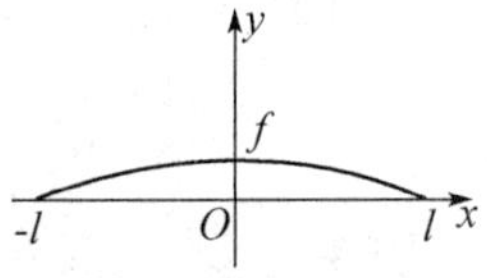

图 5-24

令 $2ax=\tan t$ 则 $\mathrm{d}x=\frac{1}{2a}\sec^2 t\mathrm{d}t$,

当 $x=0$ 时, $t=0$;当 $x=l$ 时, $t=\arctan(2al)$. 所以拱长为

$$s=2\int_0^l\sqrt{1+(-2ax)^2}\mathrm{d}x=\frac{1}{a}\int_0^l\sqrt{1+(2ax)^2}\mathrm{d}(2ax)$$

$$=\frac{1}{a}\left[\frac{1}{2}2ax\sqrt{1+(2ax)^2}+\frac{a^2}{2}\ln\left|2ax+\sqrt{1+(2ax)^2}\right|\right]_0^l\ (\text{积分公式 22})$$

$$=l\sqrt{1+(2al)^2}+\frac{a}{2}\ln\left|2al+\sqrt{1+(2al)^2}\right|.$$

***2. 旋转曲面面积**

如图 5-23,求由曲线 $y=f(x)$, $x\in[a,b]$ 所围图形绕 x 轴旋转一周而成的旋转曲面积. 现将 $[x,x+\mathrm{d}x]$ 对应的薄片的侧面积 ΔA 近似看成是以点 x 处的周长 $2\pi f(x)$ 为长, $\mathrm{d}s$ 为宽的矩形面积 $\mathrm{d}A$,即

$$\Delta A\approx\mathrm{d}A=2\pi f(x)\mathrm{d}s=2\pi f(x)\sqrt{1+[f'(x)]^2}\mathrm{d}x.$$

所以旋转区面积为

$$A=\int_a^b 2\pi f(x)\sqrt{1+[f'(x)]^2}\,\mathrm{d}x.$$

例 7(引例五) 某发电厂建造一个冷却水用的双曲线冷却塔，其通风筒是双曲线$\frac{x^2}{16^2}-\frac{y^2}{30^2}=1$绕 y 轴旋转而成的旋转双曲面. 计算通风筒表面的抹灰工作量，即计算其表面积.

解 由$\frac{x^2}{16^2}-\frac{y^2}{30^2}=1$得，

$$x=16\sqrt{1+\frac{y^2}{30^2}},y\in[-40,15],$$

$$x'=\frac{16y}{30\sqrt{30^2+y^2}}.$$

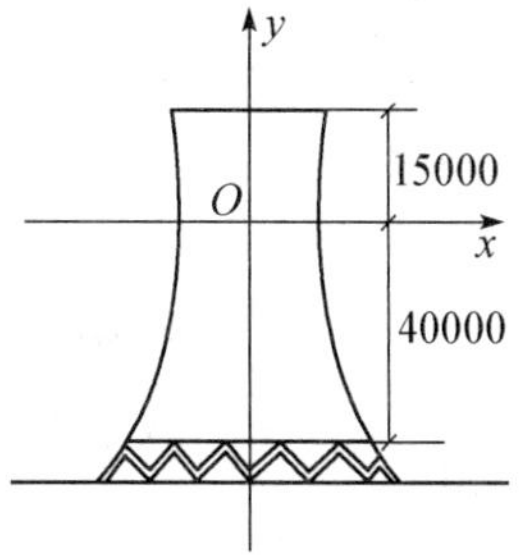

图 5－25

通风筒表面积为

$$A=\int_{-40}^{15}2\pi x\sqrt{1+(x')^2}\,\mathrm{d}y$$

$$=\int_{-40}^{15}2\pi 16\sqrt{1+\frac{y^2}{30^2}}\sqrt{1+\left(\frac{16y}{30\sqrt{30^2+y^2}}\right)^2}\,\mathrm{d}y$$

$$=\frac{32\pi}{30^2}\int_{-40}^{15}\sqrt{30^4+(34y)^2}\,\mathrm{d}y=\frac{32\pi}{30^2}\cdot 34\int_{-40}^{15}\sqrt{\left(\frac{30^2}{34}\right)^2+y^2}\,\mathrm{d}y$$

$$=\frac{1088\pi}{30^2}\left[\frac{1}{2}y\sqrt{\left(\frac{30^2}{34}\right)^2+y^2}+\frac{1}{2}\left(\frac{30^2}{34}\right)^2\ln\left|y+\sqrt{\left(\frac{30^2}{34}\right)^2+y^2}\right|\right]_{-40}^{15}\text{（积分公式 22）}$$

$$\approx 6850(\mathrm{m}^2).$$

三、定积分的其他应用

1. 由边际函数求原函数

边际概念的建立将导数引入了经济学. 已知总量函数求变化率是边际问题；有时还会碰到已知总量函数的变化率(边际函数)，求总量函数.

设经济函数 $u(x)$ 的边际函数为 $u'(x)$，则有$\int_0^x u'(x)\mathrm{d}x=u(x)-u(0)$，

所以
$$u(x)=u(0)+\int_0^x u'(x)\mathrm{d}x.$$

例 8 已知生产某产品的固定成本为 5 万元，边际成本 $C'(x)=x^2-4x+10$(万元 / 吨)，边际收益为 $R'(x)=20-x$(万元 / 吨)，试求总成本、总收益、总利润函数.

解 总成本函数

$$C(x)=C(0)+\int_0^x C'(x)\mathrm{d}x=5+\int_0^x(x^2-4x+10)\mathrm{d}x=\frac{1}{3}x^3-2x^2+10x+5,$$

总收益函数

$$R(x)=R(0)+\int_0^x R'(x)\mathrm{d}x=0+\int_0^x(20-x)\mathrm{d}x=20x-\frac{1}{2}x^2.$$

总利润函数

$$L(x)=R(x)-C(x)$$

$$= 20x - \frac{1}{2}x^2 - \left(\frac{1}{3}x^3 - 2x^2 + 10x + 5\right) = -\frac{1}{3}x^3 + \frac{3}{2}x^2 + 10x - 5.$$

2. 用定积分求经济函数的增量

设经济函数 $u(x)$ 的边际函数为 $u'(x)$，则经济函数 $u(x)$ 在区间 $[a,b]$ 上增量为

$$\Delta u = u(b) - u(a) = [u(x)]_a^b = \int_a^b u'(x)\mathrm{d}x.$$

例 9 某产品的边际成本 $C'(x) = 1$(万元 / 百台)，边际收益为 $R'(x) = 5 - x$(万元 / 百台). (1) 求产量为多少时总利润最大；

(2) 若在利润最大时又多生产了 1000 台，总利润将会减少多少？

解 (1) 因 $L(x) = R(x) - C(x)$，由利润最大化原则

$$L'(x) = R'(x) - C'(x) = 0, \text{即 } R'(x) = C'(x),$$

所以 $5 - x = 1$，解得 $x = 4$(百台)；此时 $L''(x) = -1 < 0$.
故当产量为 400 台时，利润最大.

(2) 该问题是考虑在区间 $[4,14]$ 上总利润函数的增量 ΔL，

$$\Delta L = \int_4^{14} L'(x)\mathrm{d}x = \int_4^{14}(5 - x - 1)\mathrm{d}x = \left[4x - \frac{1}{2}x^2\right]_4^{14} = -50(\text{万元}).$$

在利润最大时又多生产了 1000 台，总利润将会减少 50 万元.

3. 函数的平均值

由 §5-3 中的定积分性质 7(定积分中值定理)：区间 $[a,b]$ 上的连续函数 $f(x)$，则在 $[a,b]$ 上至少存在一点 ξ 使

$$\int_a^b f(x)\mathrm{d}x = f(\xi)(b - a),$$

变形为
$$f(\xi) = \frac{1}{b-a}\int_a^b f(x)\mathrm{d}x$$

即为连续曲线 $y = f(x)$ 在区间 $[a,b]$ 上的平均高度，

也就是函数 $y = f(x)$ 在区间 $[a,b]$ 上的平均值 $\overline{y}$. 即 $\overline{y} = \dfrac{1}{b-a}\int_a^b y\mathrm{d}x = \int f(x)\mathrm{d}x$.

例 10 一房产开发公司在广告后的第 t 天销售的公寓房套数满足 $M(t) = 20 - 10\mathrm{e}^{-0.1t}$，求房产公司在广告后第一周内的平均销售量.

解 房产公司在广告后第一周内的平均销售量为

$$\overline{y} = \frac{1}{7}\int_0^7 (20 - 10\mathrm{e}^{-0.1t})\mathrm{d}t = \frac{1}{7}[20t + 100\mathrm{e}^{-0.1t}]_0^7 \approx 12.808\ (\text{套}).$$

习题 5-7

1. 求下列平面图形的面积：

   (1) 由曲线 $y = x^3$ 与 $y = \sqrt{x}$ 围成的图形；

   (2) 由曲线 $y^2 = x$ 与 $x - y - 2 = 0$ 围成的图形；

   (3) 由曲线 $y = \ln x, y = \ln 2, y = \ln 7, x = 0$ 围成的图形；

   (4) 由曲线 $y = x^2, y = 4x, x = 1$，且 $x \in [0,1]$ 围成的图形；

   (5) 由曲线 $y^2 = x, x^2 + y^2 = 2$ 围成的(小的这一块) 图形.

2. 求由抛物线 $y = x^2$ 上点 $P(2,4)$ 处的切线与抛物线 $y = -x^2 + 4x + 1$ 围成的图形的面积.

3. 求旋转体体积：

(1) 求由曲线 $y=\sqrt{x},x=4,y=0$ 围成的图形绕 x 轴旋转的旋转体体积；

(2) 求由曲线 $y=\dfrac{x^2}{4},x=0,y=1$ 围成的图形绕 y 轴旋转的旋转体体积；

(3) 求由曲线 $y=\dfrac{x^2}{10},y=\dfrac{x^2}{10}+1,y=10$ 围成的图形绕 y 轴旋转的旋转体体积；

(4) 求由曲线 $y=x^2,y^2=8x$ 围成的图形分别绕 x 轴和 y 轴旋转的旋转体体积.

4. 已知生产某产品的固定成本为 3 万元，边际成本 $C'(x)=x^2-4.5x+8$，边际收益为 $R'(x)=20-x$（单位：万元 / 吨），试求总成本、总收益、总利润函数.

5. 某产品的固定成本为 1 万元，边际成本为 $C'(Q)=4+\dfrac{Q}{4}$，边际收益为 $R'(Q)=8-Q$（万元 / 百台）.

求：(1) 产量由 1 百台增加到 5 百台时，总成本与总收益各增加多少？

(2) 产量为多少时总利润最大？

(3) 求利润最大时的总利润、总成本和总收益.

6. 计算函数 $y=x\sin x$ 在 $\left[0,\dfrac{\pi}{2}\right]$ 上的平均值.

本章小结

本章积分包含了不定积分与定积分这两部分内容. 读者要注意：不定积分是对于给定的函数 $f(x)$，寻找可导函数 $F(x)$，使得 $F'(x)=f(x)$. 定积分是有界函数 $f(x)$ 在区间 $[a,b]$ 上，通过细分、近似、作和、取极限四个步骤后的一种特殊形式的极限. 两者是完全不同的两个概念，但有着相似的运算性质，两者通过牛顿－莱布尼兹公式建立了联系. 从而使一元函数的微分学与积分学构成一个统一的整体.

主要内容：

1. 定积分概念是微积分的基本概念之一，它本质上是一种特殊形式的极限，利用定积分的几何意义可以更直观地理解定积分.

2. 原函数和不定积分的概念，基本积分公式.

3. 微积分基本定理，该定理将不定积分与定积分联系在了一起. 即

$$\int_a^b f(x)\mathrm{d}x=\left[\int f(x)\mathrm{d}x\right]_a^b.$$

4. 积分的性质分有不定积分的性质与定积分的性质两部分组成.

5. 积分方法主要有：直接积分法、换元积分法、分部积分法. 其中不定积分的换元积分法分为第一类换元积分法（凑微分法）与第二类换元积分法；定积分的换元积分法要强调的是换元必须换限.

6. 对两类广义积分 —— 无穷限积分和无界函数积分的理解程度取决于对定积分概念的掌握程度，而广义积分的计算只是定积分运算与极限运算的结合.

7. 利用定积分解决实际问题时，应做好两个阶段操作，首先是将实际问题数学模型化，这就要求正确地建立坐标系，合理地设立各变量，其次是正确地写出有关量的微元，并确定上、下限.

综合训练五

1. 已知函数 $y=f(x)$ 的导数等于 $x+2$，且 $x=2$ 时，$y=5$，求这个函数.

2. 已知曲线过点(1,2)，且每一点处的切线斜率为 $k=1-\dfrac{1}{x}$，求此曲线的方程.

3. 求下列函数的导数：

(1) $\dfrac{\mathrm{d}}{\mathrm{d}x}\left[\int_0^{x^2}\ln(1+t^2)\mathrm{d}t\right]$；　　(2) $\dfrac{\mathrm{d}}{\mathrm{d}x}\left[\int_x^{x^2}\dfrac{1}{\sqrt{1+t^2}}\mathrm{d}t\right]$.

4. 求 $\lim\limits_{x\to0}\dfrac{\int_0^x\sin t^2\,\mathrm{d}t}{x^3}$.

5. 求下列积分：

(1) $\int\dfrac{1+x^2-2\sqrt{x}}{x\sqrt{x}}\mathrm{d}x$；　　(2) $\int x\,(x+2)^{100}\,\mathrm{d}x$；

(3) $\int x\sqrt{2x^2+1}\,\mathrm{d}x$；　　(4) $\int\dfrac{\sqrt{1+2\ln x}}{x}\mathrm{d}x$；

(5) $\int\dfrac{1}{\sqrt{2x-3}+1}\mathrm{d}x$；　　(6) $\int\dfrac{x^2}{\sqrt{a^2-x^2}}\mathrm{d}x$；

(7) $\int_{-1}^{3}x|x|\,\mathrm{d}x$；　　(8) $\int_1^{\pi}\dfrac{1+\cos x}{x+\sin x}\mathrm{d}x$；

(9) $\int_{\frac{\pi}{6}}^{\frac{\pi}{2}}\dfrac{1+\cos^3x}{\sin^2x}\mathrm{d}x$；　　(10) $\int_1^3\dfrac{\arctan\sqrt{x}}{\sqrt{x}(1+x)}\mathrm{d}x$；

(11) $\int_1^2 x\ln\sqrt{x}\,\mathrm{d}x$；　　(12) $\int_0^a x^2\sqrt{a^2-x^2}\,\mathrm{d}x$；

(13) $\int_0^{\frac{\pi}{2}}\sin^4x\,\mathrm{d}x$；　　(14) $\int_{-\pi}^{\pi}x^4\sin x\,\mathrm{d}x$.

6. 已知函数 $f(x)$ 的原函数是 $\dfrac{\cos x}{x}$，求 $\int xf'(x)\mathrm{d}x$.

7. 计算下列广义积分：

(1) $\int_0^{+\infty}x^3\mathrm{e}^{-x^2}\,\mathrm{d}x$；　　(2) $\int_a^b\dfrac{\mathrm{d}x}{(x-a)^k}(0<k<1)$.

8. 求下列平面图形的面积：

(1) 曲线 $y=x^2$，$y=2-x^2$ 所围成的图形；

(2) 曲线 $y=x^3-3x+2$ 在 x 轴上介于两极点间的曲边梯形.

9. 求圆盘 $x^2+(y-5)^2\leqslant16$ 分别绕 x 轴和 y 轴旋转一周所成的旋转体的体积.

第六章　微分方程

[引例六(水库调洪的风险分析)]

大中型水库作为拦洪蓄水和调节水流的水利工程建筑物，在设计阶段需要进行泄洪的风险分析。在汛期，入库洪水量和出库泄洪量都是时间的函数，随时间变化。因此，可以根据平均洪水量及最大洪水量，建立微分方程模型。在水库设计阶段，可以通过求解结果来决定泄洪孔的个数和大小；在汛期，可以利用求解结果，科学决策、合理调洪，以避免漫堤造成风险。

上述问题的求解，需要建立水库水量变化率和水库蓄水量之间的等式，其本质是一个未知量的导数和该未知量之间的关系式。不同于中学阶段的代数方程、三角方程，微分方程是描述未知函数的导数与自变量之间的关系的方程，解这类方程要用到微积分的知识。

微分方程最早起源于 1676 年数学家贝努利(Jocob Bernoulli，1654－1705)在致牛顿的信中首次提出，并在 18 世纪中期正式成为一门独立的学科，并迅速成为人们探索现实世界的强有力的工具。在建筑工程中，微分方程可用于力学分析；气象学中，微分方程用于气象预测；社会工作者使用微分方程进行人口预测；在经济学中微分方程大有用武之地，哈佛商学院教授默顿(Robert Merton)和斯坦福大学教授斯克尔斯(Myron Scholes)因创立的期权定价模型广泛用于衍生金融工具的合理定价而获得 1997 年诺贝尔经济学奖，而该模型本质就是一个微分方程，两位学者因提出该微分方程并得到了其解析解而获此殊荣.

§6-1　微分方程基本概念

一、微分方程实例

例 1　已知一曲线在其上任一点 $M(x,y)$ 处的切线的斜率为 $\frac{1}{x}$，且该曲线通过点(1,3)，试求该曲线的方程.

解　设所求曲线方程为 $y=f(x)$，由导数的几何意义知 $y=f(x)$ 满足

$$\frac{\mathrm{d}y}{\mathrm{d}x}=\frac{1}{x}，即\ \mathrm{d}y=\frac{1}{x}\mathrm{d}x， \tag{1}$$

两边同时积分得

$$y=\int\frac{1}{x}\mathrm{d}x=\ln|x|+C\quad(C\ 为任意常数)， \tag{2}$$

又因为曲线过(1,3)，即初始条件 $x=1$ 时 $y=3$，记为 $y|_{x=1}=3$，故

$$3=\ln1+C，即\ C=3，$$

将 $C=3$ 代入(2) 得 $y=\ln|x|+3$，　　(3)

即为所求曲线方程。此时，称所求方程为满足初始条件 $y|_{x=1}=3$ 的特解.

例 2　小轿车以 25m/s(等于 90km/h)的速度行驶，因前方发现紧急情况司机立即踩刹车制动，获得的制动加速度平均值为 $-5\mathrm{m/s^2}$，试求：

(1) 该车的制动时间，即踩刹车制动后多久停下；

(2) 该车的制动距离,即踩刹车制动后行驶多远停下.

解 制动发生时,小车的运动路程是时间的函数,设为 $y=s(t)$,由导数的物理意义知,路程的一阶导数是速度,二阶导数是加速度,因此 $y=s(t)$满足

$$y''=\frac{d^2s(t)}{dt^2}=-5, \tag{4}$$

根据题意,$s(t)$还满足条件:$t=0$ 时 $s=0$ 和 $t=0$ 时 $v=25$;或简记为 $s|_{t=0}=0$ 和 $s'|_{t=0}=25$. (5)

将(4) 式积分一次得

$$v=\frac{ds(t)}{dt}=-5t+C_1, \tag{6}$$

再积分一次得

$$s=-2.5t^2+C_1t+C_2. \tag{7}$$

根据条件(5) ,代入(6) 和(7) 解得

$$C_1=25,$$
$$C_2=0.$$

将 C_1 和 C_2 代入(6) (7) 得到小车制动后的速度和路程公式

$$v(t)=-5t+25, \tag{8}$$

$$s(t)=-2.5t^2+25t. \tag{9}$$

小车停止运动时,在(8) 中令 $v=-5t+25=0$,解得制动时间 $t=5(s)$;在(9) 式中代入 $t=5$,计算得到制动距离 $s(5)=-2.5\times5^2+25\times5=62.5(m)$.

上述两个问题的背景各不相同,但它们的相同点是含有导数的方程,如(1) (4) 两式所示,这种类型问题的特点就是,已知未知函数的导数或微分所满足的方程,求解该未知函数,这就是微分方程要解决的根本问题。

二、相关概念

定义 6.1 **微分方程**是指含有未知函数、未知函数的导数与自变量之间关系的方程,通常可以表示为 $F(x,y,y',\dots,y^{(n)})=0$ 的形式.

微分方程的**阶**是指方程中导数的最高阶数是**二阶微分方程**,如 $y''-3y'+y=0$.

微分方程中的自变量只有一个称为**常微分方程**(ODE),自变量有两个及以上的是**偏微分方程(PDE)**,本章研究的微分方程都是常微分方程.

例如:

$\frac{dy}{dx}=\frac{1}{x}$是一阶常微分方程.

$y''=-5$ 是二阶常微分方程.

$y''+3y'+2y=e^x$ 也是二阶常微分方程.

微分方程 $F(x,y,y',\dots,y^{(n)})=0$ 的解是指找到一个函数代入微分方程,使得方程成为恒等式. 在前面的例子中,(2) (3) 两式都是(1) 的解,(7) (9) 两式都是(4) 的解.

注意到上述解中,(2) (7) 含有任意常数,(3) (9) 不含有任意常数.

微分方程的**通解**是指求得的解中含有任意常数,且独立的任意常数的个数和微分方程的阶数一样. 在前面的例子中,(2) 是(1) 的通解,(7) 是(4) 的通解.

此处,独立的任意常数是指几个任意常数间没有关联. 例如,$y=C_1\sin x+C_2\sin x$ 形式上有

两个常数 C_1 和 C_2，但事实上可以合并为一个常数 $C=C_1+C_2$，故 $y=C_1\sin x+C_2\sin x$ 本质只含一个任意常数. 而 $y=C_1\sin x+C_2\cos x$ 含有两个独立的任意常数.

微分方程的**特解**是指求得的解中不含任意常数. 在前面的例子中，(3) 是(1) 的特解，(9) 是(4) 的特解.

为了确定微分方程通解中的任意常数而附加的条件称为微分方程的**初始条件**. 求解微分方程满足初始条件的解的问题称为**初值问题**.

一阶微分方程的初值问题一般表示为 $\begin{cases}y'=f(x,y)\\ y(x_0)=y_0\end{cases}$（其中 x_0,y_0 为已知数）

二阶微分方程的初值问题一般表示为$\begin{cases}y''=f(x,y,y')\\ y(x_0)=y_0\\ y'(x_0)=y_1\end{cases}$（其中 x_0,y_0,y_1 为已知数）.

例 3 已知二阶微分方程 $y''-3y'+2y=0$，验证：(1) $y=e^x$；(2) $y=e^{2x}$；(3) $y=C_1e^x+C_2e^{2x}$（C_1,C_2 为任意常数）都是该微分方程的解，且(3) 为通解.

解 (1) 由 $y=e^x$ 得，$y'=e^x$，$y''=e^x$，将其代入微分方程得

$y''-3y'+2y=e^x-3e^x+2e^x=0$.

(2) 由 $y=e^{2x}$得，$y'=2e^{2x}$，$y''=4e^{2x}$，将其代入微分方程得

$$y''-3y'+2y=4e^{2x}-3\times2e^{2x}+2e^{2x}=0.$$

(3) 由 $y=C_1e^x+C_2e^{2x}$得，$y'=C_1e^x+2C_2e^{2x}$，$y''=C_1e^x+4C_2e^{2x}$，将其代入微分方程得

$$y''-3y'+2y=C_1e^x+4C_2e^{2x}-3(C_1e^x+2C_2e^{2x})+2(C_1e^x+C_2e^{2x})=0.$$

因此，(1) $y=e^x$；(2) $y=e^{2x}$；(3) $y=C_1e^x+C_2e^{2x}$都是 $y''-3y'+2y=0$ 的解；且(3) 中含有任意常数，故是微分方程的通解.

例 4 已知微分方程$\frac{d^2x}{dt^2}+k^2x=0$：

(1) 验证 $x=C_1\cos kt+C_2\sin kt(k\neq0)$是其通解；

(2) 求满足初始条件 $x|_{t=0}=3$，$x'|_{t=0}=0$ 的特解.

解 (1) 由 $x=C_1\cos kt+C_2\sin kt$ 知

$\frac{dx}{dt}=-kC_1\sin kt+kC_2\cos kt$，

$\frac{d^2x}{dt^2}=-k^2C_1\cos kt-k^2C_2\sin kt=-k^2(C_1\cos kt+C_2\sin kt)$，

代入微分方程得

$-k^2(C_1\cos kt+C_2\sin kt)+k^2(C_1\cos kt+C_2\sin kt)=0$.

又因为 $x=C_1\cos kt+C_2\sin kt(k\neq0)$含有任意常数，因此它是微分方程$\frac{d^2x}{dt^2}+k^2x=0$ 的通解.

(2) 首先由 $x|_{t=0}=3$ 及通解 $x=C_1\cos kt+C_2\sin kt$ 得

$$3=C_1\cos0+C_2\sin0=C_1,$$

其次由 $x'|_{t=0}=0$ 及 $x'=-kC_1\sin kt+kC_2\cos kt$ 得

$$0=0+kC_2\cos0\text{ ，所以 }C_2=0,$$

将 $C_1=3$，$C_2=0$ 代入 $x=C_1\cos kt+C_2\sin kt$ 得到微分方程的特解为

$$x=3\cos kt\ .$$

求解微分方程解的过程叫做解微分方程. 解微分方程一般首先得到通解，再根据初始条件确定出通解中的任意常数，进而得到特解.

习题 6-1

1. 指出下列方程中哪些是微分方程，哪些不是：

(1) $y''-5y'+6y=0$； (2) $y^2-5y+6=0$；

(3) $\mathrm{d}y=\sin t\mathrm{d}t$ ； (4) $\sin t+1=0$；

(5) $\frac{\mathrm{d}^2y}{\mathrm{d}x^2}=x^2+1$ ； (6) $xy''+2y''-x^2y=0$.

2. 指出下列常微分方程的阶数：

(1) $y''+2y'-y=\mathrm{e}^x$； (2) $y'''+2y''+xy=0$；

(3) $x(y')^2-2yy'+x=0$； (4) $L\frac{\mathrm{d}^2Q}{\mathrm{d}t^2}+R\frac{\mathrm{d}Q}{\mathrm{d}t}+\frac{Q}{C}=0$.

3. 判断微分方程的解是否为所给的函数.

(1) $xy'=2y, y=5x^2$；

(2) $y''+y=0, y=3\sin x+4\cos x$；

(3) $y''-2y'+y=0, y=x^3\mathrm{e}^x$；

(4) $y''-9y'+20y=0, y=C_1\mathrm{e}^{4x}+C_2\mathrm{e}^{5x}$.

4. 解下列微分方程：

(1) $\frac{\mathrm{d}y}{\mathrm{d}x}=\frac{1}{x^2}$； (2) $y''=\mathrm{e}^x$；

(3) $\frac{\mathrm{d}y}{\mathrm{d}x}=\ln x$； (4) $y''=\sin(2x)$.

5. 已知曲线上任一点 $M(x,y)$处的切线的斜率为 $4x^3$，求该曲线的方程；如果曲线还过点(1,2)，那么曲线方程为何？

6. 某大型货车以 21m/s 的速度行驶，因紧急情况司机立即踩刹车制动，制动加速度为 $-3\mathrm{m/s^2}$，试求：该车的制动时间和制动距离.

§6-2　一阶微分方程

一、可分离变量型微分方程

定义 6.2　如果一阶微分方程可以写成$\frac{\mathrm{d}y}{\mathrm{d}x}=f(x).g(y)$的形式，就称该微分方程为**可分离变量型微分方程.** (1)

可分离变量微分方程总可以写成一端含 x 和 $\mathrm{d}x$，另一端含 y 和 $\mathrm{d}y$ 的形式，称为**变量分离.**

可分离变量型微分方程的求解步骤是：

第一步，分离变量，将方程表示为$\frac{1}{g(y)}\mathrm{d}y=f(x)\mathrm{d}x$ 形式；

第二步，两边同时积分，$\int \frac{1}{g(y)}\mathrm{d}y = \int f(x)\mathrm{d}x$，得到通解（含有任意常数 C）；

第三步，根据初始条件，确定任意常数 C 的值，得到方程的特解.

例 1 求微分方程 $y' = \frac{x^2}{y}$ 的通解.

解 方程分离变量写为 $y\mathrm{d}y = x^2\mathrm{d}x$，

两边积分 $\int y\mathrm{d}y = \int x^2\mathrm{d}x$ 得 $\frac{1}{2}y^2 = \frac{1}{3}x^3 + C_1$，

方程两边同时乘以 6 得 $3y^2 = 2x^3 + 6C_1$，因 C_1 为任意常数，故 $C = 6C_1$ 也为任意常数. 故最终方程的通解为 $3y^2 = 2x^3 + C$.

例 2 求微分方程 $\frac{\mathrm{d}y}{\mathrm{d}x} = 2xy$ 的通解.

解 方程分离变量写为 $\frac{\mathrm{d}y}{y} = 2x\mathrm{d}x$，

两边积分得 $\ln|y| = x^2 + C_1$，

也即 $y = \pm \mathrm{e}^{x^2 + C_1} = \pm \mathrm{e}^{C_1}\mathrm{e}^{x^2}$，

同理 C_1 为任意常数，则 $C = \pm \mathrm{e}^{C_1} \neq 0$ 也为任意常数. 故方程的通解为

$$y = C\mathrm{e}^{x^2}.$$

例 3 放射性元素由于不断有原子放射出粒子而变成其他元素，因此具有衰变现象，在任意时刻其衰变速度与未衰变元素的含量 N 成正比. 已知 $t=0$ 时刻铀的含量为 N_0，求衰变过程中铀含量 $N(t)$ 随时间的变化规律.

解 铀的衰变速度就是铀含量 $N = N(t)$ 对时间 t 的导数，由于其衰变速度与未衰变元素的含量成正比，据此列出微分方程

$$\frac{\mathrm{d}N}{\mathrm{d}t} = -\lambda N, \qquad (\lambda > 0 \text{ 称为衰变常数})$$

方程右边的符号表示单调减少关系. 由题意，其初始条件为

$$N|_{t=0} = N_0,$$

求解该微分方程，分离变量得

$$\frac{\mathrm{d}N}{N} = -\lambda\mathrm{d}t,$$

两边同时积分得

$$\int \frac{\mathrm{d}N}{N} = \int (-\lambda)\mathrm{d}t,$$

由于 $N > 0$，故有

$$\ln N = -\lambda t + C_1,$$

即 $N = \mathrm{e}^{-\lambda t + C_1} = \mathrm{e}^{C_1}\mathrm{e}^{-\lambda t}$.

其中 C_1 为任意常数，则 $C = \mathrm{e}^{C_1} > 0$ 也是任意常数，故 $N = C\mathrm{e}^{-\lambda t}$ 为通解.

根据初始条件 $N|_{t=0} = N_0$，有 $N_0 = C\mathrm{e}^0$，故 $C = N_0$.

因此，$N = N_0\mathrm{e}^{-\lambda t}$ 为特解，也即铀的衰变规律. 事实上，所有放射性元素的衰变规律皆类似，不同的是衰变常数 λ 不同.

二、齐次方程

定义 6.3 如果一阶微分方程可以化为

$$\frac{\mathrm{d}y}{\mathrm{d}x}=\varphi\left(\frac{y}{x}\right) \tag{2}$$

的形式，则称该方程为**齐次方程**.

例如$(xy-y^2)\mathrm{d}x-(x^2+2xy)\mathrm{d}y=0$是齐次方程，因为它可以化为

$$\frac{\mathrm{d}y}{\mathrm{d}x}=\frac{xy-y^2}{x^2+2xy}=\frac{\frac{y}{x}-\left(\frac{y}{x}\right)^2}{1+2\left(\frac{y}{x}\right)}=\varphi\left(\frac{y}{x}\right).$$

齐次方程通解的求解步骤是：

(1) 将齐次方程化为标准形式$\frac{\mathrm{d}y}{\mathrm{d}x}=\varphi\left(\frac{y}{x}\right)$后，令$\frac{y}{x}=u$，则$y=ux$，$\frac{\mathrm{d}y}{\mathrm{d}x}=u+x\frac{\mathrm{d}u}{\mathrm{d}x}$，原齐次方程转化为

$$u+x\frac{\mathrm{d}u}{\mathrm{d}x}=\varphi(u).$$

(2) 关于u的方程进行变量分离得

$$\frac{\mathrm{d}u}{\varphi(u)-u}=\frac{\mathrm{d}x}{x},$$

求解该方程.

(3) 回代变量$u=\frac{y}{x}$，进而得到原齐次方程的通解.

例 4 求齐次方程$(x^3+y^3)\mathrm{d}x-2xy^2\mathrm{d}y=0$的通解.

解 由$(x^3+y^3)\mathrm{d}x-2xy^2\mathrm{d}y=0$得

$$\frac{\mathrm{d}y}{\mathrm{d}x}=\frac{x^3+y^3}{2xy^2}=\frac{1+\left(\frac{y}{x}\right)^3}{2\left(\frac{y}{x}\right)^2}$$

令$\frac{y}{x}=u$，则$y=ux$，$\frac{\mathrm{d}y}{\mathrm{d}x}=u+x\frac{\mathrm{d}u}{\mathrm{d}x}$，原方程化为

$$u+x\frac{\mathrm{d}u}{\mathrm{d}x}=\frac{1+u^3}{2u^2},$$

分离变量为

$$\frac{2u^2}{1-u^3}\mathrm{d}u=\frac{1}{x}\mathrm{d}x,$$

两边积分 $-\frac{2}{3}\ln|1-u^3|=\ln|x|+\ln C_1$,

移项 $-\ln C_1=\ln|x|+\ln|1-u^3|^{\frac{2}{3}}$,

即 $x(1-u^3)^{\frac{2}{3}}=\frac{1}{C_1}$,

代入$\frac{y}{x}=u$，化简得

$$(x^3-y^3)^2=\left(\frac{x}{C_1}\right)^3=\frac{1}{C_1{}^3}x^3.$$

令$C=\frac{1}{C_1{}^3}$，则C为任意常数，故$(x^3-y^3)^2=Cx^3$为原方程的通解.

例 5 求齐次方程 $y'=\frac{y}{x}+\frac{x}{y}$，满足初始条件 $y|_{x=1}=1$ 的特解.

解 由齐次方程 $y'=\frac{y}{x}+\frac{x}{y}$ 知：$\frac{dy}{dx}=\frac{y}{x}+\frac{x}{y}$，

令 $\frac{y}{x}=u$，则 $y=ux$，$\frac{dy}{dx}=u+x\frac{du}{dx}$，原方程化为

$u+x\frac{du}{dx}=u+\frac{1}{u}$，

化简后分离变量得 $u\,du=\frac{1}{x}dx$，

两边积分 $\int u\,du=\int\frac{1}{x}dx$，

即 $\frac{u^2}{2}=\ln|x|+\ln C_1$，

故 $u^2=\ln(C_1x)^2$.

代入 $\frac{y}{x}=u$，化简得原方程的通解 $y^2=x^2(\ln x^2+\ln C_1{}^2)$，令 $C=\ln C_1{}^2$，则通解可写为 $y^2=x^2(\ln x^2+C)$.

根据初始条件 $y|_{x=1}=1$ 知

$$1=1(\ln 1+C)，所以\ C=1，$$

故原方程特解为 $y^2=x^2(\ln x^2+1)$.

三、一阶线性微分方程

定义 6.4 形如 $y'+P(x)y=Q(x)$ 的微分方程叫做**一阶线性微分方程**，其中 $P(x)$ 和 $Q(x)$ 皆为 x 的连续函数. (3)

当 $Q(x)=0$ 时，(3) 变成

$$y'+P(x)y=0, \tag{4}$$

称为**一阶齐次线性微分方程**；否则 $Q(x)\neq 0$，称为**一阶非齐次线性微分方程**.

对于一阶非齐次线性微分方程 $y'+P(x)y=Q(x)$，它对应的一阶齐次线性微分方程为 $y'+P(x)y=0$.

1. 一阶齐次线性微分方程 $y'+P(x)y=0$ 的通解

将 $y'+P(x)y=0$ 分离变量得

$$\frac{dy}{y}=-P(x)dx,$$

两边积分得

$$\ln|y|=-\int P(x)dx+C_1,$$

故 $$y=\pm e^{-\int P(x)dx+C_1}=\pm e^{C_1}e^{-\int P(x)dx}.$$

令 $C=\pm e^{C_1}\neq 0$，由于 $y=0$ 也是方程的解，因此一阶齐次线性微分方程的通解为

$$y=Ce^{-\int P(x)dx}\quad (C\text{ 为任意常数}) \tag{5}$$

2. 一阶非齐次线性微分方程 $y'+P(x)y=Q(x)$ 的通解

对于一阶非齐次线性微分方程 $y'+P(x)y=Q(x)$ 的通解，首先求得其对应的齐次线性微分方程 $y'+P(x)y=0$ 的通解 $y=Ce^{-\int P(x)dx}$.

然后将齐次线性微分方程通解中的常数 C,换成关于 x 的未知函数 $C(x)$,即假定非齐次线性微分方程的通解为 $y=C(x)e^{-\int P(x)dx}$. (6)

由(6) 知

$$y' = C'(x)e^{-\int P(x)dx} - C(x)P(x)e^{-\int P(x)dx}.$$

代入原非齐次方程得

$$C'(x)e^{-\int P(x)dx} - C(x)P(x)e^{-\int P(x)dx} + P(x)C(x)e^{-\int P(x)dx} = Q(x),$$

即

$$C'(x) = Q(x)e^{\int P(x)dx},$$

故 $\quad C(x) = \int [Q(x)e^{\int P(x)dx}]dx + C.$

最终非齐次线性微分方程的通解为

$$y = e^{-\int P(x)dx}[\int (Q(x)e^{\int P(x)dx})dx + C]. \tag{7}$$

上述求解非齐次线性微分方程的过程称为常数变易法,其步骤是:

(1) 求对应的齐次方程的通解 $y = Ce^{-\int P(x)dx}$;

(2) 根据齐次方程的通解,设非齐次方程的通解为 $y = C(x)e^{-\int P(x)dx}$;

(3) 将 $y = C(x)e^{-\int P(x)dx}$ 求导后代入原微分方程,求得 $C(x)$,进而得到非齐次方程的通解.

也可以直接利用公式(7) 求解一阶非齐次线性微分方程,称为公式法.

例 6 求方程 $\frac{dy}{dx}+xy=x$ 的通解.

解 该方程是一阶非齐次线性微分方程.

它对应的齐次方程 $\frac{dy}{dx}+xy=0$,先求解该齐次方程,分离变量得

$$\frac{dy}{y}=-xdx,$$

两边积分得 $\quad \ln y=-\frac{1}{2}x^2+C_1$,

故有 $\quad y=Ce^{-\frac{1}{2}x^2}$, (8)

这是齐次方程的通解. 设非齐次方程的通解为

$$y=C(x)e^{-\frac{1}{2}x^2}, \tag{9}$$

式(9) 求导得

$$\frac{dy}{dx}=C'(x)e^{-\frac{1}{2}x^2}-xC(x)e^{-\frac{1}{2}x^2}, \tag{10}$$

将(10) 式代入原微分方程得

$$C'(x)e^{-\frac{1}{2}x^2}-xC(x)e^{-\frac{1}{2}x^2}+xC(x)e^{-\frac{1}{2}x^2}=x,$$

有 $\quad C'(x)=xe^{\frac{1}{2}x^2}$,

两边积分得 $C(x) = \int xe^{\frac{1}{2}x^2}dx = e^{\frac{1}{2}x^2} + C$,

故有原始非齐次方程的通解为

$$y=(e^{\frac{1}{2}x^2}+C)e^{-\frac{1}{2}x^2}=1+Ce^{-\frac{1}{2}x^2}.$$

例 7 用公式法求方程$\frac{dy}{dx}+xy=x$ 的通解.

解 由一阶非齐次线性微分方程的标准型$\frac{dy}{dx}+P(x)y=Q(x)$知

$$P(x)=x;Q(x)=x,$$

由公式(7) $y=e^{-\int P(x)dx}[\int(Q(x)e^{\int P(x)dx})dx+C]$ 得

$$y=e^{-\int xdx}[\int(xe^{\int xdx})dx+C]=e^{-\frac{1}{2}x^2}[\int xe^{\frac{1}{2}x^2}dx+C]$$

$$=e^{-\frac{1}{2}x^2}(e^{\frac{1}{2}x^2}+C)=1+Ce^{-\frac{1}{2}x^2}.$$

例 8 求方程$\frac{dy}{dx}+\frac{y}{x}=\frac{\sin x}{x}$,$y|_{x=\pi}=2$ 的特解.

解 由公式法知方程的通解为

$y=e^{-\int P(x)dx}[\int(Q(x)e^{\int P(x)dx})dx+C]$

$=e^{-\int\frac{1}{x}dx}\left(\int\frac{\sin x}{x}e^{\int\frac{1}{x}dx}dx+C\right)$

$=\frac{1}{x}\left(\int\frac{\sin x}{x}x\,dx+C\right)$

$=\frac{1}{x}(-\cos x+C)$,

将初始条件 $y|_{x=\pi}=2$ 代入通解得

$2=\frac{1}{\pi}(1+C)$,

所以 $C=2\pi-1$.

因此方程的特解为 $y=\frac{1}{x}(-\cos x+2\pi-1)$.

综上所述,一阶微分方程的类型及其解法总结如下:

方程类型	标准形式	求解方法
变量分离型	$\frac{dy}{dx}=f(x).g(y)$	先分离变量,再两边积分
齐次微分方程	$\frac{dy}{dx}=\varphi\left(\frac{y}{x}\right)$	令$\frac{y}{x}=u$,则$\frac{dy}{dx}=u+x\frac{du}{dx}$,原齐次方程转化为$u+x\frac{du}{dx}=\varphi(u)$,然后分离变量求解,最后进行变量回代得到原方程的解

方程类型	标准形式	求解方法
一阶齐次线性微分方程	$y'+P(x)y=0$	分离变量后积分求解，解的公式 $y=Ce^{-\int P(x)dx}$
一阶非齐次线性微分方程	$y'+P(x)y=Q(x)$	在对应齐次方程基础上，利用常数变易思想求解，解的公式 $y=e^{-\int P(x)dx}[\int(Q(x)e^{\int P(x)dx})dx+C]$

习题 6－2

1. 用分离变量的方法求解下列微分方程的通解或特解：

(1) $\frac{dy}{dx}=\frac{y^2+1}{2x}$；　(2) $\frac{dy}{dx}=y(y+2)$；

(3) $\frac{dy}{dx}=3x^2y,y(1)=1$；　(4) $(e^{x+y}-e^x)dx+(e^{x+y}+e^y)dy=0$.

2. 求齐次方程的通解或特解：

(1) $\frac{dy}{dx}=\frac{x-y}{x+y}$；　(2) $x\frac{dy}{dx}-y=\sqrt{x^2-y^2}$；

(3) $y'=\frac{y}{x}+\tan\left(\frac{y}{x}\right),y|_{x=2}=\pi$；　(4) $\frac{dy}{dx}=\frac{y}{x}(\ln y-\ln x+1)$.

3. 求一阶线性微分方程的通解或特解：

(1) $y'+y\tan x=\sin x$；　(2) $3\frac{dy}{dx}+y=e^x$；

(3) $\frac{dy}{dx}-\frac{2y}{x+1}=(x+1)^{\frac{3}{2}}$；　(4) $\frac{dy}{dx}=\frac{1}{x+y}$；

(5) $\frac{dy}{dx}+2y=3,y(0)=1$；　(6) $\frac{dy}{dx}+\frac{y}{x}=\frac{\sin x}{x},y(\pi)=0$.

4. 放射性元素的数量减半时所需要的时间称为半衰期。已知放射性元素钴 60 的半衰期为 5.3 年，求其衰变常数 λ 和 10 年后其放射性强度衰变到初始强度的百分比.

§6－3　二阶线性微分方程

一、二阶线性微分方程相关概念

定义 6.5　形如

$$y''+py'+qy=f(x) \tag{1}$$

的方程称为**二阶常系数线性微分方程**.其中 p,q 均为常数，$f(x)$为已知的连续函数.

如果 $f(x)=0$，那么方程式 (1) 变成

$$y''+py'+qy=0. \tag{2}$$

方程(2) 称为**二阶常系数齐次线性微分方程**，把方程式(1) 叫做**二阶常系数非齐次线性微分方程**($f(x)\neq 0$).

另外，如果二阶常系数线性微分方程 $y''+py'+qy=f(x)$中常数 p,q 是关于 x 的函数，即方程变成 $y''+p(x)y'+q(x)y=f(x)$形式，称为**二阶线性微分方程**.本节的讨论仅限于二阶常

系数线性微分方程.

二、二阶常系数齐次线性微分方程解的结构

两个函数 $f(x),g(x)$ 线性相关,是指 $\dfrac{f(x)}{g(x)}$ 是一个非零常数,否则称为**线性无关**.

定理 6.1(解的叠加原理) 如果函数 y_1 与 y_2 是方程(2) $y''+py'+qy=0$ 的两个解,且 y_1 与 y_2 线性无关,那么 $y=C_1y_1+C_2y_2$ 是方程(2)的通解,其中 C_1,C_2 是任意常数.

证明 因为 y_1 与 y_2 是方程 $y''+py'+qy=0$ 的解,故有

$$y_1''+py_1'+qy_1=0,$$
$$y_2''+py_2'+qy_2=0.$$

将 $y=C_1y_1+C_2y_2$ 代入方程(2)的左边得

$$\begin{aligned}&(C_1y_1''+C_2y_2'')+p(C_1y_1'+C_2y_2')+q(C_1y_1+C_2y_2)\\&=C_1(y_1''+py_1'+qy_1)+C_2(y_2''+py_2'+qy_2)=0,\end{aligned}$$

所以 $y=C_1y_1+C_2y_2$ 是方程(2)的解,且是通解.

定理 6.1 说明齐次线性方程的解具有叠加性,叠加起来的解从形式看含有 C_1,C_2 两个任意常数,但它不一定是方程式(2)的通解;只有 y_1 与 y_2 线性无关时,$y=C_1y_1+C_2y_2$ 才是方程(2)的通解.

三、二阶常系数齐次微分方程的解法

指数函数 $y=e^{rx}$(r 为常数)和它的各阶导数都只差一个常数因子,根据指数函数的这个特征,猜测用 $y=e^{rx}$ 来试着看能否选取适当的常数 r,使 $y=e^{rx}$ 满足方程 $y''+py'+qy=0$.

对 $y=e^{rx}$ 求导得

$$y'=re^{rx},y''=r^2e^{rx},$$

把 y,y',y'' 代入方程 $y''+py'+qy=0$,得

$$r^2e^{rx}+pre^{rx}+qe^{rx}=(r^2+pr+q)e^{rx}=0.$$

因为 $e^{rx}>0$,所以只有 $r^2+pr+q=0$. (3)

只需求得满足方程式(3)的 r,那么 $y=e^{rx}$ 就是原微分方程的解.

方程式 $r^2+pr+q=0$ 叫做微分方程 $y''+py'+qy=0$ 的**特征方程**,特征方程是一个代数方程,其中 r^2,r 的系数及常数项恰好依次是 $y''+py'+qy=0$ 中对应于 y'',y',y 的系数.

特征方程 $r^2+pr+q=0$ 的根有下列三种不同的情形:

(1) 当 $\Delta=p^2-4q>0$ 时,$r_1=\dfrac{-p+\sqrt{p^2-4q}}{2}$,$r_2=\dfrac{-p-\sqrt{p^2-4q}}{2}$ 是两个不相等的实根.

$y_1=e^{r_1x},y_2=e^{r_2x}$ 是 $y''+py'+qy=0$ 的解,并且 $\dfrac{y_1}{y_2}=e^{(r_1-r_2)x}\neq$ 常数,即 y_1 与 y_2 线性无关. 根据定理 6.1,得 $y''+py'+qy=0$ 的通解为 $y=C_1e^{r_1x}+C_2e^{r_2x}$.

(2) 当 $\Delta=p^2-4q=0$ 时,$r=r_1=r_2=-\dfrac{p}{2}$ 是两个相等的实根.

此时只能得到 $y''+py'+qy=0$ 的一个特解 $y_1=e^{rx}$,还需求出另一个解 y_2,由于 $\dfrac{y_2}{y_1}\neq$ 常数,可设 $\dfrac{y_2}{y_1}=u(x)$,即 $y_2=e^{rx}u(x)$,

将其代入 $y''+py'+qy=0$，可以得到 $u(x)$ 满足：

$$u''=0.$$

因为只需一个不为常数的解，不妨取 $u=x$，可得到方程 $y''+py'+qy=0$ 的另一个解

$$y_2=xe^{rx}.$$

所以，微分方程 $y''+py'+qy=0$ 的通解为

$$y=C_1e^{rx}+C_2xe^{rx}$$

即

$$y=(C_1+C_2x)e^{rx}.$$

(3) 当 $\Delta=p^2-4q<0$ 时，特征方程 $r^2+pr+q=0$ 有一对共轭复根

$$r_1=\alpha+i\beta, r_2=\alpha-i\beta\ (\beta\neq 0)$$

容易验证

$$y_1=e^{\alpha x}\cos\beta x,$$

$$y_2=e^{\alpha x}\sin\beta x.$$

是方程 $y''+py'+qy=0$ 的解，且是线性无关的两个解，由解的叠加性知原微分方程的通解为

$$y=C_1e^{\alpha x}\cos\beta x+C_2e^{\alpha x}\sin\beta x=e^{\alpha x}(C_1\cos\beta x+C_2\sin\beta x).$$

综上所述，求二阶常系数线性齐次方程通解的步骤如下：

(1) 写出方程 $y''+py'+qy=0$ 对应的特征方程

$$r^2+pr+q=0;$$

(2) 求特征方程的两个根 r_1, r_2；

(3) 根据 r_1, r_2 的不同情形，按下表写出微分方程的通解.

特征方程 $r^2+pr+q=0$ 的两个根 r_1, r_2	方程 $y''+py'+qy=0$ 的通解
两个不相等的实根 $r_1\neq r_2(\Delta>0)$	$y=C_1e^{r_1x}+C_2e^{r_2x}$
两个相等的实根 $r=r_1=r_2(\Delta=0)$	$y=(C_1+C_2x)e^{rx}$
一对共轭复根 $r_{1,2}=\alpha\pm i\beta(\Delta<0)$	$y=e^{\alpha x}(C_1\cos\beta x+C_2\sin\beta x)$

例 1 求方程 $y''+5y'+6y=0$ 的通解.

解 所给方程的特征方程为

$$r^2+5r+6=0,$$

$$r_1=-2, r_2=-3,$$

方程的通解为 $y=C_1e^{-2x}+C_2e^{-3x}$.

例 2 求方程 $y''-4y'+4y=0$ 的通解.

解 所给方程的特征方程为

$$r^2-4r+4=0,$$

$$r_1=r_2=2,$$

因此方程的通解为 $y=C_1e^{2x}+C_2xe^{2x}=e^{2x}(C_1+C_2x)$.

例 3 求方程 $\frac{d^2S}{dt^2}+2\frac{dS}{dt}-3S=0$ 满足初始条件 $S|_{t=0}=4, S'|_{t=0}=-8$ 的特解.

解 所给方程的特征方程为

$$r^2+2r-3=0,$$

$$r_1=-3, r_2=1,$$

故方程的通解为 $S=C_1e^{-3t}+C_2e^t$.

将初始条件 $S|_{t=0}=4$ 代入，得 $C_1+C_2=4$；

将 $S'|_{t=0}=-8$ 代入，得 $-3C_1+C_2=-8$.

由此解得 $C_1=3, C_2=1$，

所求方程的特解为 $S=3e^{-3t}+e^t$.

例 4 求方程 $y''+2y'+5y=0$ 的通解.

解 所给方程的特征方程为

$$r^2+2r+5=0,$$

对应的根为 $r_1=-1+2i, r_2=-1-2i$，

所求方程的通解为 $y=e^{-x}(C_1\cos 2x+C_2\sin 2x)$.

四、二阶常系数非齐次线性微分方程的求解

定理 6.2 设 y^* 是 $y''+py'+qy=f(x)$ 的一个特解，$\bar{y}$ 是非齐次方程对应的齐次方程 $y''+py'+qy=0$ 的通解，则 $y=y^*+\bar{y}$ 是 $y''+py'+qy=f(x)$ 的通解.

定理 6.2 说明求解二阶常系数非齐次线性微分方程的通解，主要有两个步骤，第一步求非齐次方程的一个特解，第二步求齐次方程的通解. 其中第一步是关键.

对于二阶常系数非齐次线性微分方程 $y''+py'+qy=f(x)$，仅当 $f(x)$ 是某些特定形式时，通解才容易求得，以下讨论 $f(x)$ 取如下两种特定形式时微分方程(1) 的通解.

1. $f(x)=e^{\lambda x}P_m(x)$ 型的解法

$f(x)=e^{\lambda x}P_m(x)$，其中 λ 为常数，$P_m(x)$ 是关于 x 的 m 次多项式.

方程(1) 的右端 $f(x)$ 是多项式函数 $P_m(x)$ 与指数函数 $e^{\lambda x}$ 乘积的导数仍为同一类型函数，因此方程(1) 的特解可以猜想为 $y^*=Q(x)e^{\lambda x}$，其中 $Q(x)$ 是某个未知多项式函数，简记为 $Q=Q(x)$.

将 $y^*=Qe^{\lambda x}$，

$(y^*)'=[\lambda Q+Q']e^{\lambda x}$，

$(y^*)''=[\lambda^2Q+2\lambda Q'+Q'']e^{\lambda x}$，

代入方程(1) 并化简及消去 $e^{\lambda x}$ 得

$$Q''+(2\lambda+p)Q'+(\lambda^2+p\lambda+q)Q=P_m(x). \tag{4}$$

下面分三种不同情形，分别讨论函数 $Q(x)$ 的最高次数的确定：

(1) 若 λ 不是方程(2) 的特征方程 $r^2+pr+q=0$ 的根，即 $\lambda^2+p\lambda+q\neq 0$，要使式(4) 的两端恒等，$Q(x)$ 必为一个 m 次多项式 $Q_m(x)$：

$$Q_m(x)=b_0+b_1x+b_2x^2+\cdots+b_mx^m,$$

代入(4) 式，并比较两端关于 x 同次幂的系数，就可以列出方程组确定出系数 $b_i(i=0,1,\cdots,m)$. 从而得到所求方程的特解为

$$y^*=Q_m(x)e^{\lambda x}.$$

(2) 若 λ 是特征方程 $r^2+pr+q=0$ 的单根，即 $\lambda^2+p\lambda+q=0$，$2\lambda+p\neq 0$，要使式(4) 成立，则 $Q'(x)$ 必须是 m 次多项式函数，于是可以令

$$Q(x)=xQ_m(x),$$

用同样的方法来确定 $Q_m(x)$ 的系数 $b_i(i=0,1,\cdots,m)$.

(3) 若 λ 是特征方程 $r^2+pr+q=0$ 的重根，即 $\lambda^2+p\lambda+q=0$，$2\lambda+p=0$，要使(4) 式成立，则 $Q''(x)$必须是一个 m 次多项式，于是可以令

$$Q(x)=x^2Q_m(x),$$

用同样的方法来确定 $Q_m(x)$的系数.

综上所述，若方程式(1) 右端的 $f(x)=P_m(x)e^{\lambda x}$，则式(1) 的特解为

$$y^*=x^kQ_m(x)e^{\lambda x}, k=\begin{cases}0,\lambda \text{ 不是特征根}, \\ 1,\lambda \text{ 是特征单根}, \\ 2,\lambda \text{ 是特征重根}.\end{cases}$$

例 5 求方程 $y''-4y'+3y=x$ 的一个特解.

解 对应齐次方程 $y''-4y'+3y=0$ 的特征方程为 $r^2-4r+3=0$，其特征根为 $r_1=1, r_2=3$.

而 $f(x)=x, \lambda=0$ 不是特征根，故特解也是一次多项式.

设特解 $y^*=ax+b$，

则 $(y^*)'=a, (y^*)''=0$，

代入原微分方程整理得 $3ax+(3b-4a)=x$，

比较系数得 $\begin{cases}3a=1, \\ 3b-4a=0,\end{cases}$ 解得 $\begin{cases}a=\dfrac{1}{3}, \\ b=\dfrac{4}{9}.\end{cases}$

所以非齐次方程 $y''-4y'+3y=x$ 的一个特解为 $y^*=\dfrac{1}{3}x+\dfrac{4}{9}$.

例 6 求方程 $y''+2y'=3e^{-2x}$的一个特解.

解 $f(x)$是 $P_m(x)e^{\lambda x}$ 型，且 $P_m(x)=3, \lambda=-2$，

对应齐次方程的特征方程为 $r^2+2r=0$，特征根为 $r_1=0, r_2=-2$.

故 $\lambda=-2$ 是特征方程的单根，令 $Q(x)=ax$，

$y^*=axe^{-2x}$，代入原方程解得

$$a=-\frac{3}{2},$$

故所求方程的特解为 $y^*=-\dfrac{3}{2}xe^{-2x}$.

例 7 求方程 $y''-2y'+y=(x+1)e^x$ 的通解.

解 先求对应齐次方程 $y''-2y'+y=0$ 的通解.

特征方程为 $r^2-2r+1=0$，$r_1=r_2=1$

齐次方程的通解为 $\bar{y}=(C_1+C_2x)e^x$.

再求所给方程的特解，由 $f(x)=(x+1)e^x$ 知

$$\lambda=1, P_m(x)=x+1.$$

由于 $\lambda=1$ 是特征方程的二重根，故设方程的特解为

$$y^*=x^2(ax+b)e^x,$$

求导后代入所给方程，并约去 e^x 得

$$6ax+2b=x+1.$$

两边比较系数得

$$a=\frac{1}{6}, b=\frac{1}{2},$$

于是特解 $$y^*=x^2\left(\frac{x}{6}+\frac{1}{2}\right)e^x,$$

所以原方程的通解为 $y=y^*+\bar{y}=(C_1+C_2x+\frac{1}{2}x^2+\frac{1}{6}x^3)e^x$.

2. $f(x)=P_m(x)e^{\alpha x}[A\cos\beta x+B\sin\beta x]$型的解法

当 $f(x)=P_m(x)e^{\alpha x}[A\cos\beta x+B\sin\beta x]$时(其中 A,B,β,α 均为常数),

此时方程式(1) 成为

$$y''+py'+q=P_m(x)e^{\alpha x}[A\cos\beta x+B\sin\beta x] \tag{5}$$

此种类型函数的导数仍属于同一类型,因此方程式(5) 的特解 y^* 也应属于同一类型,方程式(5) 的特解形式为

$$y^*=x^kQ_m(x)e^{\alpha x}[a\cos\beta x+b\sin\beta x],k=\begin{cases}0,\alpha\pm\beta i\text{ 不是特征根},\\1,\alpha\pm\beta i\text{ 是特征根},\end{cases}(a,b\text{ 为待定常数}).$$

例 8 求方程 $y''+2y'-3y=5\sin x$ 的一个特解.

解 因为 $f(x)=5\sin x=(5\sin x+0\cos x)e^{0x}$,

因此 $\alpha=0,\beta=1,\alpha\pm\beta i=\pm i$.

而 $\alpha\pm\beta i=\pm i$ 不是特征方程为 $r^2+2r-3=0$ 的根($r_1=-3,r_2=1$),故 $k=0$.

因此原方程的特解形式为

$$y^*=(a\cos x+b\sin x)e^{0x}=a\cos x+b\sin x,$$

于是 $$(y^*)'=-a\sin x+b\cos x,$$
$$(y^*)''=-a\cos x-b\sin x.$$

将 $y^*,(y^*)',(y^*)''$代入原方程得

$$(-4a+2b)\cos x+(-2a-4b)\sin x=5\sin x,$$

比较系数得方程组 $$\begin{cases}-4a+2b=0,\\-2a-4b=5,\end{cases}$$

解得 $$a=-\frac{1}{2},b=-1.$$

因此原方程的特解为 $y^*=-\frac{1}{2}\cos x-\sin x$.

例 9* 求方程 $y''-2y'-3y=e^{-x}+\sin x$ 的通解.

解 先求对应的齐次方程的通解 $\bar{y}$.

对应的齐次方程的特征方程为 $r^2-2r-3=0$,

根为 $r_1=-1,r_2=3$,

故齐次方程的通解 $\bar{y}=C_1e^{-x}+C_2e^{3x}$.

再求非齐次方程的一个特解 y^*.

由于 $f(x)=e^{-x}+\sin x$,此时应分别求出方程对应的右端项为 $f_1(x)=e^{-x},f_2(x)=\sin x$ 的特解 y_1^* 和 y_2^*,则 $y^*=y_1^*+y_2^*$ 是原方程的一个特解.

对于 $y''-2y'-3y=f_1(x)=e^{-x}$,求其特解,由于 $\lambda=-1$ 是特征方程的根,故对应特解为 $y_1{}^*=axe^{-x}$,求导后代入原方程比较系数得

$$y_1{}^*=-\frac{1}{4}xe^{-x}.$$

对于 $y''-2y'-3y=f_2(x)=\sin x$，求其特解，由于 $\pm i$ 不是特征方程的根，因此对应特解为 $y_2{}^*=b_1\cos x+b_2\sin x$，求导后代入原方程比较系数得

$$y_2{}^*=\frac{1}{10}\cos x-\frac{1}{5}\sin x,$$

于是所给方程的一个特解为

$$y^*=y_1{}^*+y_2{}^*=-\frac{1}{4}xe^{-x}+\frac{1}{10}\cos x-\frac{1}{5}\sin x,$$

所以所求方程的通解为

$$y=y^*+\bar{y}=-\frac{1}{4}xe^{-x}+\frac{1}{10}\cos x-\frac{1}{5}\sin x+C_1e^{-x}+C_2e^{3x}.$$

习题 6-3

1. 求二阶常系数齐次线性微分方程的通解：

(1) $y''-7y'+12y=0$；　(2) $y''-y'-12y=0$；

(3) $y''-10y'+25y=0$；　(4) $y''+5y'=0$；

(5) $y''+y'+2y=0$；　(6) $y''+2y'+3y=0$.

2. 求微分方程满足初值条件的特解：

(1) $4y''+4y'+y=0, y|_{x=0}=1, y'|_{x=0}=3$；

(2) $y''-5y'+4y=0, y|_{x=0}=5, y'|_{x=0}=2$；

(3) $y''+4y'+5y=0, y(0)=2, y'(0)=0$；

(4) $\frac{d^2S}{dt^2}+3\frac{dS}{dt}+2S=0, S(0)=1, S'(0)=5$.

3. 求微分方程的一个特解：

(1) $y''-2y'-15y=x+1$；　(2) $y''-2y'-15y=(x+1)e^{5x}$；

(3) $y''+2y'+y=xe^{-x}$；　(4) $y''+4y'=\sin 2x$.

4. 求微分方程的通解：

(1) $y''+y'=\cos x$；　(2) $y''+3y'-10y=xe^{2x}$；

(3) $y''+8y'+16y=e^{-4x}$；　(4) $y''-2y'-3y=e^{-x}+\cos x$.

§6-4　微分方程的应用举例

微分方程理论一经建立，立刻展现出强大的生命力，在自然科学及社会科学各个领域得到广泛应用，现举例说明。

1.（牛顿冷却定律）在确定物理条件（如与环境的接触面积、空气对流等）下，物体温度的变化率与温差（即物体温度和环境温度的差值）成正比，此即**牛顿冷却定律**. 现有一杯90℃的开水置于敞口杯内，放在20℃的室内冷却（室内通风条件良好），15min 后其温度降为60℃，求(1)该杯水的温度变化规律；(2) 30min 后水的温度.

解　(1) 设水的温度为 $T=T(t)$，由题意知 $T(0)=90, T(15)=60$.

根据牛顿冷却定律知

$$\frac{dT}{dt}=-k(T-20)\quad (k>0\ 为未知常数)$$

其中负号表示水的温度是降低的(因为其初始温度高于环境温度).

分离变量得

$$\frac{\mathrm{d}T}{T-20}=-k\mathrm{d}t,$$

积分得 $T=20+C\mathrm{e}^{-kt}$.

由初始条件 $T(0)=90$ 知 $90=20+C, C=70$,

因此 $T=20+70\mathrm{e}^{-kt}$.

因为 $k>0$ 未知,k 和空气对流、与环境接触接触面积有关,因此需要条件 $T(15)=60$ 来确定,即 $60=20+70\mathrm{e}^{-k15}$,解得 $k=\dfrac{\ln\left(\frac{7}{4}\right)}{15}\approx 0.0373$.

故得 $T(t)=20+70\mathrm{e}^{-0.0373t}$.

(2) 30min 后水的温度,即 $T(30)=20+70\mathrm{e}^{-0.0373\times 30}=42.9(℃)$.

2. (水库泄洪问题)有一中型水库设计总库容 1000 万立方米,保护农田 30 万亩,目前水库实际蓄水 600 万立方米. 现预计一场强降雨导致的洪水即将来临,持续时间 10 小时. 水库开启全部泄洪孔泄洪,最大泄洪量 20(万立方米/小时). 同时根据历史水文规律得知,洪水期间水库的进水量由于前期植被吸收一部分水、后期降水减弱,其变化率为时间的函数 $-3(t-5)^2+80$(万立方米/小时),问该场降雨导致的洪水有无漫堤风险?

解 水库的蓄水量是时间的函数,设为 $Q=Q(t)$.

由题意知初始时刻 $Q(0)=600$,汛期一部分水流入水库,同时开闸泄洪一部分水流出水库,因此蓄水量的变化率为

$$\frac{\mathrm{d}Q}{\mathrm{d}t}=-3(t-5)^2+80-20,$$

化简后积分得 $Q=-t^3+15t^2-15t+C$.

又因为 $Q(0)=600$,故 $C=600$.

即 $Q(t)=-t^3+15t^2-15t+600$.

10 小时后,$Q(10)=950$,因为 950 小于设计最大库容 1000 万立方米,因此该场降雨不会导致漫堤风险.

3. (C14 测年法)生物体在活着的时候会因呼吸、进食等不断从外界摄入 C14,最终体内 C14 与 C12 的比值会达到一个恒定的常数值;当生物体死亡时,C14 的摄入停止,之后因遗体中 C14 的衰变(C14 的衰变规律是每年减少$\frac{1}{8000}$) C12 不衰变,从而使 C14 与 C12 的比值发生变化,通过测定这一变化后的比值就可以测定该生物的死亡年代,此即考古学上的 C14 测年法. 已知考古学家在某处洞穴发现具有古人类特征的人骨碎片,对其做 C14 测定,分析表明该人骨碎片中 C14 与 C12 的比值仅仅是活体组织内的 6.24%,试断定此人生活在多少年前.

解 设 $y(t)=\dfrac{x_{C14}(t)}{x_{C12}}$是 C14 与 C12 的比值,则 $y_0=y(0)=\dfrac{x_{C14}(0)}{x_{C12}}$是活体生物中两者的比例,是一个常数.

由于生物体死后 C14 的衰变

$$\frac{\mathrm{d}x_{C14}(t)}{\mathrm{d}t}=-\frac{1}{8000}x_{C14}(t),$$

而 C12 维持不变,因此

$$\frac{\mathrm{d}y(t)}{\mathrm{d}t}=-\frac{1}{8000}y(t).$$

分离变量积分得　　$y(t)=C\mathrm{e}^{-\frac{1}{8000}t}$.

由初始条件易知 $C=y_0$，故 $y(t)=y_0\mathrm{e}^{-\frac{1}{8000}t}$.

则当 $y(t)=0.0624y_0$ 时，$0.0624y_0=y_0\mathrm{e}^{-\frac{1}{8000}t}$

两边同取自然对数解得 $t=22194$(年)≈ 2.2(万年).

即此人生活在约 2.2 万年前.

4. (logistic 人口增长模型) 自然界的人口不可能无限增长，当战争、疾病导致人口减少时，由于发展生产力的需要，人口的增长率会比较高；同时，当人口规模达到一定数量时，由于资源分配、环境压力等因素，人口的增长率会降低(由于战争和饥饿等原因)，也即人口的增长率和当前的人口规模有关系，同时自然界有一个最大的人口容纳规模，达到这个规模人口的增长率降低为 0，此即 **logistic 人口增长模型**，试建立该模型并求解之.

解　假定人口规模 $x=x(t)$.

由题意知人口增长率是人口规模的函数，故设增长率 $r=r(x)$.

在某初始时刻 $t=0$ 时，人口规模为 $x(0)=x_0$；同时自然界最大人口规模为 x_m(x_m 是常数，且任意时刻 $x(t)\leqslant x_m$)，由题意知 $r(x_m)=0$.

由上述信息可以假定增长率 $r(x)$ 是 $x(t)$ 的线性函数，且具有如下形式

$$r(x)=r_0\left[1-\frac{x(t)}{x_m}\right]\quad (r_0\text{ 是一个常数})$$

显然满足 $r(x_m)=r_0\left(1-\frac{x_m}{x_m}\right)=0$，且当人口数量 $x(t)$ 很小时，$r(x)$ 较大[因 $x(t)\leqslant x_m$，故 $r(x)$ 非负]；且 $x(t)$ 逐渐增大时，$r(x)$ 逐渐减小至 0.

因此建立 logistic 人口增长模型为 $\begin{cases}\frac{\mathrm{d}x(t)}{\mathrm{d}t}=r(x)x(t),\\ x(0)=x_0.\end{cases}$

代入 $r(x)=r_0\left[1-\frac{x(t)}{x_m}\right]$ 得

$$\begin{cases}\frac{\mathrm{d}x}{\mathrm{d}t}=r_0\left(1-\frac{x}{x_m}\right)x,\\ x(0)=x_0.\end{cases}$$

对上式分离变量得

$$\left(\frac{1}{x}+\frac{1}{x_m-x}\right)\mathrm{d}x=r_0\,\mathrm{d}t,$$

两边积分整理得

$$\ln\left(\frac{x}{x_m-x}\right)=r_0t+C_1,$$

即　　$$\frac{x}{x_m-x}=C_2\mathrm{e}^{r_0t},$$

故　　$$x=\frac{x_m}{1+C\mathrm{e}^{-r_0t}}.$$

根据初始条件 $x(0)=x_0$ 得

$$C=\frac{x_m}{x_0}-1,$$

因此 logistic 模型的人口规模为

$$x(t)=\frac{x_m}{1+\left(\frac{x_m}{x_0}-1\right)e^{-r_0 t}}.$$

本章小结

微分方程是微积分学的一个重要应用领域，它深刻地描述和刻画了事物发展的本质规律，具有很强的生命力和实用性，在自然科学和社会科学各领域，如物理学、化学、工程学、建筑学、经济学、人口学等各方面得到广泛的应用. 掌握微分方程理论对进一步学习和研究极其必要.

本章主要内容如下：

1. 基本概念，介绍了微分方程的概念及其阶；介绍了微分方程的解、通解和特解，初始条件等常识性内容；介绍了齐次方程、一阶线性微分方程、二阶常系数线性微分方程的概念.

2. 可分类变量微分方程的解，对于 $y'=f(x)\cdot g(y)$ 型方程，分离变量积分即可求得其解，即 $\int\frac{1}{g(y)}\mathrm{d}y=\int f(x)\mathrm{d}x$.

3. 对于齐次方程 $\frac{\mathrm{d}y}{\mathrm{d}x}=\varphi\left(\frac{y}{x}\right)$ 的求解，首先令 $\frac{y}{x}=u$，则 $y=ux$，$\frac{\mathrm{d}y}{\mathrm{d}x}=u+x\frac{\mathrm{d}u}{\mathrm{d}x}$，则原齐次方程转化为 $u+x\frac{\mathrm{d}u}{\mathrm{d}x}=\varphi(u)$，最后进行变量分离求解之.

4. 一阶线性微分方程的解，分齐次和非齐次两种类型分别求解.

对于一阶线性齐次微分方程 $\frac{\mathrm{d}y}{\mathrm{d}x}+P(x)y=0$，其通解为 $y=Ce^{-\int P(x)\mathrm{d}x}$.

对于一阶线性非齐次微分方程 $\frac{\mathrm{d}y}{\mathrm{d}x}+P(x)y=Q(x)$，其通解为

$$y=e^{-\int P(x)\mathrm{d}x}\left[\int(Q(x)e^{\int P(x)\mathrm{d}x})\mathrm{d}x+C\right].$$

5. 二阶常系数线性微分方程分齐次和非齐次两种情形考虑.

对于二阶常系数线性齐次微分方程 $y''+py'+qy=0$ 的通解，考虑其对应的特征方程 $r^2+pr+q=0$ 的解，分三种情况分别对应微分方程三种类型的通解.

对于二阶常系数线性非齐次微分方程 $y''+py'+qy=f(x)$ 的通解，先求其对应的齐次方程的通解 $\bar{y}$，以及它的一个特解 y^*，则 $y=y^*+\bar{y}$ 是非齐次方程的通解. 对于非齐次方程 $y''+py'+qy=f(x)$ 的特解 y^*，考虑了 $f(x)$ 具有两种特殊形式下的求解方法.

6. 应用举例，通过四个微分方程在各领域应用的典型例子，说明微分方程的广泛应用前景和强大生命力.

综合训练六

1. 微分方程 $x(y')^2+y'+x=0$)的阶数是 (　　)

A. 一阶　　B. 二阶　　C. 三阶　　D. 零阶

2. 求下列方程的解：

(1) $\frac{dy}{dx}=5xy$,并满足初始条件:$x=0,y=2$ 的特解.

(2) $y^2dx+(x+1)dy=0$,并求满足初始条件:$x=0,y=1$ 的特解.

(3) $\frac{dy}{dx}=\frac{1+y^2}{xy+x^3y}$的通解.

(4) $(x+y)dy+(x-y)dx=0$ 的通解.

(5) $\frac{dy}{dx}+\frac{2}{x+1}y=(x+1)^2$,$y(0)=3$ 的特解.

(6) $y'-2xy=e^{x^2}\sin x$ 的通解.

3. 试证明:曲线上任意点处切线的斜率与切点的横坐标成正比的曲线是抛物线.

4. 求解下列二阶微分方程：

(1) $y''+2y'+10y=0$ 的通解；

(2) $y''+y'+y=0$ 的通解；

(3) $\frac{d^2s}{dt^2}-4s=t+1$ 的通解；

(4) $x''+6x'+5x=e^{2t}$的通解；

(5) $x''-2x'+3x=e^{-t}\cos t$ 的通解；

(6) $x''+x=\sin t-\cos 2t$,且 $x(0)=\frac{4}{3}$,$x'(0)=\frac{1}{2}$的特解.

5. Malthus 人口模型假定人口数量 $x(t)$ 的增长率和人口数成正比,比例系数 $k>0$,即 $\frac{dx(t)}{dt}=kx(t)$,$x(0)=x_0$,求解该人口模型.

6. 考古学家发现一块人骨碎片,对其做 C14 测定,表明该人骨碎片中 C14 与 C12 的比值是活体组织内的 35%,试断定此人的生活年代.

7. 现有一物体初始温度100℃,放在室温30℃的室内冷却,30min 后其温度降为50℃,求

(1) 该物体当前条件下的温度变化规律；

(2) 1 小时后的温度.

第七章　空间解析几何

【引例七(热电厂的冷却塔、卫星天线的外形分析)】

热电厂的冷却塔

化工厂和热电厂的冷却塔的外形采用旋转单叶双曲面(图 7－1)，其优点是对流快，散热效能好. 此外，利用直纹面的特点，可以把编制钢筋网的钢筋取为直材，建造出外形准确、轻巧且非常牢固的冷却塔.

卫星天线

在实际应用中，卫星天线普遍采用旋转抛物面天线(图 7－2). 这种天线在频率很高的信号接收和发射方面扮演着重要角色.

图 7－1

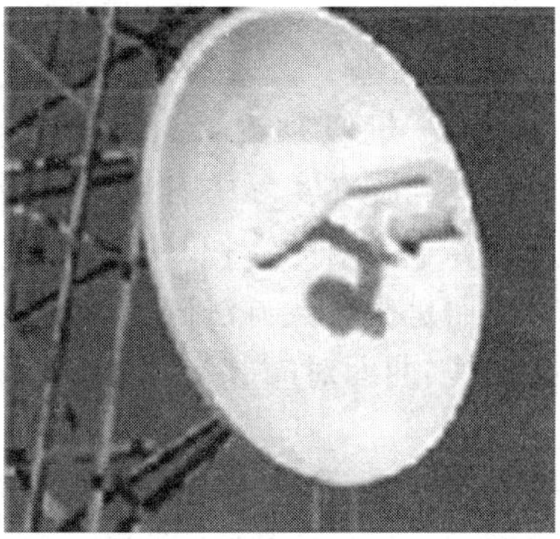

图 7－2

欧拉的四面体问题

欧拉(1707—1783)，瑞士著名数学家，13 岁入读巴塞尔大学，16 岁获得硕士学位. 欧拉是 18 世纪最伟大的数学家之一，他对数学的研究非常广泛，历史上他曾提出了这样一个问题：如何用四面体的六条棱长去表示它的体积，如计算棱长分别为 10m，15m，12m，14m，13m，11m 的四面体形状的花岗岩巨石的体积.

为了更好地分析这一问题，将四面体放入直角坐标系内(图 7－3)，利用向量混合积的几何意义及坐标运算公式，结合向量数量积的坐标运算公式得到用六条棱长表示的四面体体积公式.

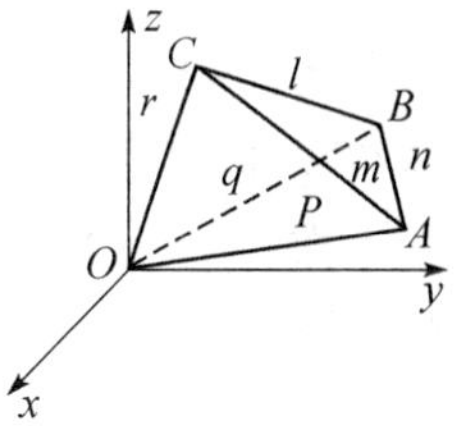

图 7－3

设 A,B,C 三点的坐标分别为(a_1,b_1,c_1)，(a_2,b_2,c_2) 和(a_3,b_3,c_3)，并设四面体 $O-ABC$ 的六条棱长分别为 l,m,n,p,q,r.

由空间解析几何知，该四面体的体积 V 等于以向量$\overrightarrow{OA}$，$\overrightarrow{OB}$，$\overrightarrow{OC}$ 为棱的平行六面体的体积的$\frac{1}{6}$，即：

$$V=\frac{1}{6}(\overrightarrow{OA}\times\overrightarrow{OB})\cdot\overrightarrow{OC}=\frac{1}{6}\begin{vmatrix}a_1 & b_1 & c_1\\ a_2 & b_2 & c_2\\ a_3 & b_3 & c_3\end{vmatrix},$$

$$V^2=\frac{1}{36}\begin{vmatrix} a_1 & b_1 & c_1 \\ a_2 & b_2 & c_2 \\ a_3 & b_3 & c_3 \end{vmatrix}\begin{vmatrix} a_1 & b_1 & c_1 \\ a_2 & b_2 & c_2 \\ a_3 & b_3 & c_3 \end{vmatrix},$$

$$V^2=\frac{1}{36}\begin{vmatrix} p^2 & \dfrac{p^2+q^2-n^2}{2} & \dfrac{p^2+r^2-m^2}{2} \\ \dfrac{p^2+q^2-n^2}{2} & q^2 & \dfrac{q^2+r^2-l^2}{2} \\ \dfrac{p^2+r^2-m^2}{2} & \dfrac{q^2+r^2-l^2}{2} & r^2 \end{vmatrix}$$

这就是利用四面体的六条棱长去计算四面体体积的欧拉四面体体积公式.

接下来计算花岗岩巨石的体积.

设 $l=10\text{m}, m=15\text{m}, n=12\text{m}, p=14\text{m}, q=13\text{m}, r=11\text{m}$，代入四面体体积计算公式得

$$V^2=\frac{1}{36}\begin{vmatrix} 196 & 110.5 & 46 \\ 110.5 & 169 & 95 \\ 46 & 95 & 121 \end{vmatrix}\approx 38051,$$

故得花岗岩巨石体积近似为 $V\approx 195(\text{m}^3)$.

欧拉的四面体问题在实际中有很多应用.如古埃及的金字塔形状为四面体，即可通过测量其六条棱长来计算金字塔的体积.

空间解析几何是用代数方法研究几何图形的学科，其实质是建立点与实数对之间的关系，把代数方程与曲线、曲面对应起来，从而能用代数方法研究几何图形.它在工程技术中有着广泛的应用.

本章首先介绍空间直角坐标系，然后简单介绍向量及其运算，从而建立空间的平面和直线方程，最后介绍一些常见的二次曲面及空间曲线.

§7-1　空间直角坐标系与向量的概念

一、空间直角坐标系

过空间一点 O，作三条两两互相垂直的数轴 Ox, Oy, Oz，这样就构成了空间直角坐标系，记作 $Oxyz$(图 7-4).点 O 称为坐标原点；三条轴 Ox, Oy, Oz 统称为坐标轴，分别简称为横轴、纵轴和竖轴(竖轴也称为立轴)；每两个坐标轴所决定的平面称为坐标平面，分别把它们叫做 xOy 平面，yOz 平面，zOx 平面；这三个平面将空间划分成八个部分，称为空间直角坐标系的**八个卦限**(图 7-5).

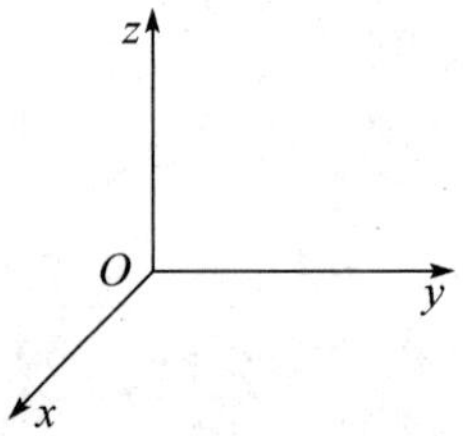

图 7-4

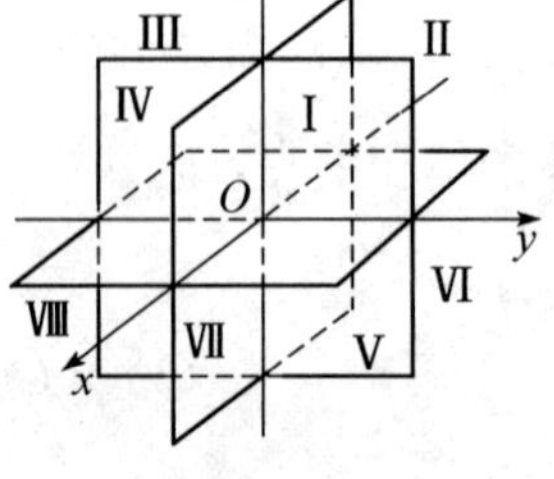

图 7-5

在空间直角坐标系中，轴 Ox，Oy，Oz 的方向一般都采用右手系，即以右手四指握拳方向沿 Ox 轴正向到 Oy 轴正向握住 Oz 轴，姆指伸开的方向为 Oz 轴的正向(图 7 - 6).

二、空间点的直角坐标

取定了空间直角坐标系后，就可建立空间的点与由三个实数组成的有序数组的一一对应关系.

设 P 为空间中的任一点，过点 P 分别作垂直于三个坐标轴的三个平面，与 x 轴、y 轴和 z 轴依次交于 A,B,C 三点，若这三点在 x 轴、y 轴、z 轴上的坐标分别为 x，y，z，于是点 P 就唯一确定了一个有序数组 (x, y, z)，则称该数组 (x, y, z) 为点 P 在空间直角坐标系 $Oxyz$ 中的坐标(图 7 - 7). x,y,z 分别称为点 P 的横坐标、纵坐标和竖坐标.

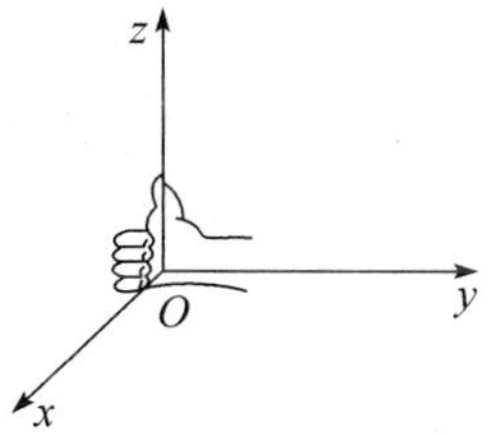

图 7 - 6

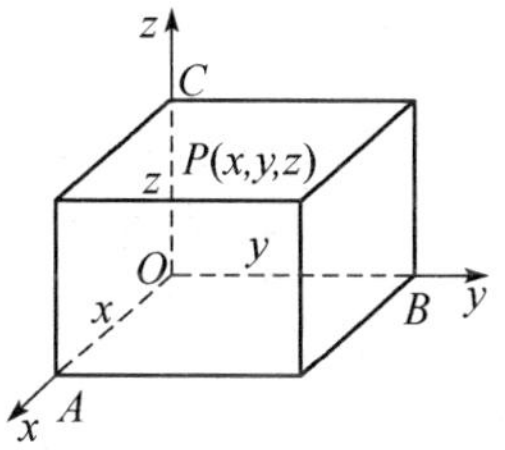

图 7 - 7

反之，若任意给定一个有序数组 (x, y, z)，在 x 轴、y 轴、z 轴上分别取坐标为 x，y，z 的三个点 A,B,C，过这三个点分别作垂直于三个坐标轴的平面，这三个平面只有一个交点 P，该点就是以有序数组 (x, y, z) 为坐标的点，因此空间中的点 P 就与有序数组 (x, y, z) 之间建立了一一对应的关系.

注： A,B,C 这三点正好是过 P 点作三个坐标轴的垂线的垂足.

例 1 在空间直角坐标系 $Oxyz$ 中，画出点 $A(0, 0, 1)$，$B(2, 1, 0)$，$C(1, 2, 3)$.

解 根据点 A 的坐标特征可知：A 点在 z 轴上，B 点在 xOy 平面上. 画点 C 时，先在 x 轴的正方向上取 1 个单位的点，y 轴的正方向上取 2 个单位的点，过这两点在 xOy 平面上分别作 y 轴与 x 轴的平行线，交于点 M，过点 M 作 Oz 的平行线 MN，在直线 MN 上，点 M 的上方取 3 个单位便得到点 C(图 7 - 8).

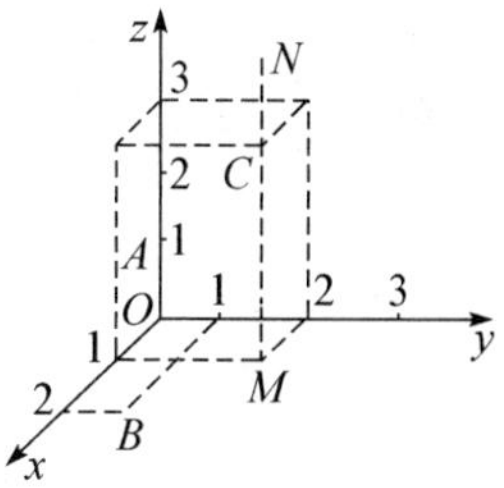

图 7 - 8

例 2 求点 $A(1, -2, 3)$ 关于各坐标面、各坐标轴对称的点的坐标.

解

已知点	$(1, -2, 3)$	$(1, -2, 3)$	$(1, -2, 3)$	$(1, -2, 3)$	$(1, -2, 3)$	$(1, -2, 3)$
坐标面、坐标轴	xOy 面	yOz 面	xOz 面	x 轴	y 轴	z 轴
对称点	$(1, -2, -3)$	$(-1, -2, 3)$	$(1, 2, 3)$	$(1, 2, -3)$	$(-1, -2, -3)$	$(-1, 2, 3)$

例 3 求点 $A(4, -2, 3)$ 到 xOy 平面及 y 轴的距离.

解 点 A 到 xOy 平面的距离为点 A 的竖坐标的绝对值，即点 A 到 xOy 平面的距离为 3.

过 A 作 $AB \perp xOy$ 平面，垂足为 B，过 B 作 $BC \perp y$ 轴，C 为垂足，如图 7 - 9 所示，由三垂线定理知 $AC \perp y$ 轴，即 $|AC|$ 为点 A 到 y 轴的距离，在直角三角形 ABC 中

$$|AC|=\sqrt{|AB|^2+|BC|^2}=\sqrt{3^2+4^2}=5.$$

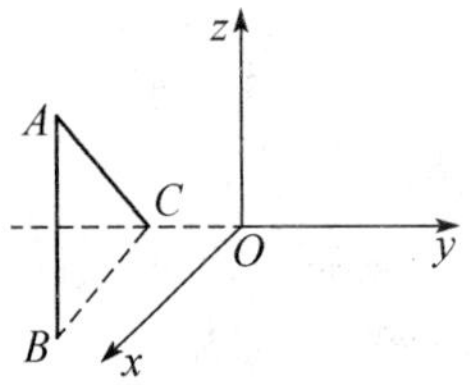

图 7-9

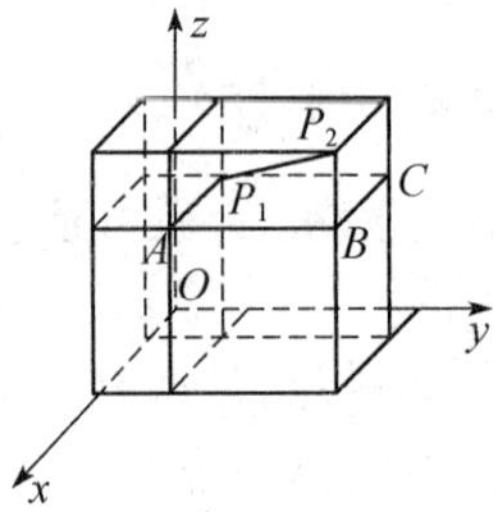

图 7-10

三、空间两点间的距离

例 4 求空间中任意两点 $P_1(x_1, y_1, z_1)$，$P_2(x_2, y_2, z_2)$ 之间的距离 d.

解 过 P_1，P_2 各作三个分别垂直于三条坐标轴的平面，构成以 P_1P_2 为对角线的长方体，如图 7-10 所示. 在长方体中三条棱长 $|BC|=|x_2-x_1|$，$|BA|=|y_2-y_1|$，$|BP_2|=|z_2-z_1|$，由勾股定理得：

$$d=\sqrt{(x_2-x_1)^2+(y_2-y_1)^2+(z_2-z_1)^2}.$$

这就是**空间两点间的距离公式**.

特殊地，点 $P(x, y, z)$ 与坐标原点 $O(0, 0, 0)$ 的距离为 $d=|OP|=\sqrt{x^2+y^2+z^2}$.

若 $A(-1, 2, 0)$ 与 $B(1,1,-2)$ 为空间两点，由公式可得 A 与 B 两点间的距离为

$$d=\sqrt{[1-(-1)]^2+(1-2)^2+(-2-0)^2}=3.$$

例 5 在 z 轴上求与点 $A(1, 2, -3)$ 和 $B(-2, 1, 2)$ 等距的点 M.

解 由于所求的点 M 在 z 轴上，因而 M 点的坐标可设为$(0, 0, z)$，又由于

$$|MA|=|MB|,$$

由空间两点间的距离公式，得

$$\sqrt{1^2+2^2+(-3-z)^2}=\sqrt{(-2)^2+1^2+(2-z)^2},$$

从而解得

$$z=-\frac{1}{2},$$

即所求的点为 $M\left(0, 0, -\frac{1}{2}\right)$.

习题 7-1

1. 在空间直角坐标系中，描绘下列各点：
   $A(2, 0, 0)$；$B(0, -3, 0)$；$C(3, 0, 1)$；$D(3, 2, -1)$.
2. 求点 $A(1, -1, 2)$ 关于各坐标平面、各坐标轴对称的点的坐标.
3. 求下列各对点间的距离：
   (1) $A(0, -1, 3)$ 与 $B(1, 2, 4)$；　　(2) $C(-1, 5, 2)$ 与 $D(2, 0, 4)$.
4. 在坐标平面 yOz 上求与三点 $A(3, 1, 2)$，$B(4, -2, -2)$ 和 $C(0, 5, 1)$ 等距的点.
5. 求点 $A(12, -3, 4)$ 与原点、各坐标平面和各坐标轴的距离.

§7-2 向量的概念及运算

一、向量的基本概念

在日常生活中，人们经常会遇到两类量，一类如质量、时间、面积、温度等，这种只有大小没有方向的量，叫做**数量**(或**标量**)．另一类如力、位移、速度、电场强度等，它们不仅有大小，而且有方向，这种既有大小又有方向的量，叫做**向量**(或**矢量**)．

通常我们用黑体小写字母 $\boldsymbol{a}$，$\boldsymbol{b}$，$\boldsymbol{c}$，$\boldsymbol{x}$，$\boldsymbol{y}$ 等表示向量，手写时写成 $\vec{a}$，$\vec{b}$，$\vec{c}$，…；或用一个带箭头的线段(有向线段) $\overrightarrow{AB}$ 来表示向量，A 称为向量的起点，B 称为向量的终点，有向线段的长度就表示向量的大小，有向线段的方向就表示向量的方向．

向量的大小称为**向量的模**，记作 $|\boldsymbol{a}|$，$|\overrightarrow{AB}|$，模为 1 的向量叫做**单位向量**，模为 0 的向量叫做**零向量**，记作 $\boldsymbol{0}$，零向量的方向不确定，可以是任意方向．

一个向量经过平行移动后，模和方向都不变，即认为还是同一个向量，这种向量叫**自由向量**．也就是说自由向量只与模和方向有关，而与始点的位置无关．如图 7-11 中 $\boldsymbol{a}=\boldsymbol{b}=\boldsymbol{c}$．

本章讨论的向量均为自由向量．

与向量 $\boldsymbol{a}$ 大小相等，方向相反的向量叫做**负向量(或反向量)**，记作 $-\boldsymbol{a}$．

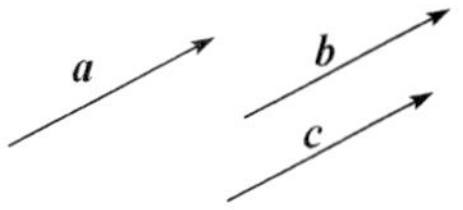

图 7-11

平行于同一直线的一组向量称为**平行向量**，零向量与任一向量平行．

二、向量的线性运算

1. 向量的加法

在物理学中求两个力的合力用的是平行四边形法则，可类似地定义两个向量的加法．

定义 7.1 对向量 $\boldsymbol{a}$，$\boldsymbol{b}$，从同一起点 A 作有向线段 $\overrightarrow{AB}$，$\overrightarrow{AD}$ 分别表示 $\boldsymbol{a}$ 与 $\boldsymbol{b}$，然后以 $\overrightarrow{AB}$，$\overrightarrow{AD}$ 为邻边作平行四边形 $ABCD$，则把从起点 A 到顶点 C 的向量 $\overrightarrow{AC}$ 称为**向量 $\boldsymbol{a}$ 与 $\boldsymbol{b}$ 的和**，记作 $\boldsymbol{a}+\boldsymbol{b}$.

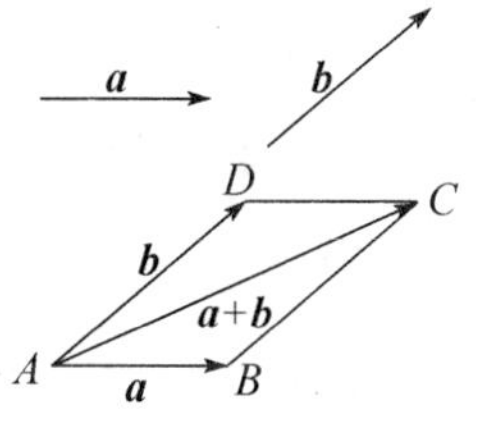

图 7-12

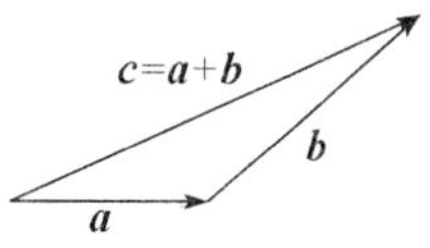

图 7-13

这种求和方法称为**平行四边形法则**(图 7-12)．

由于向量可以平移，所以，若将向量 $\boldsymbol{b}$ 平移，使其起点与向量 $\boldsymbol{a}$ 的终点重合，则以 $\boldsymbol{a}$ 的起点为起点，$\boldsymbol{b}$ 的终点为终点的向量 $\boldsymbol{c}$ 就是 $\boldsymbol{a}$ 与 $\boldsymbol{b}$ 的和(图 7-13)，该法则称为**三角形法则**．

对于多个向量，如 $\boldsymbol{a}$，$\boldsymbol{b}$，$\boldsymbol{c}$，$\boldsymbol{d}$ 首尾相接，则从第一个向量的起点到最后一个向量的终点的向量就是它们的和 $\boldsymbol{a}+\boldsymbol{b}+\boldsymbol{c}+\boldsymbol{d}$ (图 7-14)．

对于任意向量 $\boldsymbol{a}$，$\boldsymbol{b}$，$\boldsymbol{c}$，有以下运算法则：

(1) $\boldsymbol{a}+\boldsymbol{b}=\boldsymbol{b}+\boldsymbol{a}$（交换律）.

(2) $(\boldsymbol{a}+\boldsymbol{b})+\boldsymbol{c}=\boldsymbol{a}+(\boldsymbol{b}+\boldsymbol{c})$（结合律）.

(3) $\boldsymbol{a}+\boldsymbol{0}=\boldsymbol{a}$.

(4) $\boldsymbol{a}+(-\boldsymbol{a})=\boldsymbol{0}$.

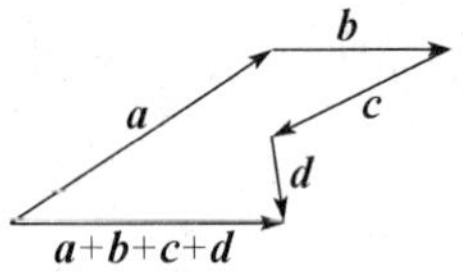

图 7－14

2. 向量的减法

定义 7.2 向量 $\boldsymbol{a}$ 与 $\boldsymbol{b}$ 的负向量 $-\boldsymbol{b}$ 的和，称为**向量 $\boldsymbol{a}$ 与 $\boldsymbol{b}$ 的差**，即

$$\boldsymbol{a}-\boldsymbol{b}=\boldsymbol{a}+(-\boldsymbol{b}).$$

由向量减法的定义，从同一起点 O 作有向线段 $\overrightarrow{OA}$，$\overrightarrow{OB}$ 分别表示 $\boldsymbol{a}$，$\boldsymbol{b}$，则

$$\begin{aligned}\boldsymbol{a}-\boldsymbol{b}&=\overrightarrow{OA}-\overrightarrow{OB}=\overrightarrow{OA}+(-\overrightarrow{OB})\\&=\overrightarrow{OA}+\overrightarrow{BO}=\overrightarrow{BO}+\overrightarrow{OA}=\overrightarrow{BA}.\end{aligned}$$

也就是说，若向量 $\boldsymbol{a}$ 与 $\boldsymbol{b}$ 的起点放在一起，则 $\boldsymbol{a}$，$\boldsymbol{b}$ 的差向量就是以 $\boldsymbol{b}$ 的终点为起点，以 $\boldsymbol{a}$ 的终点为终点的向量(图 7－15).

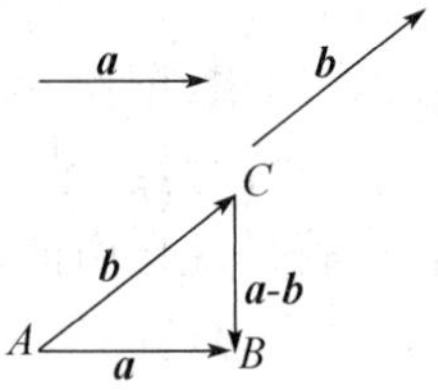

图 7－15

3. 向量的数乘

定义 7.3 实数 λ 与向量 $\boldsymbol{a}$ 的乘积是一个向量，记作 $\lambda\boldsymbol{a}$，$\lambda\boldsymbol{a}$ 的模是 $\boldsymbol{a}$ 的模的 $|\lambda|$ 倍，即

$$|\lambda\boldsymbol{a}|=|\lambda||\boldsymbol{a}|,$$

且当 $\lambda>0$ 时，$\lambda\boldsymbol{a}$ 与 $\boldsymbol{a}$ 同向；当 $\lambda<0$ 时，$\lambda\boldsymbol{a}$ 与 $\boldsymbol{a}$ 反向；当 $\lambda=0$ 时，$\lambda\boldsymbol{a}=\boldsymbol{0}$.

对于任意向量 $\boldsymbol{a}$，$\boldsymbol{b}$ 以及任意实数 λ，μ，有以下运算法则：

(1) $(\lambda\mu)\boldsymbol{a}=\lambda(\mu\boldsymbol{a})$.

(2) $(\lambda+\mu)\boldsymbol{a}=\lambda\boldsymbol{a}+\mu\boldsymbol{a}$.

(3) $\lambda(\boldsymbol{a}+\boldsymbol{b})=\lambda\boldsymbol{a}+\lambda\boldsymbol{b}$.

向量 $\boldsymbol{a}$ 与非零向量 $\boldsymbol{b}$ 平行的充分必要条件是存在一个实数 λ，使得 $\boldsymbol{a}=\lambda\boldsymbol{b}$.

向量的加法、减法及数乘向量运算统称为向量的线性运算，$\lambda\boldsymbol{a}+\mu\boldsymbol{b}$ 称为 $\boldsymbol{a}$，$\boldsymbol{b}$ 的一个线性组合(λ, $\mu\in\mathbf{R}$).

三、向量的坐标表示

1. 向量的坐标表示

起点在坐标原点 O，终点为 P 的向量 $\overrightarrow{OP}$，称为**点 P 的向径**，记作 $r(P)=\overrightarrow{OP}$. 在坐标轴上分别与 x 轴、y 轴、z 轴正方向相同的单位向量称为**基本单位向量**，分别用 $\boldsymbol{i}$，$\boldsymbol{j}$，$\boldsymbol{k}$ 表示，如图 7－16 所示由点 P 的坐标(x,y,z)，

$$有\ \overrightarrow{OM}=x\boldsymbol{i}，\overrightarrow{ON}=y\boldsymbol{j}，\overrightarrow{OQ}=z\boldsymbol{k},$$

于是 $\overrightarrow{OP}=\overrightarrow{OP_1}+\overrightarrow{P_1P}=\overrightarrow{OM}+\overrightarrow{ON}+\overrightarrow{OQ}$

$$=x\boldsymbol{i}+y\boldsymbol{j}+z\boldsymbol{k},$$

即点 $P(x,y,z)$ 的向径 $\overrightarrow{OP}$ 的坐标表达式为

$$\overrightarrow{OP}=x\boldsymbol{i}+y\boldsymbol{j}+z\boldsymbol{k},$$

还可简记为$\{x,y,z\}$，即 $\overrightarrow{OP}=\{x,y,z\}$.

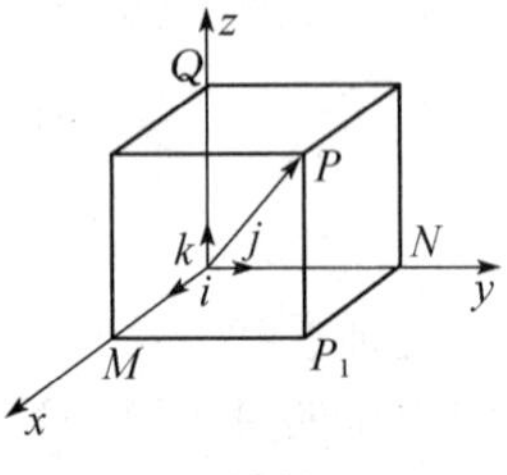

图 7－16

上式中的 x，y，z 是向量 $\boldsymbol{a}$ 分别在 x 轴、y 轴、z 轴上的投影.

因此，在空间直角坐标系中的向量 $\boldsymbol{a}$ 的坐标就是该向量在三个坐标轴上的投影组成的有序数组.

例 1 设始点为 $M_1(x,y_1,z_1)$，终点为 $M_2(x_2,y_2,z_2)$ 的向量 $\overrightarrow{M_1M_2}$，求 $\overrightarrow{M_1M_2}$ 的坐标表示式.

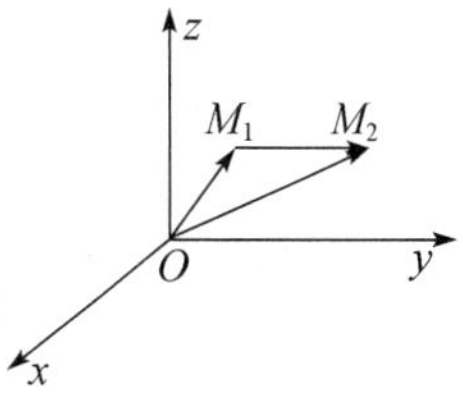

图 7 - 17

解 如图 7 - 17 所示，有 $\overrightarrow{OM_1}+\overrightarrow{M_1M_2}=\overrightarrow{OM_2}$，从而

$$\begin{aligned}\overrightarrow{M_1M_2}&=\overrightarrow{OM_2}-\overrightarrow{OM_1}=(x_2\boldsymbol{i}+y_2\boldsymbol{j}+z_2\boldsymbol{k})-(x_1\boldsymbol{i}+y_1\boldsymbol{j}+z_1\boldsymbol{k})\\&=(x_2-x_1)\boldsymbol{i}+(y_2-y_1)\boldsymbol{j}+(z_2-z_1)\boldsymbol{k}.\end{aligned}$$

这就是任意向量 $\overrightarrow{M_1M_2}$ 的坐标表示式. 注意：向量的坐标与向量坐标表示式的区别. 向量的坐标是一组有序数，向量坐标表示式是一个向量.

2. 坐标表示下的向量运算

设 $\boldsymbol{a}=a_1\boldsymbol{i}+a_2\boldsymbol{j}+a_3\boldsymbol{k}$，$\boldsymbol{b}=b_1\boldsymbol{i}+b_2\boldsymbol{j}+b_3\boldsymbol{k}$，则有：

(1) $\boldsymbol{a}+\boldsymbol{b}=(a_1+b_1)\boldsymbol{i}+(a_2+b_2)\boldsymbol{j}+(a_3+b_3)\boldsymbol{k}$.

(2) $\boldsymbol{a}-\boldsymbol{b}=(a_1-b_1)\boldsymbol{i}+(a_2-b_2)\boldsymbol{j}+(a_3-b_3)\boldsymbol{k}$.

(3) $\lambda\boldsymbol{a}=\lambda a_1\boldsymbol{i}+\lambda a_2\boldsymbol{j}+\lambda a_3\boldsymbol{k}$.

(4) $\boldsymbol{a}=\boldsymbol{b}\Leftrightarrow a_1=b_1,a_2=b_2,a_3=b_3$.

(5) $\boldsymbol{a}\parallel\boldsymbol{b}\Leftrightarrow\dfrac{a_1}{b_1}=\dfrac{a_2}{b_2}=\dfrac{a_3}{b_3}$.

(6) $|\boldsymbol{a}|=\sqrt{{a_1}^2+{a_2}^2+{a_3}^2}$.

例 2 已知 $\boldsymbol{a}=\{2,4,-1\}$，$\boldsymbol{b}=\{1,0,3\}$，$\boldsymbol{c}=\{3,-1,-2\}$，求 $\boldsymbol{a}+2\boldsymbol{b}-3\boldsymbol{c}$.

解
$$\begin{aligned}\boldsymbol{a}+2\boldsymbol{b}-3\boldsymbol{c}&=\{2,4,-1\}+2\{1,0,3\}-3\{3,-1,-2\}\\&=\{2,4,-1\}+\{2,0,6\}-\{9,-3,-6\}=\{-5,7,11\}.\end{aligned}$$

3. 向量的方向角及方向余弦

有了自由向量，可以把非零向量 $\boldsymbol{a}$ 的起点移至坐标系原点，设 $\boldsymbol{a}=\overrightarrow{OP}$.

定义 7.4 设向量 $\overrightarrow{OP}$ 与坐标轴 x 轴、y 轴、z 轴的正方向的夹角为 α,β,γ，则 α,β,γ 叫做非零向量 $\boldsymbol{a}$ 的**方向角**，并规定 $0\leqslant\alpha,\beta,\gamma\leqslant\pi$，如图 7 - 18 所示. 方向角的余弦 $\cos\alpha,\cos\beta,\cos\gamma$ 称为向量 $\boldsymbol{a}$ 的**方向余弦**.

如果 $P(x,y,z)$，那么 $\overrightarrow{OP}=\{x,y,z\}$，即

$$x=|\overrightarrow{OP}|\cos\alpha,y=|\overrightarrow{OP}|\cos\beta,z=|\overrightarrow{OP}|\cos\gamma,$$

所以 $\cos\alpha=\dfrac{x}{|\overrightarrow{OP}|}$，$\cos\beta=\dfrac{y}{|\overrightarrow{OP}|}$，$\cos\gamma=\dfrac{z}{|\overrightarrow{OP}|}$.

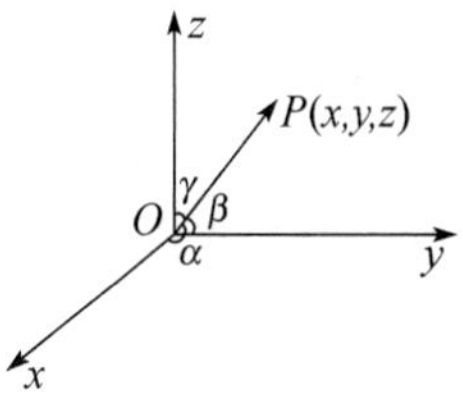

图 7 - 18

则
$$\cos\alpha=\frac{x}{\sqrt{x^2+y^2+z^2}},$$
$$\cos\beta=\frac{y}{\sqrt{x^2+y^2+z^2}},$$
$$\cos\gamma=\frac{z}{\sqrt{x^2+y^2+z^2}}.$$

由上面三个式子两边平方后相加得 $\cos^2\alpha+\cos^2\beta+\cos^2\gamma=1$.

例 3 已知向量 $\overrightarrow{P_1P_2}$ 的始点为 $P_1(2,-2,5)$，终点 $P_2(-1,4,7)$.

试求：(1) 向量 $\overrightarrow{P_1P_2}$ 的坐标表示；

(2) 向量 $\overrightarrow{P_1P_2}$ 的模；

(3) 向量 $\overrightarrow{P_1P_2}$ 的方向余弦.

解 (1) $\overrightarrow{P_1P_2}=\{-1-2,4-(-2),7-5\}=\{-3,6,2\}$.

(2) $|\overrightarrow{P_1P_2}|=\sqrt{(-3)^2+6^2+2^2}=7$.

(3) $\overrightarrow{P_1P_2}$ 在 x,y,z 三个坐标轴上的方向余弦分别为

$$\cos\alpha=-\frac{3}{7},\cos\beta=\frac{6}{7},\ \cos\gamma=\frac{2}{7}.$$

例 4 设 $\boldsymbol{a}$ 为一单位向量,它在 x,y 轴上的坐标分别为 $-\frac{1}{2},\frac{1}{2}$,求 $\boldsymbol{a}$ 与 z 轴正向的夹角 γ.

解 设 $\boldsymbol{a}$ 与 x,y,z 轴正向夹角分别为 α,β,γ,由关系式

$$\cos^2\alpha+\cos^2\beta+\cos^2\gamma=1,$$

得

$$\cos^2\gamma=1-\cos^2\alpha+\cos^2\beta.$$

因为 $\cos\alpha=\dfrac{-\frac{1}{2}}{|\boldsymbol{a}|}=-\dfrac{1}{2},\cos\beta=\dfrac{\frac{1}{2}}{|\boldsymbol{a}|}=\dfrac{1}{2}$,

所以 $\cos^2\gamma=1-\left(-\dfrac{1}{2}\right)^2-\left(\dfrac{1}{2}\right)^2=\dfrac{1}{2}$,

$\cos\gamma=\pm\dfrac{\sqrt{2}}{2}$,

所以 $\gamma=\dfrac{\pi}{4}$ 或 $\gamma=\dfrac{3}{4}\pi$.

习题 7-2

1. 设向量 $\boldsymbol{a}=\{1,-2,m\}$ 和 $\boldsymbol{b}=\{n,-6,2\}$ 平行,求 m,n 的值.
2. 设在空间直角坐标系中有三点 $A(0,-1,2)$,$B(-1,3,5)$,$C(3,-1,-2)$,求向量 $2\overrightarrow{AB}-3\overrightarrow{AC}$ 和 $\overrightarrow{AB}+2\overrightarrow{BC}$.
3. 设向量 $\boldsymbol{a}=\{-1,2,1\}$,$\boldsymbol{b}=\{-3,-2,0\}$,求 $\boldsymbol{a}+\boldsymbol{b}$,$\boldsymbol{b}-\boldsymbol{a}$,$2\boldsymbol{a}+\frac{1}{3}\boldsymbol{b}$.
4. 已知向量 $\overrightarrow{AB}=3\boldsymbol{i}-4\boldsymbol{j}+5\boldsymbol{k}$,终点 B 坐标为 $(2,0,-3)$,求:向量 $\overrightarrow{AB}$ 的始点 A 的坐标和模 $|\overrightarrow{AB}|$.
5. 已知两点 $A(1,-2,7)$ 和 $B(3,0,5)$,试求方向与 $\overrightarrow{AB}$ 一致,模为 4 的向量 $\boldsymbol{a}$ 的坐标表达式.
6. 向量 $\boldsymbol{a}$ 和 x 轴,y 轴所成方向角 $\alpha=30^\circ$,$\beta=120^\circ$,且 $|\vec{a}|=4$. 求向量 $\boldsymbol{a}$ 的另一方向角 γ 和坐标.

§7-3 向量的数量积与向量积

一、数量积的定义及性质

在物理中我们知道,一质点在恒力 $\boldsymbol{F}$ 的作用下,由 A 点沿直线移到 B 点,若力 $\boldsymbol{F}$ 与位移向量 $\overrightarrow{AB}$ 的夹角为 θ,则力 $\boldsymbol{F}$ 所做的功为

$$W=|F|\cdot|\overrightarrow{AB}|\cdot\cos\theta.$$

在实际生活中,会经常遇到由两个向量所决定的像这样的数量乘积. 由此,我们引入两向量的

数量积的概念.

定义 7.5 设 $\boldsymbol{a},\boldsymbol{b}$ 为空间中的两个向量,则数

$$|\boldsymbol{a}||\boldsymbol{b}|\cos\langle\boldsymbol{a},\boldsymbol{b}\rangle$$

叫做向量 $\boldsymbol{a}$ 与 $\boldsymbol{b}$ 的**数量积**(也称**内积**或**点积**),记作 $\boldsymbol{a}\cdot\boldsymbol{b}$,读作"$\boldsymbol{a}$ 点乘 $\boldsymbol{b}$". 即

$$\boldsymbol{a}\cdot\boldsymbol{b}=|\boldsymbol{a}||\boldsymbol{b}|\cos\langle\boldsymbol{a},\boldsymbol{b}\rangle$$

其中$\langle\boldsymbol{a},\boldsymbol{b}\rangle$表示向量 $\boldsymbol{a}$ 与 $\boldsymbol{b}$ 的夹角,并且规定 $0\leqslant\langle\boldsymbol{a},\boldsymbol{b}\rangle\leqslant\pi$.

由向量数量积的定义易知:

(1) $\boldsymbol{a}\cdot\boldsymbol{a}=|\boldsymbol{a}|^2$,因此

$$|\boldsymbol{a}|=\sqrt{\boldsymbol{a}\cdot\boldsymbol{a}}.$$

(2) 对于两个非零向量 $\boldsymbol{a},\boldsymbol{b}$,有

$$\cos\langle\boldsymbol{a},\boldsymbol{b}\rangle=\frac{\boldsymbol{a}\cdot\boldsymbol{b}}{|\boldsymbol{a}||\boldsymbol{b}|}.$$

(3) 对于两个非零向量 $\boldsymbol{a},\boldsymbol{b}$,$\boldsymbol{a}$ 与 $\boldsymbol{b}$ 垂直的充要条件是它们的数量积为零,即

$$\boldsymbol{a}\perp\boldsymbol{b}\Leftrightarrow\boldsymbol{a}\cdot\boldsymbol{b}=0.$$

数量积的运算满足如下**运算性质**:

对于任意向量 $\boldsymbol{a},\boldsymbol{b}$ 及任意实数λ,有

(1) 交换律:$\boldsymbol{a}\cdot\boldsymbol{b}=\boldsymbol{b}\cdot\boldsymbol{a}$.

(2) 分配律:$\boldsymbol{a}\cdot(\boldsymbol{b}+\boldsymbol{c})=\boldsymbol{a}\cdot\boldsymbol{b}+\boldsymbol{a}\cdot\boldsymbol{c}$.

(3) 与数乘结合律:$(\lambda\boldsymbol{a})\cdot\boldsymbol{b}=\lambda(\boldsymbol{a}\cdot\boldsymbol{b})=\boldsymbol{a}\cdot(\lambda\boldsymbol{b})$.

例 1 对坐标向量 $\boldsymbol{i},\boldsymbol{j},\boldsymbol{k}$,求 $\boldsymbol{i}\cdot\boldsymbol{i},\boldsymbol{j}\cdot\boldsymbol{j},\boldsymbol{k}\cdot\boldsymbol{k},\boldsymbol{i}\cdot\boldsymbol{j},\boldsymbol{j}\cdot\boldsymbol{k},\boldsymbol{k}\cdot\boldsymbol{i}$.

解 由坐标向量的特点及向量内积的定义得

$$\boldsymbol{i}\cdot\boldsymbol{i}=\boldsymbol{j}\cdot\boldsymbol{j}=\boldsymbol{k}\cdot\boldsymbol{k}=1,$$
$$\boldsymbol{i}\cdot\boldsymbol{j}=\boldsymbol{j}\cdot\boldsymbol{k}=\boldsymbol{k}\cdot\boldsymbol{i}=0.$$

例 2 已知 $|\boldsymbol{a}|=2$, $|\boldsymbol{b}|=3$, $\langle\boldsymbol{a},\boldsymbol{b}\rangle=\frac{2}{3}\pi$,求 $\boldsymbol{a}\cdot\boldsymbol{b}$, $(\boldsymbol{a}-2\boldsymbol{b})\cdot(\boldsymbol{a}+\boldsymbol{b})$, $|\boldsymbol{a}+\boldsymbol{b}|$.

解 由两向量的数量积定义有

$$\boldsymbol{a}\cdot\boldsymbol{b}=|\boldsymbol{a}||\boldsymbol{b}|\cos\langle\boldsymbol{a},\boldsymbol{b}\rangle=2\times3\times\cos\frac{2}{3}\pi=2\times3\times\left(-\frac{1}{2}\right)=-3.$$

$$\begin{aligned}(\boldsymbol{a}-2\boldsymbol{b})\cdot(\boldsymbol{a}+\boldsymbol{b})&=\boldsymbol{a}\cdot\boldsymbol{a}+\boldsymbol{a}\cdot\boldsymbol{b}-2\boldsymbol{b}\cdot\boldsymbol{a}-2\boldsymbol{b}\cdot\boldsymbol{b}\\&=|\boldsymbol{a}|^2-\boldsymbol{a}\cdot\boldsymbol{b}-2|\boldsymbol{b}|^2\\&=2^2-(-3)-2\times3^2=-11.\end{aligned}$$

$$\begin{aligned}|\boldsymbol{a}+\boldsymbol{b}|^2&=(\boldsymbol{a}+\boldsymbol{b})\cdot(\boldsymbol{a}+\boldsymbol{b})=\boldsymbol{a}\cdot\boldsymbol{a}+\boldsymbol{a}\cdot\boldsymbol{b}+\boldsymbol{b}\cdot\boldsymbol{a}+\boldsymbol{b}\cdot\boldsymbol{b}\\&=|\boldsymbol{a}|^2+2\boldsymbol{a}\cdot\boldsymbol{b}+|\boldsymbol{b}|^2=2^2+2\times(-3)+3^2=7,\end{aligned}$$

因此

$$|\boldsymbol{a}+\boldsymbol{b}|=\sqrt{7}.$$

二、数量积的运算

在空间直角坐标系下,设向量 $\boldsymbol{a}=\{x_1,y_1,z_1\}$,向量 $\boldsymbol{b}=\{x_2,y_2,z_2\}$,即

$$\boldsymbol{a}=x_1\boldsymbol{i}+y_1\boldsymbol{j}+z_1\boldsymbol{k},$$
$$\boldsymbol{b}=x_2\boldsymbol{i}+y_2\boldsymbol{j}+z_2\boldsymbol{k}.$$

则

$$\boldsymbol{a}\cdot\boldsymbol{b}=(x_1\boldsymbol{i}+y_1\boldsymbol{j}+z_1\boldsymbol{k})\cdot(x_2\boldsymbol{i}+y_2\boldsymbol{j}+z_2\boldsymbol{k})$$
$$=x_1x_2(\boldsymbol{i}\cdot\boldsymbol{i})+x_1y_2(\boldsymbol{i}\cdot\boldsymbol{j})+x_1z_2(\boldsymbol{i}\cdot\boldsymbol{k})+y_1x_2(\boldsymbol{j}\cdot\boldsymbol{i})+y_1y_2(\boldsymbol{j}\cdot\boldsymbol{j})+y_1z_2(\boldsymbol{j}\cdot\boldsymbol{k})+z_1x_2(\boldsymbol{k}\cdot\boldsymbol{i})+z_1y_2(\boldsymbol{k}\cdot\boldsymbol{j})+z_1z_2(\boldsymbol{k}\cdot\boldsymbol{k}).$$

由于

$$\boldsymbol{i}\cdot\boldsymbol{i}=\boldsymbol{j}\cdot\boldsymbol{j}=\boldsymbol{k}\cdot\boldsymbol{k}=1,\qquad \boldsymbol{i}\cdot\boldsymbol{j}=\boldsymbol{j}\cdot\boldsymbol{k}=\boldsymbol{k}\cdot\boldsymbol{i}=0,$$

所以

$$\boldsymbol{a}\cdot\boldsymbol{b}=x_1x_2+y_1y_2+z_1z_2.$$

也就是说,在直角坐标系下,两向量的数量积等于它们对应坐标分量的乘积之和.

同样,利用向量的直角坐标也可以求出向量的模、两向量的夹角公式以及两向量垂直的充要条件,即

设非零向量 $\boldsymbol{a}=\{x_1,y_1,z_1\}$,向量 $\boldsymbol{b}=\{x_2,y_2,z_2\}$,则

$$|\boldsymbol{a}|=\sqrt{\boldsymbol{a}\cdot\boldsymbol{a}}=\sqrt{x_1^{\ 2}+y_1^{\ 2}+z_1^{\ 2}}.$$

$$\cos\langle\boldsymbol{a},\boldsymbol{b}\rangle=\frac{\boldsymbol{a}\cdot\boldsymbol{b}}{|\boldsymbol{a}||\boldsymbol{b}|}=\frac{x_1x_2+y_1y_2+z_1z_2}{\sqrt{x_1^{\ 2}+y_1^{\ 2}+z_1^{\ 2}}\times\sqrt{x_1^{\ 2}+y_2^{\ 2}+z_2^{\ 2}}}.$$

$$\boldsymbol{a}\perp\boldsymbol{b}\Leftrightarrow x_1x_2+y_1y_2+z_1z_2=0.$$

例 3 设向量 $\boldsymbol{a}$ 与 $\boldsymbol{b}$ 的直角坐标为 $\{2,2,0\}$ 与 $\{0,2,-2\}$,求 $\boldsymbol{a}\cdot\boldsymbol{b}$, $|\boldsymbol{a}|$, $|\boldsymbol{b}|$, $\langle\boldsymbol{a},\boldsymbol{b}\rangle$.

解 $\boldsymbol{a}\cdot\boldsymbol{b}=2\times0+2\times2+0\times(-2)=4.$

$|\boldsymbol{a}|=\sqrt{2^2+2^2+0^2}=\sqrt{8}=2\sqrt{2}.$

$|\boldsymbol{b}|=\sqrt{0^2+2^2+(-2)^2}=\sqrt{8}=2\sqrt{2}.$

$\cos\langle\boldsymbol{a},\boldsymbol{b}\rangle=\dfrac{\boldsymbol{a}\cdot\boldsymbol{b}}{|\boldsymbol{a}||\boldsymbol{b}|}=\dfrac{4}{2\sqrt{2}\times2\sqrt{2}}=\dfrac{1}{2},$

因此

$$\langle\boldsymbol{a},\boldsymbol{b}\rangle=\frac{\pi}{3}.$$

例 4 在空间直角坐标系中,设三点 $A(5,-4,1)$,$B(3,2,1)$,$C(2,-5,0)$. 证明:$\triangle ABC$ 是直角三角形.

证明 由题意可知

$$\overrightarrow{AB}=\{-2,6,0\},\overrightarrow{AC}=\{-3,-1,-1\},$$

则

$$\overrightarrow{AB}\cdot\overrightarrow{AC}=(-2)\times(-3)+6\times(-1)+0\times(-1)=0,$$

所以

$$\overrightarrow{AB}\perp\overrightarrow{AC}.$$

即 $\triangle ABC$ 是直角三角形.

三、向量积的定义及性质

在物理学中我们知道,要表示一外力对物体的转动所产生的影响,我们用力矩的概念来描述. 设一杠杆的一端 O 固定,力 $\boldsymbol{F}$ 作用于杠杆上的点 A 处,$\boldsymbol{F}$ 与 $\overrightarrow{OA}$ 的夹角为 θ,则杠杆在 $\boldsymbol{F}$ 的作用下绕 O 点转动,这时,可用力矩 $\boldsymbol{M}$ 来描述. 力 $\boldsymbol{F}$ 对 O 的力矩 $\boldsymbol{M}$ 是个向量,$\boldsymbol{M}$ 的大小为

$$|\boldsymbol{M}|=|\overrightarrow{OA}||\boldsymbol{F}|\sin\langle\overrightarrow{OA},\boldsymbol{F}\rangle.$$

$\boldsymbol{M}$ 的方向与$\overrightarrow{OA}$ 及 $\boldsymbol{F}$ 都垂直，且$\overrightarrow{OA}$，$\boldsymbol{F}$，$\boldsymbol{M}$ 成右手系，如图 7－19 所示.

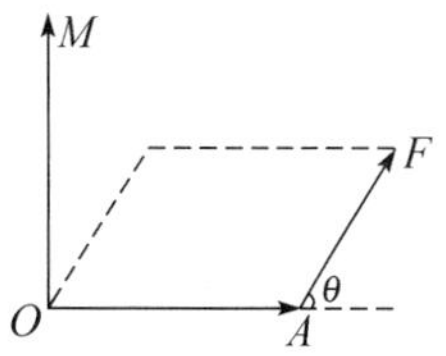

图 7－19

在实际生活中，会经常遇到像这样由两个向量所决定的另一个向量，由此引入两个向量的向量积的概念.

定义 7.6 设 $\boldsymbol{a}$，$\boldsymbol{b}$ 为空间中的两个向量，若由 $\boldsymbol{a}$，$\boldsymbol{b}$ 所决定的向量 $\boldsymbol{c}$，其模为

$$|\boldsymbol{c}| = |\boldsymbol{a}||\boldsymbol{b}|\sin\langle\boldsymbol{a},\boldsymbol{b}\rangle.$$

其方向与 $\boldsymbol{a}$，$\boldsymbol{b}$ 均垂直且 $\boldsymbol{a}$，$\boldsymbol{b}$，$\boldsymbol{c}$ 成右手系，则向量 $\boldsymbol{c}$ 叫做**向量 $\boldsymbol{a}$ 与 $\boldsymbol{b}$ 的向量积**（也称**外积**或**叉积**）. 记作 $\boldsymbol{a}\times\boldsymbol{b}$，读作"$\boldsymbol{a}$ 叉乘 $\boldsymbol{b}$".

注：(1) 两向量 $\boldsymbol{a}$ 与 $\boldsymbol{b}$ 的向量积 $\boldsymbol{a}\times\boldsymbol{b}$ 是一个向量，其模 $|\boldsymbol{a}\times\boldsymbol{b}|$ 的几何意义是以 $\boldsymbol{a}$，$\boldsymbol{b}$ 为邻边的平行四边形的面积.

(2) 对两个非零向量 $\boldsymbol{a}$ 与 $\boldsymbol{b}$，$\boldsymbol{a}$ 与 $\boldsymbol{b}$ 平行（即平行）的充要条件是它们的向量积为零向量.

$$\boldsymbol{a} /\!/ \boldsymbol{b} \Leftrightarrow \boldsymbol{a}\times\boldsymbol{b} = \boldsymbol{0}.$$

向量积的运算满足如下**性质**：

对任意向量 $\boldsymbol{a}$，$\boldsymbol{b}$ 及任意实数 λ，有：

(1) **反交换律**：$\boldsymbol{a}\times\boldsymbol{b} = -\boldsymbol{b}\times\boldsymbol{a}$.

(2) **分配律**：$\boldsymbol{a}\times(\boldsymbol{b}+\boldsymbol{c}) = \boldsymbol{a}\times\boldsymbol{b}+\boldsymbol{a}\times\boldsymbol{c}$,

$(\boldsymbol{a}+\boldsymbol{b})\times\boldsymbol{c} = \boldsymbol{a}\times\boldsymbol{c}+\boldsymbol{b}\times\boldsymbol{c}$.

(3) **与数乘的结合律**：$(\lambda\boldsymbol{a})\times\boldsymbol{b} = \lambda(\boldsymbol{a}\times\boldsymbol{b}) = \boldsymbol{a}\times(\lambda\boldsymbol{b})$.

例 5 对坐标向量 $\boldsymbol{i}$，$\boldsymbol{j}$，$\boldsymbol{k}$，求 $\boldsymbol{i}\times\boldsymbol{i}$，$\boldsymbol{j}\times\boldsymbol{j}$，$\boldsymbol{k}\times\boldsymbol{k}$，$\boldsymbol{i}\times\boldsymbol{j}$，$\boldsymbol{j}\times\boldsymbol{k}$，$\boldsymbol{k}\times\boldsymbol{i}$.

解 $\boldsymbol{i}\times\boldsymbol{i} = \boldsymbol{j}\times\boldsymbol{j} = \boldsymbol{k}\times\boldsymbol{k} = \boldsymbol{0}$.

$\boldsymbol{i}\times\boldsymbol{j} = \boldsymbol{k}$，$\boldsymbol{j}\times\boldsymbol{k} = \boldsymbol{i}$，$\boldsymbol{k}\times\boldsymbol{i} = \boldsymbol{j}$.

四、向量积的运算

先简单介绍一下二阶行列式与三阶行列式的有关内容.

把四个数排成形如 $\begin{vmatrix} x_1 & y_1 \\ x_2 & y_2 \end{vmatrix}$ 的式子，叫做**二阶行列式**，其中的每个数叫做**行列式的元素**，且约定

$$\begin{vmatrix} x_1 & y_1 \\ x_2 & y_2 \end{vmatrix} = x_1y_2 - x_2y_1,$$

上式等号右边称为**二阶行列式的展开式**.

把九个数排成形如 $\begin{vmatrix} x_1 & y_1 & z_1 \\ x_2 & y_2 & z_2 \\ x_3 & y_3 & z_3 \end{vmatrix}$ 的式子，叫做**三阶行列式**，且约定

$$\begin{vmatrix} x_1 & y_1 & z_1 \\ x_2 & y_2 & z_2 \\ x_3 & y_3 & z_3 \end{vmatrix} = x_1\begin{vmatrix} y_2 & z_2 \\ y_3 & z_3 \end{vmatrix} - y_1\begin{vmatrix} x_2 & z_2 \\ x_3 & z_3 \end{vmatrix} + z_1\begin{vmatrix} x_2 & y_2 \\ x_3 & y_3 \end{vmatrix},$$

上式等号右边称为**三阶行列式按第一行元素展开的展开式**.

在空间直角坐标系下，设向量 $\boldsymbol{a} = \{x_1, y_1, z_1\}$，向量 $\boldsymbol{b} = \{x_2, y_2, z_2\}$，即

$$\boldsymbol{a} = x_1\boldsymbol{i}+y_1\boldsymbol{j}+z_1\boldsymbol{k}, \boldsymbol{b} = x_2\boldsymbol{i}+y_2\boldsymbol{j}+z_2\boldsymbol{k},$$

因为 $$\boldsymbol{i}\times\boldsymbol{i}=\boldsymbol{j}\times\boldsymbol{j}=\boldsymbol{k}\times\boldsymbol{k}=\boldsymbol{0}.$$
$$\boldsymbol{i}\times\boldsymbol{j}=\boldsymbol{k},\boldsymbol{j}\times\boldsymbol{k}=\boldsymbol{i},\boldsymbol{k}\times\boldsymbol{i}=\boldsymbol{j},$$
$$\boldsymbol{j}\times\boldsymbol{i}=-\boldsymbol{k},\boldsymbol{k}\times\boldsymbol{j}=-\boldsymbol{i},\boldsymbol{i}\times\boldsymbol{k}=-\boldsymbol{j}.$$
则
$$\begin{aligned}\boldsymbol{a}\times\boldsymbol{b}&=(x_1\boldsymbol{i}+y_1\boldsymbol{j}+z_1\boldsymbol{k})\times(x_2\boldsymbol{i}+y_2\boldsymbol{j}+z_2\boldsymbol{k})\\&=x_1x_2(\boldsymbol{i}\times\boldsymbol{i})+x_1y_2(\boldsymbol{i}\times\boldsymbol{j})+x_1z_2(\boldsymbol{i}\times\boldsymbol{k})\\&\quad+y_1x_2(\boldsymbol{j}\times\boldsymbol{i})+y_1y_2(\boldsymbol{j}\times\boldsymbol{j})+y_1z_2(\boldsymbol{j}\times\boldsymbol{k})\\&\quad+z_1x_2(\boldsymbol{k}\times\boldsymbol{i})+z_1y_2(\boldsymbol{k}\times\boldsymbol{j})+z_1z_2(\boldsymbol{k}\times\boldsymbol{k})\\&=(x_1y_2-y_1x_2)(\boldsymbol{i}\times\boldsymbol{j})+(y_1z_2-z_1y_2)(\boldsymbol{j}\times\boldsymbol{k})-(x_1z_2-z_1x_2)(\boldsymbol{k}\times\boldsymbol{i})\\&=(y_1z_2-z_1y_2)\boldsymbol{i}-(x_1z_2-z_1x_2)\boldsymbol{j}+(x_1y_2-y_1x_2)\boldsymbol{k}.\end{aligned}$$

为了便于记忆,结合前面介绍的二阶行列式及三阶行列式有

$$\boldsymbol{a}\times\boldsymbol{b}=\begin{vmatrix}y_1&z_1\\y_2&z_2\end{vmatrix}\boldsymbol{i}-\begin{vmatrix}x_1&z_1\\x_2&z_2\end{vmatrix}\boldsymbol{j}+\begin{vmatrix}x_1&y_1\\x_2&y_2\end{vmatrix}\boldsymbol{k}=\begin{vmatrix}\boldsymbol{i}&\boldsymbol{j}&\boldsymbol{k}\\x_1&y_1&z_1\\x_2&y_2&z_2\end{vmatrix}.$$

注: 设两个非零向量 $\boldsymbol{a}=\{x_1,\ y_1,\ z_1\}$,$\boldsymbol{b}=\{x_2,\ y_2,\ z_2\}$,则

$\boldsymbol{a}\parallel\boldsymbol{b}\Leftrightarrow\boldsymbol{a}\times\boldsymbol{b}=\boldsymbol{0}\Leftrightarrow y_1z_2-z_1y_2=0,x_1z_2-z_1x_2=0,x_1y_2-y_1x_2=0,$

或
$$\frac{x_1}{x_2}=\frac{y_1}{y_2}=\frac{z_1}{z_2}.$$
若某个分母为零,则规定相应的分子为零.

例 6 设向量 $\boldsymbol{a}=\{2,1,-1\}$,$\boldsymbol{b}=\{-1,1,3\}$,求 $\boldsymbol{a}\times\boldsymbol{b}$ 和 $\boldsymbol{b}\times\boldsymbol{a}$ 的坐标.

解 $$\boldsymbol{a}\times\boldsymbol{b}=\begin{vmatrix}\boldsymbol{i}&\boldsymbol{j}&\boldsymbol{k}\\2&1&-1\\-1&1&3\end{vmatrix}=\begin{vmatrix}1&-1\\1&3\end{vmatrix}\boldsymbol{i}-\begin{vmatrix}2&-1\\-1&3\end{vmatrix}\boldsymbol{j}+\begin{vmatrix}2&1\\-1&1\end{vmatrix}\boldsymbol{k}=4\boldsymbol{i}-5\boldsymbol{j}+3\boldsymbol{k}.$$

即 $\boldsymbol{a}\times\boldsymbol{b}$ 的坐标表示为$\{4,\ -5,\ 3\}$.

$$\boldsymbol{b}\times\boldsymbol{a}=-\boldsymbol{a}\times\boldsymbol{b}=-4\boldsymbol{i}+5\boldsymbol{j}-3\boldsymbol{k},$$

即 $\boldsymbol{b}\times\boldsymbol{a}$ 的坐标表示为$\{-4,\ 5,\ -3\}$.

例 7 在空间直角坐标系中,设向量 $\boldsymbol{a}=\{3,\ 0,\ 2\}$,$\boldsymbol{b}=\{-1,\ 1,\ -1\}$,求同时垂直于向量 $\boldsymbol{a}$ 与 $\boldsymbol{b}$ 的单位向量.

解 设向量 $\boldsymbol{c}=\boldsymbol{a}\times\boldsymbol{b}$,则 $\boldsymbol{c}$ 同时与 $\boldsymbol{a}$,$\boldsymbol{b}$ 垂直. 而

$$\boldsymbol{c}=\boldsymbol{a}\times\boldsymbol{b}=\begin{vmatrix}\boldsymbol{i}&\boldsymbol{j}&\boldsymbol{k}\\3&0&2\\-1&1&-1\end{vmatrix}$$
$$=\begin{vmatrix}0&2\\1&-1\end{vmatrix}\boldsymbol{i}-\begin{vmatrix}3&2\\-1&-1\end{vmatrix}\boldsymbol{j}+\begin{vmatrix}3&0\\-1&1\end{vmatrix}\boldsymbol{k}=-2\boldsymbol{i}+\boldsymbol{j}+3\boldsymbol{k}.$$

所以向量 $\boldsymbol{c}$ 的坐标为$\{-2,\ 1,\ 3\}$.

再将 $\boldsymbol{c}$ 单位化,得

$$\boldsymbol{c}_0=\frac{1}{\sqrt{(-2)^2+1^2+3^2}}\{-2,\ 1,\ 3\}=\left\{-\frac{2}{\sqrt{14}},\ \frac{1}{\sqrt{14}},\ \frac{3}{\sqrt{14}}\right\}.$$

$\pm\boldsymbol{c}_0$ 就是同时垂直于 $\boldsymbol{a}$,$\boldsymbol{b}$ 的单位向量.

即$\left\{-\frac{2}{\sqrt{14}},\ \frac{1}{\sqrt{14}},\ \frac{3}{\sqrt{14}}\right\}$与$\left\{\frac{2}{\sqrt{14}},\ -\frac{1}{\sqrt{14}},\ -\frac{3}{\sqrt{14}}\right\}$为所求的向量.

例 8 在空间直角坐标系中，设点 $A(1,1,0)$，$B(-2,1,3)$，$C(2,-1,2)$，求 $\triangle ABC$ 的面积.

解 由两向量积的模的几何意义知：以 $\overrightarrow{AB}$，$\overrightarrow{AC}$ 为邻边的平行四边形的面积为 $|\overrightarrow{AB}\times\overrightarrow{AC}|$，由于

$$\overrightarrow{AB}=\{-3,0,3\},\overrightarrow{AC}=\{1,-2,2\},$$

因此

$$\overrightarrow{AB}\times\overrightarrow{AC}=\begin{vmatrix}\boldsymbol{i} & \boldsymbol{j} & \boldsymbol{k}\\ -3 & 0 & 3\\ 1 & -2 & 2\end{vmatrix}=6\boldsymbol{i}+9\boldsymbol{j}+6\boldsymbol{k},$$

所以

$$|\overrightarrow{AB}\times\overrightarrow{AC}|=\sqrt{6^2+9^2+6^2}=3\sqrt{17}.$$

故 $\triangle ABC$ 的面积为

$$S_{\triangle ABC}=\frac{1}{2}|\overrightarrow{AB}\times\overrightarrow{AC}|=\frac{3\sqrt{17}}{2}.$$

习题 7-3

1. 设 $|\boldsymbol{a}|=2$，$|\boldsymbol{b}|=3$，$\langle\boldsymbol{a},\boldsymbol{b}\rangle=\frac{\pi}{3}$，求 $\boldsymbol{a}\cdot\boldsymbol{b}$，$(3\boldsymbol{a}-\boldsymbol{b})\cdot\boldsymbol{b}$，$|\boldsymbol{a}+\boldsymbol{b}|$.
2. 设向量 $\boldsymbol{a},\boldsymbol{b},\boldsymbol{c}$ 两两垂直，且 $|\boldsymbol{a}|=1$，$|\boldsymbol{b}|=2$，$|\boldsymbol{c}|=3$，求向量 $\boldsymbol{d}=\boldsymbol{a}+\boldsymbol{b}+\boldsymbol{c}$ 的模.
3. 证明：$(\boldsymbol{b}\cdot\boldsymbol{c})\cdot\boldsymbol{a}-(\boldsymbol{a}\cdot\boldsymbol{c})\cdot\boldsymbol{b}$ 与 $\boldsymbol{c}$ 垂直.
4. 在空间直角坐标系中，已知 $\boldsymbol{a}=\{-1,2,3\}$，$\boldsymbol{b}=\{2,-2,1\}$，求：
   (1) $\boldsymbol{a}\cdot\boldsymbol{b}$；(2) $4\boldsymbol{a}\cdot 3\boldsymbol{b}$；(3) $|\boldsymbol{a}-\boldsymbol{b}|$；(4) $\cos\langle\boldsymbol{a},\boldsymbol{b}\rangle$.
5. 设向量 $\boldsymbol{a},\boldsymbol{b}$ 的坐标分别为 $\{2,1,-2\}$ 和 $\{1,3,k\}$，若 $\boldsymbol{a}\perp\boldsymbol{b}$，求 k 的值.
6. 在空间直角坐标系中，已知三点 $A(2,3,-1)$，$B(1,4,-1)$，$C(3,3,-2)$，求 $\overrightarrow{AB}$ 与 $\overrightarrow{AC}$ 的夹角.
7. 设向量 $\boldsymbol{a}=\{3,1,-2\}$，$\boldsymbol{b}=\{-1,2,0\}$，求 $\boldsymbol{a}\times\boldsymbol{b}$.
8. 求同时垂直于向量 $\boldsymbol{a}=\{1,-3,4\}$ 和 z 轴的单位向量.
9. 已知三角形的三个顶点 $A(1,1,1)$，$B(2,2,2)$，$C(4,3,5)$，求 $\triangle ABC$ 的面积.

§7-4 平面方程

一、平面及其方程

利用向量的概念，可以在空间直角坐标系中建立平面的方程，并讨论几种由不同条件所确定的平面的方程.

1. 平面的点法式方程

若一个非零向量 $\boldsymbol{n}$ 垂直于平面 π，则称向量 $\boldsymbol{n}$ 为平面 π 的一个**法向量.**

显然，若 $\boldsymbol{n}$ 是平面 π 的一个法向量，则 $\lambda\boldsymbol{n}$（λ 为任意非零实数）都是 π 的法向量.

由立体几何知识知道，过一个定点 $M_0(x_0,y_0,z_0)$ 且垂直于一个非零向量 $\boldsymbol{n}=\{A,B,C\}$ 有且只有一个平面 π，如图 7-20 所示.

下面推导平面 π 的方程.

设 $M(x,y,z)$ 为平面 π 上的任一点，由于 $\boldsymbol{n}\perp\pi$，因此 $\boldsymbol{n}\perp\overrightarrow{M_0M}$. 由两向量垂直的充要条

件，得

$$\boldsymbol{n} \cdot \overrightarrow{M_0M} = 0.$$

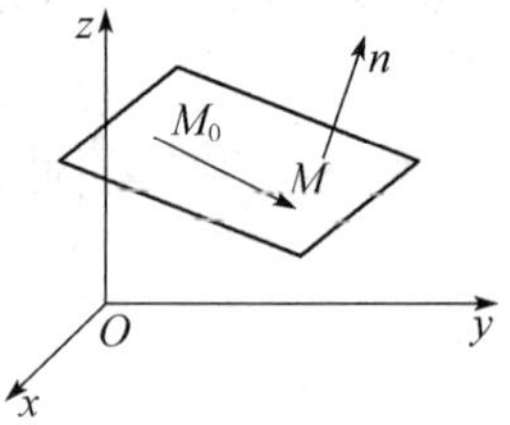

图 7 - 20

而 $\overrightarrow{M_0M} = \{x - x_0, y - y_0, z - z_0\}$，$\boldsymbol{n} = \{A, B, C\}$，

所以

$$A(x - x_0) + B(y - y_0) + C(z - z_0) = 0.$$

由于平面 π 上任意一点 $M(x, y, z)$ 都满足方程，而不在平面 π 上的点都不满足方程，因此这个方程就是平面 π 的方程.

由于方程是由定点 $M_0(x_0, y_0, z_0)$ 和法向量 $\boldsymbol{n} = \{A, B, C\}$ 所确定的，因而称其为平面 π **的点法式方程**.

例 1 求通过点 $M_0(4, -1, 3)$ 且垂直于向量 $\boldsymbol{n} = \{3, 2, -1\}$ 的平面方程.

解 由于 $\boldsymbol{n} = \{3, 2, -1\}$ 为所求平面的一个法向量，平面又过点 $M_0(4, -1, 3)$，所以，由平面的点法式方程可得所求平面的方程为

$$3(x - 4) + 2 \cdot (y + 1) - 1 \cdot (z - 3) = 0,$$

整理，得

$$3x + 2y - z - 7 = 0.$$

例 2 求通过点 $M_0(-2, 4, -5)$ 且与 xOy 平面平行的平面方程.

解 显然 $\boldsymbol{k} = \{0, 0, 1\}$ 为所求平面的一个法向量，因此所求平面的方程为

$$0 \cdot (x + 2) + 0 \cdot (y - 4) + 1 \cdot (z + 5) = 0,$$

即

$$z + 5 = 0.$$

2. 平面的一般式方程

展开平面的点法式方程，得

$$Ax + By + Cz - (Ax_0 + By_0 + Cz_0) = 0,$$

设 $D = -(Ax_0 + By_0 + Cz_0)$，则

$$Ax + By + Cz + D = 0 \ (A, B, C \text{ 不全为零}).$$

此方程为**平面的一般式方程**. 其中 $\{A, B, C\}$ 为该平面的一个法向量.

例 3 求过两点 $A(3, 0, -2)$，$B(-1, 2, 4)$ 且与 x 轴平行的平面方程.

解 要求出平面的方程，关键要找出平面所过的一个点以及平面的一个法向量 $\boldsymbol{n}$.

已知所求平面的法向量同时与 $\overrightarrow{AB}$ 和 x 轴垂直，即法向量同时与 $\overrightarrow{AB} = \{-4, 2, 6\}$ 和 $\boldsymbol{i} = \{1, 0, 0\}$ 垂直，因此可取 $\overrightarrow{AB} \times \boldsymbol{i}$ 作为该平面的一个法向量.

$$\boldsymbol{n} = \overrightarrow{AB} \times \boldsymbol{i} = \begin{vmatrix} \boldsymbol{i} & \boldsymbol{j} & \boldsymbol{k} \\ -4 & 2 & 6 \\ 1 & 0 & 0 \end{vmatrix} = \begin{vmatrix} 2 & 6 \\ 0 & 0 \end{vmatrix} \boldsymbol{i} - \begin{vmatrix} -4 & 6 \\ 1 & 0 \end{vmatrix} \boldsymbol{j} + \begin{vmatrix} -4 & 2 \\ 1 & 0 \end{vmatrix} \boldsymbol{k}$$

$$= 0\boldsymbol{i} + 6\boldsymbol{j} - 2\boldsymbol{k}.$$

所以 $\boldsymbol{n} = \{0, 6, 2\}$ 为所求平面的一个法向量.

再由平面的点法式方程得所求平面的方程为

$$0 \cdot (x - 3) + 6(y - 0) - 2(z + 2) = 0,$$

整理得

$$3y - z - 2 = 0.$$

3. 平面的截距式方程

例 4 求过三点 $A(a, 0, 0)$，$B(0, b, 0)$，$C(0, 0, c)$ $(abc \neq 0)$ 的平面 π 的方程.

解　所求平面 π 的法向量必定同时垂直于$\overrightarrow{AB}$ 与$\overrightarrow{AC}$,因此可取$\overrightarrow{AB}$ 与$\overrightarrow{AC}$ 的向量积$\overrightarrow{AB}\times\overrightarrow{AC}$ 为该平面的一个法向量 $\boldsymbol{n}$,即

$$\boldsymbol{n}=\overrightarrow{AB}\times\overrightarrow{AC}.$$

由于

$$\overrightarrow{AB}=\{-a,\ b,\ 0\},\overrightarrow{AC}=\{-a,\ 0,\ c\},$$

因此

$$\boldsymbol{n}=\overrightarrow{AB}\times\overrightarrow{AC}=\begin{vmatrix}\boldsymbol{i} & \boldsymbol{j} & \boldsymbol{k}\\ -a & b & 0\\ -a & 0 & c\end{vmatrix}$$

$$=bc\boldsymbol{i}+ac\boldsymbol{j}+ab\boldsymbol{k}.$$

即

$$\boldsymbol{n}=\{bc,\ ac,\ ab\}.$$

因此所求平面 π 的方程为

$$bc(x-a)+ac(y-0)+ab(z-0)=0,$$

化简得

$$bcx+acy+abz=abc.$$

由于 $abc\neq 0$,将两边同除以 abc,得该平面的方程为

$$\frac{x}{a}+\frac{y}{b}+\frac{z}{c}=1.$$

此方程称为**平面 π 的截距式方程**. A,B,C 三点为平面与三个坐标轴的交点,我们把这三个点中的坐标分量 $a,\ b,\ c$ 分别叫做该平面在 x 轴,y 轴和 z 轴上的截距.

注: 利用截距式方程,为画不过原点的平面图象提供了极为便利的方法: 只需找出平面与各坐标轴的交点,连接这三个点即为该平面,如图 7-21 所示.

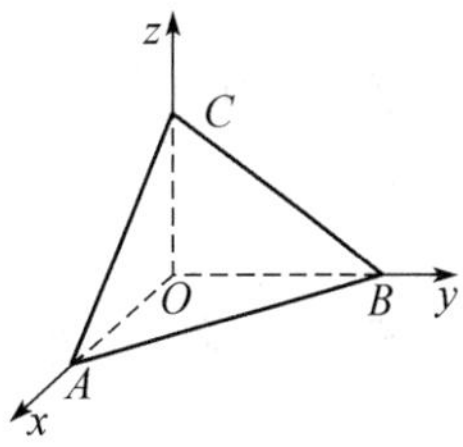

图 7-21

二、两平面间的关系

两个平面之间的位置关系有三种: 平行、重合和相交.

设有两个平面 π_1 与 π_2,它们的方程为

$$\pi_1:\ A_1x+B_1y+C_1z+D_1=0\quad(A_1,\ B_1,\ C_1\text{ 不同时为零}),$$

$$\pi_2:\ A_2x+B_2y+C_2z+D_2=0\quad(A_2,\ B_2,\ C_2\text{ 不同时为零}),$$

则它们的法向量分别为 $\boldsymbol{n}_1=\{A_1,\ B_1,\ C_1\}$ 和 $\boldsymbol{n}_2=\{A_2,\ B_2,\ C_2\}$.

(1) 两平面平行 $\Leftrightarrow\boldsymbol{n}_1\ /\!/\ \boldsymbol{n}_2\Leftrightarrow\dfrac{A_1}{A_2}=\dfrac{B_1}{B_2}=\dfrac{C_1}{C_2}\neq\dfrac{D_1}{D_2}$.

(2) 两平面重合 $\Leftrightarrow\dfrac{A_1}{A_2}=\dfrac{B_1}{B_2}=\dfrac{C_1}{C_2}=\dfrac{D_1}{D_2}$.

(3) 两平面相交 $\Leftrightarrow A_1,\ B_1,\ C_1$ 与 $A_2,\ B_2,\ C_2$ 不成比例.

当两平面相交时,把它们的夹角 θ 定义为其法向量的夹角$\langle\boldsymbol{n}_1,\ \boldsymbol{n}_2\rangle$,且规定 $0\leqslant\theta\leqslant\dfrac{\pi}{2}$.

即

$$\cos\theta=\cos\langle\boldsymbol{n}_1,\ \boldsymbol{n}_2\rangle=\frac{|\boldsymbol{n}_1\cdot\boldsymbol{n}_2|}{|\boldsymbol{n}_1||\boldsymbol{n}_2|}$$

$$=\frac{|A_1A_2+B_1B_2+C_1C_2|}{\sqrt{A_1^2+B_1^2+C_1^2}\cdot\sqrt{A_2^2+B_2^2+C_2^2}}.$$

特别地，当 $\pi_1 \perp \pi_2$ 时，$\boldsymbol{n}_1 \perp \boldsymbol{n}_2$，则 $\boldsymbol{n}_1 \cdot \boldsymbol{n}_2 = 0$，即

$$A_1A_2 + B_1B_2 + C_1C_2 = 0.$$

例 5 已知两平面 π_1：$x - 2y + 3z + D_1 = 0$，π_2：$-2x + 4y + Cz + 5 = 0$.

问：(1) 如果 $\pi_1 // \pi_2$，求 C, D 的值，判断答案是否唯一；

(2) 如果 π_1 与 π_2 重合，求 C, D 的值.

解 (1) 如果 $\pi_1 // \pi_2$，那么 $\frac{1}{-2} = \frac{-2}{4} = \frac{3}{C}$.

由 $\frac{1}{-2} = \frac{3}{c}$，得 $C = -6$，D 可取任意值，故答案不唯一.

(2) 如果 π_1 与 π_2 重合，那么 $\frac{1}{-2} = \frac{-2}{4} = \frac{3}{C} = \frac{D}{5}$.

由 $\frac{3}{C} = -\frac{1}{2}$，$\frac{D}{5} = -\frac{1}{2}$，得 $C = -6$，$D = -\frac{5}{2}$.

三、点到平面的距离

在空间直角坐标系中，设点 $M(x_0, y_0, z_0)$，平面 π：$Ax + By + Cz + D = 0$（A, B, C 不全为零），可以证明点 M 到平面 π 的距离为

$$d = \frac{|Ax_0 + By_0 + Cz_0 + D|}{\sqrt{A^2 + B^2 + C^2}}.$$

例 6 求点 $P(1, 2, 3)$ 到平面 π：$2x + 2y + z - 3 = 0$ 的距离.

解 由点到平面的距离公式得

$$d = \frac{|2 \times 1 + 2 \times 2 + 1 \times 3 - 3|}{\sqrt{2^2 + 2^2 + 1^2}} = \frac{6}{3} = 2.$$

例 7 求两个平行平面 $x - 2y + 4z + 1 = 0$ 与 $x - 2y + 4z - 3 = 0$ 间的距离.

解 在一个平面 $x - 2y + 4z + 1 = 0$ 上任取一点，如取点 $P(-1, 0, 0)$，则 P 点到另一平面的距离即为两平行平面间的距离. 所以

$$d = \frac{|-1 \times 1 - 3|}{\sqrt{1^2 + (-2)^2 + 4^2}} = \frac{4}{\sqrt{21}} = \frac{4}{21}\sqrt{21}.$$

习题 7 - 4

1. 求过点 $A(1, 0, -3)$ 且与平面 $3x - y + 2z + 5 = 0$ 平行的平面方程.
2. 求过点 $A(3, 1, -1)$，$B(1, -1, 0)$ 且平行于向量 $\boldsymbol{a} = \{-1, 0, 2\}$ 的平面方程.
3. 求过 z 轴和点 $(3, 1, -2)$ 的平面方程.
4. 求通过 y 轴且垂直于平面 $2x + y - z + 5 = 0$ 平面方程.
5. 求过三点 $A(1, -1, 2)$，$B(3, 0, -2)$，$C(0, -3, 5)$ 的平面方程.
6. 求过点 $(1, 1, 1)$ 且在三个坐标轴的正方向上截得相等的线段的平面方程.
7. 设平面 $Ax - 2y - z + 1 = 0$ 与平面 $3x + By + 2z - 9 = 0$ 平行，试求 A 和 B 的值.
8. 求平面 $x - y + \sqrt{2}z - 5 = 0$ 与 yOz 平面的夹角.
9. 已知平面 $x + my - 2z - 9 = 0$，使它适合下列条件之一时，问 m 应取何值？

   (1) 经过点 $(5, -4 - 6)$；

   (2) 与平面 $2x + 4y + 3z = 2$ 垂直；

(3) 与平面 $x+3y-2z-5=0$ 平行；

(4) 与平面 $2x+6y-4z=18$ 重合.

10. 计算距离：

(1) 点 $(1, 1, 0)$ 到平面 $2x-y+2z+4=0$；

(2) 平行平面 $x+2y-z+5=0$ 与 $x+2y-z-2=0$.

§7-5　空间直线方程

一、空间直线的方程

1. 直线的对称式方程

一个点和一个方向可以确定一条直线，而方向可以用一个非零向量来表示.

如果一个非零向量 $\boldsymbol{s}$ 与直线 l 平行，那么称向量 $\boldsymbol{s}$ 是直线 l 的一个**方向向量**.

显然，若 $\boldsymbol{s}$ 是直线 l 的一个方向向量，则 $\lambda\boldsymbol{s}$（λ 为任意非零实数）都是 l 的方向向量.

在空间直角坐标系中，若 $M_0(x_0, y_0, z_0)$ 是直线 l 上的一个点，$\boldsymbol{s}=\{m, n, p\}$ 为 l 的一个方向向量，下面求直线 l 的方程.

设 $M(x, y, z)$ 为直线 l 上的任一点，如图 7-22，则 $\overrightarrow{M_0M} \parallel \boldsymbol{s}$，所以，存在一个实数 λ，使得 $\overrightarrow{M_0M}=\lambda\boldsymbol{s}$. 而 $\overrightarrow{M_0M}$ 的坐标为 $\{x-x_0, y-y_0, z-z_0\}$，因此有

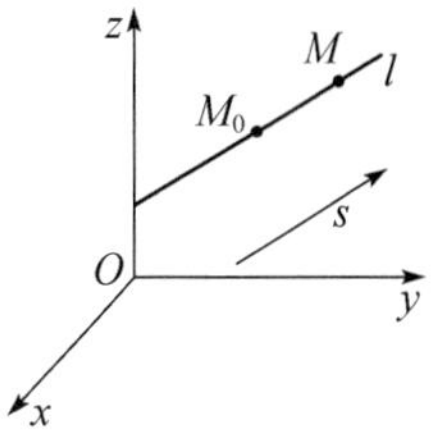

图 7-22

$$\begin{cases} x-x_0=\lambda m, \\ y-y_0=\lambda n, \\ z-z_0=\lambda p. \end{cases}$$

消去 λ，得

$$\frac{x-x_0}{m}=\frac{y-y_0}{n}=\frac{z-z_0}{p}.$$

称它为直线 l 的**对称式方程**. 其中 (x_0, y_0, z_0) 是直线 l 上一点的坐标，$\boldsymbol{s}=\{m, n, p\}$ 为直线 l 的一个方向向量.

例 1　设直线 l 过两点 $A(-1, 2, 3)$ 和 $B(2, 0, -1)$，求直线 l 的方程.

解　直线 l 的一个方向向量为 $\overrightarrow{AB}$，则

$$\overrightarrow{AB}=\{3, -2, -4\},$$

由直线的对称式方程可得 l 的方程为

$$\frac{x+1}{3}=\frac{y-2}{-2}=\frac{z-3}{-4}.$$

例 2　求过点 $M(1, 0, -2)$ 且与两平面 π_1：$x+y+z+1=0$ 和 π_2：$2x-y+3z+4=0$ 都平行的直线方程.

解　所求的直线与 π_1，π_2 都平行，即与 π_1，π_2 的法向量 $\boldsymbol{n}_1$，$\boldsymbol{n}_2$ 都垂直，其中

$$\boldsymbol{n}_1=\{1, 1, 1\}, \boldsymbol{n}_2=\{2, -1, 3\},$$

因此，可用 $\boldsymbol{n}_1 \times \boldsymbol{n}_2$ 作为直线的一个方向向量 $\boldsymbol{s}$.

$$\boldsymbol{s}=\boldsymbol{n}_1 \times \boldsymbol{n}_2=\begin{vmatrix} \boldsymbol{i} & \boldsymbol{j} & \boldsymbol{k} \\ 1 & 1 & 1 \\ 2 & -1 & 3 \end{vmatrix}=4\boldsymbol{i}-\boldsymbol{j}-3\boldsymbol{k},$$

即

$$\boldsymbol{s}=\{4,-1,-3\}.$$

于是所求直线的方程为

$$\frac{x-1}{4}=\frac{y-0}{-1}=\frac{z+2}{-3}.$$

2. 直线的一般式方程

空间任意一条直线都可看成是通过该直线的两个平面的交线，同时空间两个相交平面确定一条直线，所以将两个平面方程联立起来就代表空间直线的方程.

设两个平面的方程为

$$\pi_1: A_1x+B_1y+C_1z+D_1=0,$$
$$\pi_2: A_2x+B_2y+C_2z+D_2=0,$$

则

$$\begin{cases}A_1x+B_1y+C_1z+D_1=0,\\A_2x+B_2y+C_2z+D_2=0.\end{cases}$$

表示一条直线，其中 A_1，B_1，C_1 与 A_2，B_2，C_2 不成比例. 称它为直线的**一般式方程**.

例 3 将直线的一般式方程 $\begin{cases}2x-y+3z-1=0,\\3x+2y-z-12=0,\end{cases}$ 化为对称式方程.

解 先求直线上一点 M_0，不妨设 $z=0$，代入方程中得

$$\begin{cases}2x-y-1=0,\\3x+2y-12=0.\end{cases}$$

解之，得

$$x=2, y=3,$$

所以 $M_0(2, 3, 0)$ 为直线上的一点.

再求直线的一个方向向量 $\boldsymbol{s}$. 由于直线与两个平面的法向量 $\boldsymbol{n}_1$，$\boldsymbol{n}_2$ 都垂直，其中 $\boldsymbol{n}_1=\{2,-1, 3\}$，$\boldsymbol{n}_2=\{3, 2,-1\}$，因此可用 $\boldsymbol{n}_1\times\boldsymbol{n}_2$ 作为直线的一个方向向量 $\boldsymbol{s}$.

$$\boldsymbol{s}=\boldsymbol{n}_1\times\boldsymbol{n}_2=\begin{vmatrix}\boldsymbol{i}&\boldsymbol{j}&\boldsymbol{k}\\2&-1&3\\3&2&-1\end{vmatrix}=-5\boldsymbol{i}+11\boldsymbol{j}+7\boldsymbol{k},$$

即

$$\boldsymbol{s}=\{-5, 11, 7\}.$$

于是，该直线的对称式方程为

$$\frac{x-2}{-5}=\frac{y-3}{11}=\frac{z}{7}.$$

例 4 求平面 $3x-y+z-7=0$ 与 xOz 平面相交的交线方程.

解 xOz 平面的方程为

$$y=0,$$

因此，所求的交线方程为

$$\begin{cases}3x-y+z-7=0,\\y=0.\end{cases}$$

二、两直线的夹角

两相交直线 l_1 与 l_2 所形成的 4 个角中，把不大于 $\frac{\pi}{2}$ 的那对对顶角 θ 叫做这**两条直线的夹角**.

若 l_1 与 l_2 的方向向量分别为 $\boldsymbol{s}_1$，$\boldsymbol{s}_2$，显然有

$$\cos\theta = |\cos\langle \boldsymbol{s}_1, \boldsymbol{s}_2\rangle| = \frac{|\boldsymbol{s}_1 \cdot \boldsymbol{s}_2|}{|\boldsymbol{s}_1||\boldsymbol{s}_2|}.$$

注：(1) 若 $l_1 \parallel l_2$，规定 l_1 与 l_2 的夹角为 0；

(2) 对于异面直线，可把这两条直线平移至相交状态，此时，它们的夹角称为异面直线的夹角；

(3) 若 $l_1 \perp l_2 \Leftrightarrow \boldsymbol{s}_1 \cdot \boldsymbol{s}_2 = 0 \Leftrightarrow m_1m_2 + n_1n_2 + p_1p_2 = 0$.

例 5 求直线 l_1：$\dfrac{x-1}{3} = \dfrac{y+2}{0} = \dfrac{z+3}{-4}$ 与 l_2：$\dfrac{x+1}{1} = \dfrac{y-2}{-2} = \dfrac{z}{2}$ 的夹角 θ.

解 直线 l_1，l_2 的方向向量分别为 $\boldsymbol{s}_1 = \{3, 0, -4\}$，$\boldsymbol{s}_2 = \{1, -2, 2\}$.

因此
$$\cos\theta = \frac{|3\times1+0\times(-2)+(-4)\times2|}{\sqrt{3^2+0^2+(-4)^2}\cdot\sqrt{1^2+(-2)^2+2^2}} = \frac{1}{3}.$$
$$\theta = \arccos\frac{1}{3}.$$

三、直线与平面的夹角

直线与它在平面上的投影之间的夹角 $\theta\left(0 \leqslant \theta \leqslant \dfrac{\pi}{2}\right)$，称为**直线与平面的夹角**.

若直线 l：$\dfrac{x-x_0}{m} = \dfrac{y-y_0}{n} = \dfrac{z-z_0}{p}$，平面 π：$Ax+By+Cz+D=0$，则直线 l 的方向向量为 $\boldsymbol{s} = \{m, n, p\}$，平面 π 的法向量为 $\boldsymbol{n} = \{A, B, C\}$，

设直线 l 与平面 π 的法线之间的夹角为 φ，则 $\theta = \dfrac{\pi}{2} - \varphi$（图 7-23）. 所以，

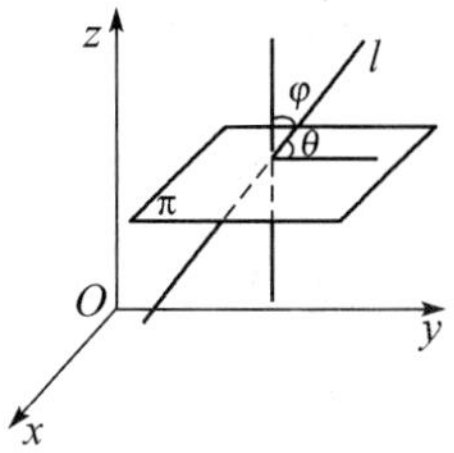

图 7-23

$$\sin\theta = \cos\varphi = \frac{|\boldsymbol{s}\cdot\boldsymbol{n}|}{|\boldsymbol{s}|\cdot|\boldsymbol{n}|} = \frac{|Am+Bn+Cp|}{\sqrt{m^2+n^2+p^2}\cdot\sqrt{A^2+B^2+C^2}}.$$

特别地
$$l \perp \pi \Leftrightarrow \boldsymbol{s} \parallel \boldsymbol{n} \Leftrightarrow \boldsymbol{s}\times\boldsymbol{n} = \boldsymbol{0} \Leftrightarrow \frac{m}{A} = \frac{n}{B} = \frac{p}{C}.$$

例 6 求直线 l：$\dfrac{x-1}{2} = \dfrac{y}{1} = \dfrac{z+2}{3}$ 与平面 π：$2x+3y-z+4=0$ 的交点和夹角 θ.

解 设 $\dfrac{x-1}{2} = \dfrac{y}{1} = \dfrac{z+2}{3} = t$，则 $x = 1+2t$，$y = t$，$z = -2+3t$ 代入 π 的方程，整理得 $t = -2$，故所求交点为 $(-3, -2, -8)$.

由直线与平面夹角公式，得
$$\sin\theta = \frac{|2\times2+1\times3+3\times(-1)|}{\sqrt{2^2+1^2+3^2}\sqrt{2^2+3^2+(-1)^2}} = \frac{2}{7},$$
$$\theta = \arcsin\frac{2}{7}.$$

习题 7－5

1. 求通过点 $A(-1, 4, -2)$ 且垂直于平面 $x-2y=5$ 的直线方程.
2. 求通过点 $A(3, -2, 1)$ 与 $B(-2, 0, 1)$ 的直线方程.
3. 求过点 $(1, 0, 1)$ 平行于两平面 $x-y=5$ 和 $x+3y=9$ 的直线方程.

4. 求平面 $3x-y+2z-4=0$ 与 yOz 平面交线方程.

5. 将直线的一般式方程 $\begin{cases}2x-3y-3z-9=0,\\x-2y+z+3=0,\end{cases}$ 化为对称式方程.

6. 求过点 $(4,-1,3)$ 且与直线 $\dfrac{x-3}{2}=y=\dfrac{z-1}{5}$ 平行的直线方程.

7. 求直线 l_1：$\begin{cases}x-2z-4=0,\\3y-z+8=0,\end{cases}$ 且与直线 l_2：$\begin{cases}x-y-4=0,\\y-z+6=0,\end{cases}$ 的夹角.

8. 求直线 l：$\begin{cases}x+y+3z=0,\\x-y-z=0,\end{cases}$ 和平面 π：$x-y-z+1=0$ 的夹角.

9. 设直线 l：$\dfrac{x-2}{2}=\dfrac{y+1}{1}=\dfrac{z-3}{-1}$ 与平面 π：$Ax+By-z-6=0$ 垂直，求：

(1) A,B 的值；(2) 直线与平面的交点坐标.

§7-6　曲面方程

空间曲面和曲线是体现空间概念的基本图形，本节介绍常见的二次曲面，即其方程是关于 x,y,z 的二次方程，包括球面、椭球面、双曲面、抛物面、某些柱面及旋转曲面. 而一次方程 $Ax+By+Cz+D=0$ 为平面方程，所以平面也称一次曲面.

一、曲面与方程

定义 7.7　如果曲面 $\sum$ 与方程

$$F(x,y,z)=0$$

满足

(1) 曲面 $\sum$ 上每一点的坐标都满足方程 $F(x,y,z)=0$；

(2) 以满足方程 $F(x,y,z)=0$ 的解为坐标的点都在曲面 $\sum$ 上.

就称方程 $F(x,y,z)=0$ 为**曲面 $\sum$ 的方程**，而称曲面 $\sum$ 为此**方程的图形**.

空间中的曲线可以看作是两个曲面的交线，这时曲线上的点同时在两个曲面上，即曲线上的点的坐标同时满足两个曲面的方程，反之亦然.

定义 7.8　设曲面 $\sum_1$ 的方程为 $F_1(x,y,z)=0$，$\sum_2$ 的方程为 $F_2(x,y,z)=0$，则满足方程组

$$\begin{cases}F_1(x,y,z)=0,\\F_2(x,y,z)=0\end{cases}$$

的点的轨迹叫做**曲线**，该方程称为**曲线的方程**.

例如，直线就是两个平面的交线，它的方程就是联立两个平面方程的方程组.

二、常见的二次曲面

1. 球面

空间中与某个定点的距离等于定长的点的轨迹为一个**球面**. 定点称为**球心**，定长称为**球的半径**.

设定点 $C(x_0, y_0, z_0)$，定长为 R，设 $M(x, y, z)$ 是球面上任一点，则

$$|MC| = R,$$

即

$$\sqrt{(x-x_0)^2+(y-y_0)^2+(z-z_0)^2}=R,$$

两边平方，得

$$(x-x_0)^2+(y-y_0)^2+(z-z_0)^2=R^2.$$

反之，若 $M(x, y, z)$ 的坐标满足该方程，则总有 $|MC|=R$，所以此方程为是以 $C(x_0, y_0, z_0)$ 为球心，以 R 为半径的球面方程.

特别地，以坐标原点为球心，以 R 为半径的球面方程为

$$x^2+y^2+z^2=R^2.$$

2. 椭球面

由方程

$$\frac{x^2}{a^2}+\frac{y^2}{b^2}+\frac{z^2}{c^2}=1\ (a>0, b>0, c>0)$$

所确定的曲面称为**椭球面**，a, b, c 称为**椭球面的半轴**，此方程称为**椭球面的标准方程**.

下面讨论椭球面的性质及图象.

由椭球面的范围为

$$-a\leqslant x\leqslant a,\ -b\leqslant y\leqslant b,\ -c\leqslant z\leqslant c.$$

即椭球面在 $x=\pm a, y=\pm b, z=\pm c$ 这六个平面所围成的长方体内. 且椭球面与三个坐标轴的六个交点 $(\pm a, 0, 0)$，$(0, \pm b, 0)$，$(0, 0, \pm c)$ 称为椭球面的**顶点**.

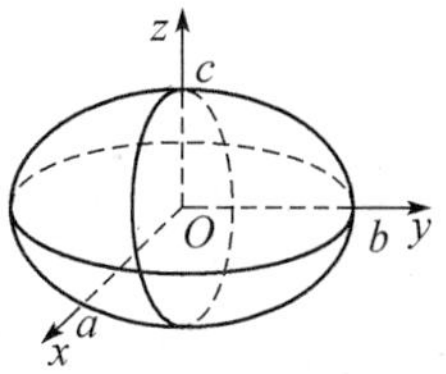

图 7-24

椭球面关于三坐标平面、三坐标轴、坐标原点都对称.

用平行于坐标平面的平面去截曲面，所得的交线称为该曲面的**截痕**.

用一组平行于 xOy 平面的平面 $z=h\ (|h|\leqslant c)$ 去截椭球面，截痕方程为

$$\begin{cases}\dfrac{x^2}{a^2}+\dfrac{y^2}{b^2}+\dfrac{z^2}{c^2}=1,\\ z=h.\end{cases}$$

这组截痕为椭圆，且 $|h|$ 越大，椭圆越小，当 $|h|=c$ 时，截痕缩成两点 $(0, 0, c)$ 和 $(0, 0, -c)$；当 $h=0$ 时，即用 xOy 平面去截椭球面，得到的截痕最大.

同样，用平行于 yOz 平面和 zOx 平面的平面去截椭球面能得到类似的结果.

综上，可以得到椭球面的形状如图 7-24 所示.

3. 双曲面

双曲面由图形的特点分为单叶双曲面和双叶双曲面.

由方程

$$\frac{x^2}{a^2}+\frac{y^2}{b^2}-\frac{z^2}{c^2}=1\quad (a>0, b>0, c>0)$$

所确定的曲面称为**单叶双曲面**.

由方程

$$\frac{x^2}{a^2}+\frac{y^2}{b^2}-\frac{z^2}{c^2}=-1\quad (a>0, b>0, c>0$$

所确定的曲面称为**双叶双曲面**.

下面讨论单叶双曲面的图形.

显然,单叶双曲面关于各坐标轴、坐标平面及原点对称.

用一组平行于 xOy 平面的平面 $z=h$ 去截它,截痕为椭圆,其方程为

$$\begin{cases}\dfrac{x^2}{a^2}+\dfrac{y^2}{b^2}=1+\dfrac{h^2}{c^2},\\ z=h.\end{cases}$$

并且 $|h|$ 越大,椭圆越大.

用 yOz 平面截曲面,得到一条实轴为 y 轴的双曲线.

用 zOx 平面截曲面,得到一条实轴为 x 轴的双曲线.

因此,单叶双曲面的图形如图 7 - 25 所示.

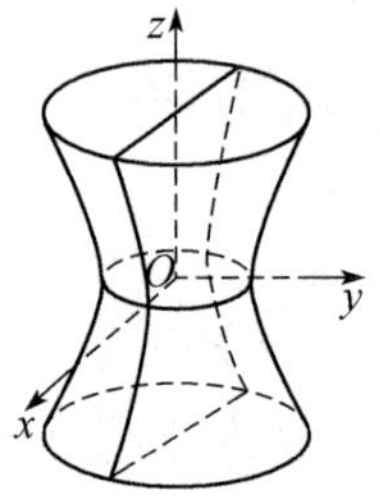

图 7 - 25

注: 方程

$$\frac{x^2}{a^2}-\frac{y^2}{b^2}+\frac{z^2}{c^2}=1 \text{ 和 } -\frac{x^2}{a^2}+\frac{y^2}{b^2}+\frac{z^2}{c^2}=1$$

也都是单叶双曲面.

用同样的方法也可以得到双叶双曲面的图形.

用 $z=h$ 去截双叶双曲面,截痕方程为

$$\begin{cases}\dfrac{x^2}{a^2}+\dfrac{y^2}{b^2}=\dfrac{h^2}{c^2}-1,\\ z=h.\end{cases}$$

当 $|h|<c$ 时,无截痕; $|h|=c$ 时,截痕为两点 $(0, 0, \pm c)$;当 $|h|>c$ 时,截痕为椭圆,且 $|h|$ 越大,椭圆越大.

用 yOz 平面去截它,截痕是一条实轴为 z 轴的双曲线.

用 zOx 平面去截它,截痕是一条实轴为 z 轴的双曲线.

因此,双叶双曲面的图形如图 7 - 26 所示.

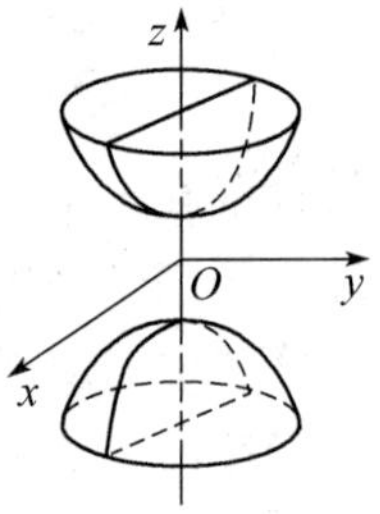

图 7 - 26

4. 抛物面

常见的抛物面有椭圆抛物面和双曲抛物面.

由方程

$$z=\frac{x^2}{a^2}+\frac{y^2}{b^2}\quad (a>0, b>0, c>0)$$

所确定的曲面称为**椭圆抛物面**.

由方程

$$z=\frac{x^2}{a^2}-\frac{y^2}{b^2}\quad (a>0, b>0, c>0)$$

所确定的曲面称为**双曲抛物面**.

用截痕法可得到它们的图形分别如图 7 - 27 与图 7 - 28 所示.

注: 双曲抛物面的图形形状很像马鞍,因此也称**马鞍面**.

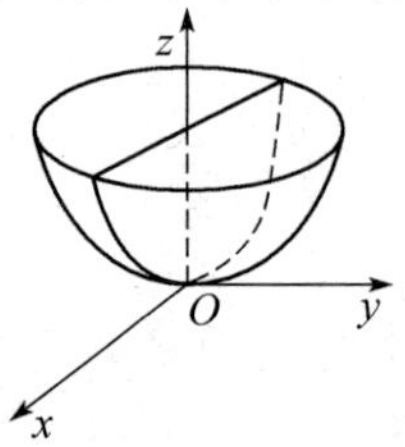

图 7 - 27

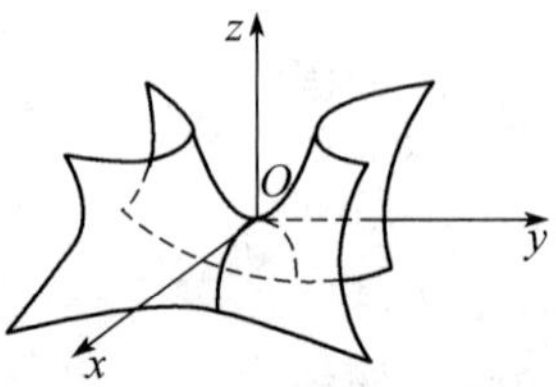

图 7 - 28

5. 柱面

用直线 L 沿空间一条曲线 Γ 平行移动所形成的曲面称为**柱面**. 动直线 L 称为柱面的**母线**，定曲线 Γ 称为柱面的**准线**,如图 7 - 29 所示.

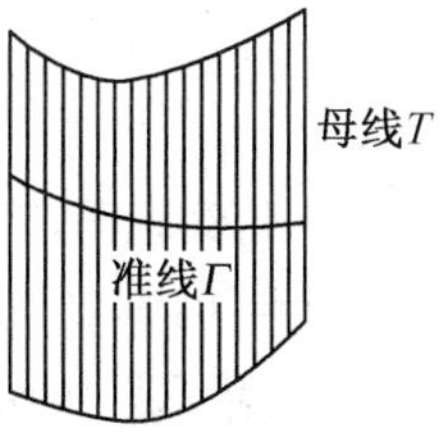

图 7 - 29

常见的柱面有：

圆柱面：$x^2 + y^2 = R^2$(图 7 - 30).

椭圆柱面：$\dfrac{x^2}{a^2} + \dfrac{y^2}{b^2} = 1$ (图 7 - 31).

双曲柱面：$\dfrac{y^2}{b^2} - \dfrac{x^2}{a^2} = 1$ (图 7 - 32).

抛物面：$x^2 = 2py$ (图 7 - 33).

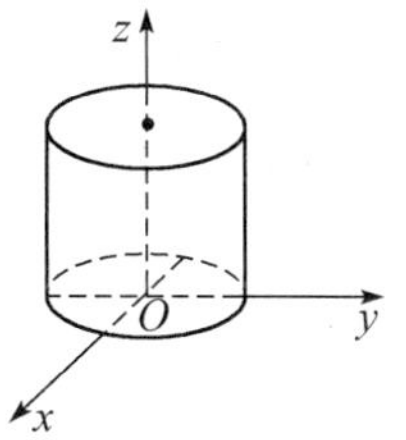

图 7 - 30

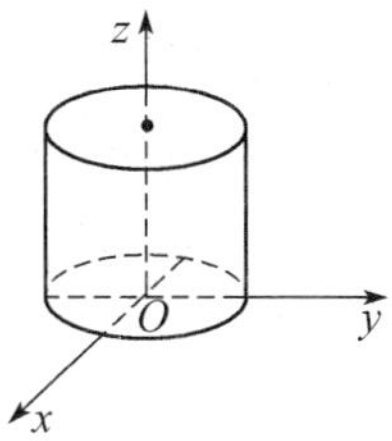

图 7 - 31

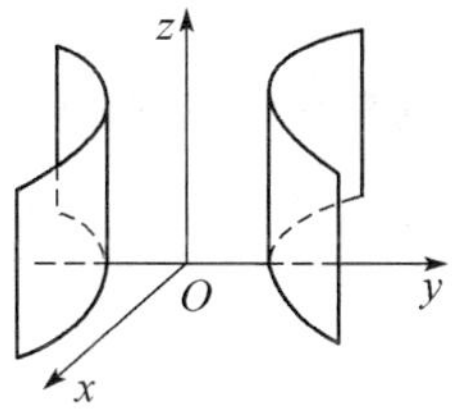

图 7 - 32

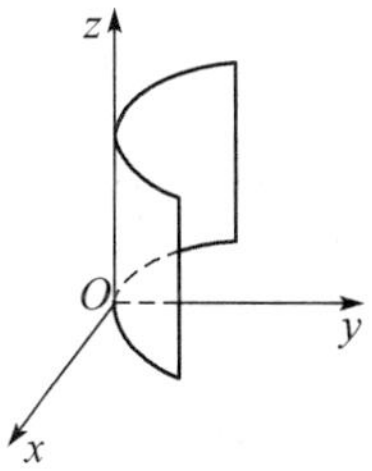

图 7 - 33

注：若曲面方程为 $F(x, y) = 0$,则它一定是母线平行于 z 轴,准线为 xOy 平面的一条曲线 Γ(Γ 在平面直角坐标系中的方程为 $F(x, y) = 0$) 的柱面.

如圆柱面：$x^2 + y^2 = R^2$,它就是以 xOy 平面上的圆作为准线,以平行于 z 轴的直线作为母线形成的柱面.

6. 旋转曲面

一条平面曲线 Γ 绕同一平面内的一条定直线 L 旋转所形成的曲面称为**旋转曲面**. 曲线 Γ 称为旋转曲面的**母线**,定直线 L 称为旋转曲面的**旋转轴**,简称**轴**.

前面讲过的球面、圆柱面等都是旋转曲面.

例 1　设母线 Γ 在 yOz 平面上,它的平面直角坐标方程为

$$F(y, z) = 0,$$

证明：Γ 绕 z 轴旋转所成的旋转曲面 $\sum$ 的方程为

$$F(\pm\sqrt{x^2 + y^2}, z) = 0.$$

证明　设 $M(x, y, z)$ 为旋转曲面上的任一点,并假定 M 点是由曲线 Γ 上的点 $M_0(0, y_0, z_0)$ 绕 z 轴旋转到一定角度而得到的(图 7 - 34). 因而 $z = z_0$,且点 M 到 z 轴的距离与 M_0 到 z 轴的距离相等. 而 M 到 z 轴的距离为 $\sqrt{x^2 + y^2}$,M_0 到 z 轴的距离为 $\sqrt{{y_0}^2} = |y_0|$,即

$$y_0 = \pm\sqrt{x^2 + y^2}. \tag{1}$$

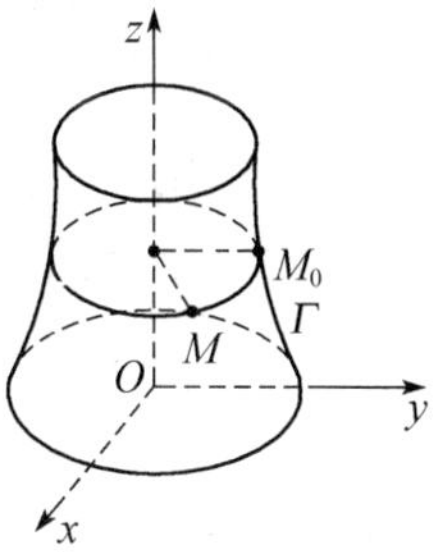

图 7 - 34

又因为 M_0 在 Γ 上,因而 $F(y_0, z_0) = 0$,将(1) 式代入得

$$F(\pm\sqrt{x^2 + y^2}, z) = 0,$$

即旋转曲面上任一点 $M(x, y, z)$ 的坐标满足方程

$$F(\pm\sqrt{x^2 + y^2}, z) = 0.$$

其次，若点 $M(x, y, z)$ 的坐标满足方程 $F(\pm\sqrt{x^2+y^2}, z)=0$，则不难证明

$$M \in \sum.$$

于是，该旋转曲面的方程为

$$F(\pm\sqrt{x^2+y^2}, z)=0.$$

注：此例说明，若旋转曲面的母线 Γ 在 yOz 平面上，它在平面直角坐标系中的方程为 $F(y, z)=0$，则要写出曲线 Γ 绕 z 轴旋转的旋转曲面的方程，只需将方程 $F(y, z)=0$ 中的 y 换成 $\pm\sqrt{x^2+y^2}$ 即可.

同理，曲线 Γ 绕 y 轴旋转的旋转曲面的方程为 $F(y, \pm\sqrt{x^2+z^2})=0$，即将 $F(y, z)=0$ 中的 z 换成 $\pm\sqrt{x^2+z^2}$.

反之，一个方程是否表示旋转曲面，只需看方程中是否含有两个变量的平方和.

例如，在 yOz 平面内的椭圆 $\frac{y^2}{b^2}+\frac{z^2}{c^2}=1$ 绕 z 轴旋转所得到的旋转曲面的方程为

$$\frac{x^2+y^2}{b^2}+\frac{z^2}{c^2}=1.$$

该曲面称为旋转椭球面.

例 2 求 xOy 平面上的双曲线 $\frac{x^2}{25}-\frac{y^2}{16}=1$ 绕 x 轴旋转形成的旋转曲面的方程.

解 由于绕 x 轴旋转，只需将方程

$$\frac{x^2}{25}-\frac{y^2}{16}=1$$

中的 y 换成 $\pm\sqrt{y^2+z^2}$ 即可，所以所求的旋转曲面的方程为

$$\frac{x^2}{25}-\frac{y^2+z^2}{16}=1.$$

该曲面为旋转双叶双曲面.

习题 7－6

1. 下列方程在平面解析几何和空间解析几何中分别表示什么图形？

(1) $z=1$；　　(2) $y=x$；

(3) $x^2+y^2=1$；　　(4) $x^2-y^2=1$；

(5) $\begin{cases}2x+y-1=0,\\3x-y-2=0;\end{cases}$　　(6) $\begin{cases}\frac{x^2}{4}+\frac{y^2}{9}=1,\\y=2.\end{cases}$

2. 求球面 $x^2+y^2+z^2-2x=0$ 的球心和半径.

3. 建立下列曲面的方程：

(1) 曲线 $\begin{cases}z=2y,\\x=0\end{cases}$ 为母线，绕 z 轴旋转一周而生成的曲面；

(2) 曲线 $\begin{cases}x^2+z^2=3,\\y=0\end{cases}$ 为母线，绕 x 轴旋转一周而生成的曲面与绕 z 轴旋转生成的曲面；

(3) 以 $\begin{cases}x^2-2y+xy-x-2=0,\\z=0\end{cases}$ 为准线，母线平行 z 轴的柱面方程.

4. 指出下列方程在空间直角坐标系中所表示的图形，并指出哪些是旋转曲面.

(1) $x^2+y^2+z^2=9$；　　(2) $\frac{x^2}{16}+\frac{y^2}{9}+\frac{z^2}{4}=1$；

(3) $\frac{x^2}{4}+\frac{y^2}{4}-\frac{z^2}{9}=1$；　　(4) $\frac{x^2}{4}+\frac{y^2}{16}-\frac{z^2}{9}=-1$；

(5) $x^2=2y$；　　(6) $4z=x^2+y^2$；

(7) $9z=x^2-y^2$；　　(8) $x^2-z^2=1$.

5. 分别写出曲面$\frac{x^2}{9}-\frac{y^2}{25}+\frac{z^2}{4}=1$在下列各平面上截线的方程，并指出这些截线是什么曲线.

(1) $x=2$；　(2) $y=0$；　(3) $y=5$；　(4) $z=2$.

本章小结

1. 本章主要内容为：空间直角坐标系；向量的概念；向量的线性运算，向量的坐标表示；两向量的数量积与向量积；平面及其方程；空间直线；曲面与方程；二次曲面.

2. 掌握向量的有关概念及其线性运算，向量的坐标表示.

3. 根据运算符号的意义，搞清 $\lambda\boldsymbol{a}$，$\boldsymbol{a}\cdot\boldsymbol{b}$，$\boldsymbol{a}\times\boldsymbol{b}$，$(\boldsymbol{a}\times\boldsymbol{b})\cdot\boldsymbol{c}$ 的区别.

“·”及“×”是向量之间的运算符号，$\boldsymbol{a}\cdot\boldsymbol{b}$ 是数量；$\boldsymbol{a}\times\boldsymbol{b}$ 是向量，因而$(\boldsymbol{a}\times\boldsymbol{b})\cdot\boldsymbol{c}$ 是数量；$\lambda\boldsymbol{a}$ 是数乘向量，结果是平行于 $\boldsymbol{a}$ 的向量.

4. 在代数中，若 $ab=0$，则 a，b 中至少有一个是0. 在向量代数中，若 $\boldsymbol{a}\cdot\boldsymbol{b}=0$，则 $\boldsymbol{a}$，$\boldsymbol{b}$ 中不一定有零向量. 例如 $\boldsymbol{a}\neq 0$，$\boldsymbol{b}\neq 0$，$\boldsymbol{a}\perp\boldsymbol{b}$，所以 $\boldsymbol{a}\cdot\boldsymbol{b}=0$，但 $\boldsymbol{a}$ 和 $\boldsymbol{b}$ 都是非零向量.

5. 数量积、向量积在几何上的应用：

(1) $\boldsymbol{a}$ 与 $\boldsymbol{b}$ 夹角的余弦为：$\cos\langle\boldsymbol{a},\boldsymbol{b}\rangle=\frac{\boldsymbol{a}\cdot\boldsymbol{b}}{|\boldsymbol{a}||\boldsymbol{b}|}$；

(2) 以 $\boldsymbol{a}$ 与 $\boldsymbol{b}$ 为邻边的平行四边形面积为 $|\boldsymbol{a}\times\boldsymbol{b}|$；

(3) $\boldsymbol{a}$ 与 $\boldsymbol{b}$ 垂直的充要条件是 $\boldsymbol{a}\cdot\boldsymbol{b}=0$；

(4) $\boldsymbol{a}$ 与 $\boldsymbol{b}$ 平行的充要条件是 $\boldsymbol{a}\times\boldsymbol{b}=0$.

6. 任何平面总可用三元一次方程表示，反之，每一个三元一次方程 $Ax+By+Cz+D=0$(A，B，C 不全为零)，总表示一个平面. 要注意平面方程中某些系数为零时，平面所具有的特征. 同时应了解向量 $\boldsymbol{n}=\{A,B,C\}$是平面 $Ax+By+Cz+D=0$ 的一个法向量.

7. 如果一直线由对称式方程给定，即以分母中的数 l，m，n 为坐标的向量就是所给直线的方向向量 $\boldsymbol{s}=\{l,m,n\}$，在解决有关平面和直线的问题中，有些可以归结到平面的法向量 $\boldsymbol{n}$ 与直线的方向向量 $\boldsymbol{s}$ 这两个向量的互相平行或互相垂直的问题.

8. 应当学会根据方程辨认曲面的形状和在坐标系中的位置掌握用截线的方法研究二次曲面的形状. 常见的二次曲面的标准方程：

(1) 球面：$(x-a)^2+(y-b)^2+(z-c)^2=R^2$.

(2) 椭球面：$\frac{x^2}{a^2}+\frac{y^2}{b^2}+\frac{z^2}{c^2}=1$.

(3) 柱面：

① 椭圆柱面：$\frac{x^2}{a^2}+\frac{y^2}{b^2}=1$($a=b$ 时为圆柱面)；

② 双曲柱面：$\frac{x^2}{a^2}-\frac{y^2}{b^2}=1$；

③ 抛物柱面：$x^2=2py$.

(4) 单叶双曲面：$\frac{x^2}{a^2}+\frac{y^2}{b^2}-\frac{z^2}{c^2}=1$.

(5) 双叶双曲面：$\frac{x^2}{a^2}+\frac{y^2}{b^2}-\frac{z^2}{c^2}=-1$.

(6) 椭圆抛物面：$\frac{x^2}{a^2}+\frac{y^2}{b^2}=z$.

(7) 双面抛物面(马鞍面)：$\frac{x^2}{a^2}-\frac{y^2}{b^2}=1$.

(8) 旋转曲面的方程：曲线$\begin{cases}f(x,y)=0,\\z=0\end{cases}$绕 x 轴旋转所形成的旋转曲面方程为：$f(x,\pm\sqrt{y^2+z^2})=0$.

综合训练七

1. 在空间直角坐标系中画出点 $A(0,0,-2)$，$B(2,0,1)$，$C(5,3,-4)$.
2. 求点 $P(3,-1,2)$ 关于各坐标平面各坐标轴及原点对称的点的坐标.
3. 求在第三卦限内的点，它与三个坐标轴的距离为：$d_x=5$，$d_y=3\sqrt{5}$，$d_z=2\sqrt{13}$.
4. 在空间直角坐标系中，设 $\boldsymbol{a}=\{-3,1,4\}$，$\boldsymbol{b}=\{1,0,-2\}$，求 $|\boldsymbol{a}|$，$\boldsymbol{a}\cdot\boldsymbol{b}$，$\boldsymbol{a}\times\boldsymbol{b}$，$\cos\langle\boldsymbol{a},\boldsymbol{b}\rangle$.
5. 设平面方程为 $Ax+By+Cz+D=0$，说出在下列情形下平面的位置特征：
   (1) $D=0$；(2) $A=0$；(3) $A=B=0$.
6. 设 $\boldsymbol{a}=\boldsymbol{i}+2\boldsymbol{j}-\boldsymbol{k}$，$\boldsymbol{b}=2\boldsymbol{j}+3\boldsymbol{k}$，求同时垂直于 $\boldsymbol{a}$ 和 $\boldsymbol{b}$ 的单位向量.
7. 求经过原点以及两点 $A(3,2,1)$ 和 $B(1,4,0)$ 的平面方程.
8. 在 z 轴上求与二平面 $x+4y-3z-2=0$ 与 $5x+z+8=0$ 等距的点.
9. 求过原点并与两平面 $2x-y+5z+3=0$ 和 $x+3y-z-7=0$ 都垂直的平面方程.
10. 求过点 $(2,-1,3)$ 且与向量 $\{1,-2,1\}$ 和 $\{0,3,-4\}$ 都平行的平面方程.
11. 求过点 $(-3,1,2)$ 且与 xOy 平面垂直的直线方程.
12. 求过点 $(4,-1,3)$ 且与 z 轴平行的直线方程.
13. 求过点 $(3,1,-2)$ 及直线 $\frac{x-4}{5}=\frac{y+3}{2}=\frac{z}{1}$ 的平面方程.
14. 设直线 L：$\frac{x-1}{4}=\frac{y+2}{3}=\frac{z}{1}$，平面 π：$Ax+3y-5z+1=0$，问：A 为何值时，直线 L 与平面 π 平行?
15. 求过点 $(1,2,1)$ 且与两直线 $\begin{cases}x+2y-z+1=0,\\x-y+z-1=0,\end{cases}$ 和 $\begin{cases}2x-y+z=0,\\x-y+z=0,\end{cases}$ 平行的平面方程.
16. 求以 y 轴为旋转轴，以曲线 $\begin{cases}y^2=-x,\\z=0\end{cases}$ 为母线的旋转曲面的方程.
17. 说明下列方程在空间所表示的图形：
   (1) $y=2$；　　(2) $2x+y=0$；

(3) $\begin{cases} 2x - y + z = 0, \\ 4x + y + 5z = 0; \end{cases}$

(4) $x^2 + y^2 = 4$;

(5) $(x-2)^2 + (y+1)^2 + z^2 = 1$;

(6) $16x^2 + 25y^2 + 9z^2 = 1$;

(7) $z = \frac{x^2}{4} + \frac{y^2}{9}$;

(8) $16x^2 - 25y^2 + 9z^2 = 1$.

第八章　无穷级数

【引例八(污染湖泊的治理问题)】

假设某湖泊中受总质量为 a 的污染物污染，且污染物已均匀地混合于水中. 现采用从上游引入清水，再从下游排出湖水的方法来稀释受污染的湖水. 若在治理过程中湖水的体积不变，且每天可排出污染物残留量的$\frac{1}{10}$，则需要多长时间才能将所有的污染物质排清?

根据题意，可得总排污量为$\frac{1}{10}a+\frac{1}{10}\left(\frac{9}{10}\right)a+\frac{1}{10}\left(\frac{9}{10}\right)^2a+\cdots+\frac{1}{10}\left(\frac{9}{10}\right)^{n-1}a+\cdots$，这其实是一个无限项和的问题. 那么无限项和有吗?有的话应怎么求?这样的问题在力学、电学中也很常见. 显然，解决该问题需要有新的知识 —— 无穷级数.

级数是在中世纪(14—16 世纪) 发现的，人们运用无穷级数将圆周率的值精确到小数点后第 9 位、第 10 位，甚至到第 17 位. 级数思想的出发点是用解析的形式来逼近函数，即利用比较简单的函数形式，逼近比较复杂的函数. 最简单的逼近途径就是通过加法，即通过加法运算来决定逼近的程度，或者说控制逼近的过程.

本章将先介绍常数项级数的概念、性质和一些常用的审敛方法，然后讨论幂级数的性质及将函数展开成幂级数的基本方法.

§8-1　常数项级数的概念与性质

一、常数项级数的概念

定义 8.1　设有无穷数列 $u_1,u_2,\cdots,u_n,\cdots$，称式子 $u_1+u_2+\cdots+u_n+\cdots$ 为**常数项无穷级数**，简称**数项级数**，记为$\sum\limits_{n=1}^{\infty}u_n$.

即$\sum\limits_{n=1}^{\infty}u_n=u_1+u_2+\cdots+u_n+\cdots$，其中第 n 项 u_n 称为级数的**一般项或通项**.

例如，等差级数(也称为算术级数)

$$\sum_{n=1}^{\infty}[a_1+(n-1)d]=a_1+(a_1+d)+(a_1+2d)+\cdots+[a_1+(n-1)d]+\cdots$$

级数的前 n 项和 $S_n=u_1+u_2+\cdots+u_n$ 称为级数$\sum\limits_{n=1}^{\infty}u_n$ 的部分和，部分和构成的数列$\{S_n\}$称为级数的**部分和数列**.

定义 8.2　若级数$\sum\limits_{n=1}^{\infty}u_n$ 的部分和数列$\{S_n\}$有极限 S，即$\lim\limits_{n\to\infty}S_n=S$，称级数$\sum\limits_{n=1}^{\infty}u_n$ **收敛**，并称 S 为级数$\sum\limits_{n=1}^{\infty}u_n$ 的和，记为$\sum\limits_{n=1}^{\infty}u_n=S$. 若数列$\{S_n\}$没有极限，则称级数$\sum\limits_{n=1}^{\infty}u_n$ **发散**.

当级数$\sum\limits_{n=1}^{\infty}u_n$ 收敛时，其部分和 S_n 是级数和 S 的近似值，两者的误差为

$r_n = S - S_n = u_{n+1} + u_{n+2} + \cdots$ 称为级数 $\sum\limits_{n=1}^{\infty} u_n$ 的**余项**.

例 1 讨论**几何级数**(或**等比级数**) $\sum\limits_{n=1}^{\infty} aq^{n-1} = a + aq + aq^2 + \cdots + aq^{n-1} + \cdots$ 的敛散性.

解 当 $|q| \neq 1$ 时,

$$\lim_{n\to\infty} S_n = \lim_{n\to\infty} \frac{a(1-q^n)}{1-q} = \lim_{n\to\infty}\left(\frac{a}{1-q} - \frac{a}{1-q}q^n\right) = \begin{cases} \dfrac{a}{1-q}, & |q| < 1. \\ \infty, & |q| > 1; \end{cases}$$

当 $q = 1$ 时, $\lim\limits_{n\to\infty} S_n = \lim\limits_{n\to\infty} na = \infty$;

当 $q = -1$ 时, $S_n = \begin{cases} a, & n\text{ 为奇数}, \\ 0, & n\text{ 为偶数}, \end{cases}$ $\lim\limits_{n\to\infty} S_n$ 不存在.

所以几何级数在 $|q| < 1$ 时收敛,其和为 $\dfrac{a}{1-q}$,在 $|q| \geqslant 1$ 时发散.

例 2 判断下列几何级数的敛散性,若收敛求其和.

(1) $\sum\limits_{n=1}^{\infty} (-1)^n \dfrac{1}{3^n}$; (2) $\sum\limits_{n=1}^{\infty} (\ln 3)^n$.

解 (1) 因为 $|q| = \left|-\dfrac{1}{3}\right| < 1$,所以级数 $\sum\limits_{n=1}^{\infty} (-1)^n \dfrac{1}{3^n}$ 收敛,其和为 $-\dfrac{1}{4}$.

(2) 因为 $|q| = |\ln 3| > 1$,所以级数 $\sum\limits_{n=1}^{\infty} (\ln 3)^n$ 发散.

例 3 判断级数 $\sum\limits_{n=1}^{\infty} \dfrac{1}{n(n+1)} = \dfrac{1}{1\cdot 2} + \dfrac{1}{2\cdot 3} + \dfrac{1}{3\cdot 4} + \cdots + \dfrac{1}{n(n+1)} + \cdots$ 的敛散性.

解 因为

$$\begin{aligned} S_n &= \frac{1}{1\cdot 2} + \frac{1}{2\cdot 3} + \frac{1}{3\cdot 4} + \cdots + \frac{1}{n(n+1)} \\ &= \left(1 - \frac{1}{2}\right) + \left(\frac{1}{2} - \frac{1}{3}\right) + \left(\frac{1}{3} - \frac{1}{4}\right) + \cdots + \left(\frac{1}{n} - \frac{1}{n+1}\right) = 1 - \frac{1}{n+1}. \end{aligned}$$

$$\lim_{n\to\infty} S_n = \lim_{n\to\infty}\left(1 - \frac{1}{n+1}\right) = 1.$$

所以级数收敛,和为 1.

例 4 污染湖泊的治理问题.具体条件见引例八.

解 因为总的排污量为 $\dfrac{1}{10}a + \dfrac{1}{10}\left(\dfrac{9}{10}\right)a + \dfrac{1}{10}\left(\dfrac{9}{10}\right)^2 a + \cdots + \dfrac{1}{10}\left(\dfrac{9}{10}\right)^{n-1} a + \cdots$

这是一个公比为 $\dfrac{9}{10}$ 的几何级数,所以级数收敛,和为

$$S = \lim_{n\to\infty} S_n = \frac{\frac{1}{10}a}{1 - \frac{9}{10}} = a.$$

需要随着时间的无限推移才能将污染物排清.

这说明环境一旦污染要想清除掉需要很长很长的时间,保护环境须防患于未然.

二、级数的性质

性质 1 若 $\sum\limits_{n=1}^{\infty} u_n = S$,则 $\sum\limits_{n=1}^{\infty} ku_n = kS$,$k$ 为常数.

还可得 $k\neq 0$，当 $\sum\limits_{n=1}^{\infty}u_n$ 发散，$\sum\limits_{n=1}^{\infty}ku_n$ 也发散. 所以性质可推广到当 $k\neq 0$ 时级数 $\sum\limits_{n=1}^{\infty}u_n$，$\sum\limits_{n=1}^{\infty}ku_n$ 有相同的敛散性.

性质 2　若 $\sum\limits_{n=1}^{\infty}u_n=S$，$\sum\limits_{n=1}^{\infty}v_n=\sigma$，则 $\sum\limits_{n=1}^{\infty}(u_n\pm v_n)=\sum\limits_{n=1}^{\infty}u_n\pm\sum\limits_{n=1}^{\infty}v_n=S\pm\sigma$.

注意：发散的级数没有类似的性质.

性质 3　添加或去掉级数的任意有限项，级数的敛散性不变，但可能改变收敛级数的和.

性质 4　在收敛级数的项上可以任意添加括号，其和不变.

注意：发散级数不能任意添加括号.

性质 5(级数收敛的必要条件)　若级数 $\sum\limits_{n=1}^{\infty}u_n$ 收敛，则必有 $\lim\limits_{n\to\infty}u_n=0$.

注意：$\lim\limits_{n\to\infty}u_n=0$ 只是级数收敛的必要非充分条件，所以不能用来判断级数收敛.

例 5　判别级数 $\sum\limits_{n=1}^{\infty}\left(1+\dfrac{1}{n}\right)^n$ 的敛散性.

解　因为 $\lim\limits_{n\to\infty}\left(1+\dfrac{1}{n}\right)^n=\mathrm{e}\neq 0$，由性质 5，级数 $\sum\limits_{n=1}^{\infty}\left(1+\dfrac{1}{n}\right)^n$ 发散.

例 6　证明**调和级数** $\sum\limits_{n=1}^{\infty}\dfrac{1}{n}$ 虽然有 $\lim\limits_{n\to\infty}\dfrac{1}{n}=0$，但它是发散的.

解　利用定积分几何意义证明. 如图 8-1，考察由 $y=\dfrac{1}{x}$，$x=1$，$x=n+1$，$y=0$ 围成的曲边梯形面积 A，与阶梯形面积 S_n 之间的关系.

阶梯形面积就是级数的部分和 $S_n=1+\dfrac{1}{2}+\cdots+\dfrac{1}{n}$，

曲边梯形面积为 $A=\int_1^{n+1}\dfrac{1}{x}\mathrm{d}x=\ln(n+1)$，显然 $S_n>A$，而

$$\lim_{n\to\infty}\ln(n+1)=\infty，所以\lim_{n\to\infty}S_n=\infty，$$

即调和级数发散.

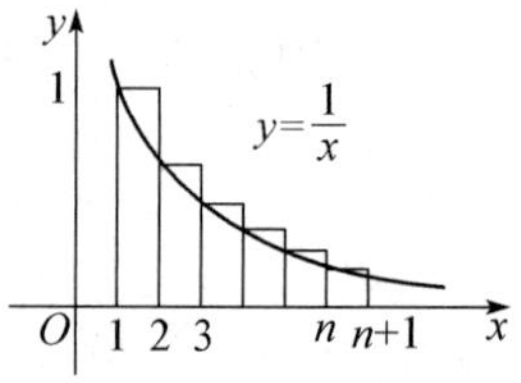

图 8-1

习题 8-1

1. 将下列级数写成“$\sum$”形式：

(1) $\sqrt{\dfrac{2}{1}}+\sqrt{\dfrac{3}{2}}+\sqrt{\dfrac{4}{3}}+\sqrt{\dfrac{5}{4}}+\cdots$；　　(2) $\dfrac{1}{3}-\dfrac{1}{6}+\dfrac{1}{9}-\dfrac{1}{12}+\cdots$.

2. 判别下列级数的敛散性：

(1) $\sum\limits_{n=1}^{\infty}\dfrac{1}{2n+10}$；　　(2) $\sum\limits_{n=1}^{\infty}\dfrac{1000}{3^n}$；

(3) $\sum\limits_{n=1}^{\infty}\left(\dfrac{1}{2^n}+\dfrac{1}{5^n}\right)$；　　(4) $\sum\limits_{n=1}^{\infty}(\sqrt{n+1}-\sqrt{n})$；

(5) $\sum\limits_{n=1}^{\infty}\dfrac{n^2+1}{n(n+1)}$；　　(6) $\sum\limits_{n=1}^{\infty}\dfrac{3}{n(n+3)}$.

§8-2 常数项级数敛散性判别法

一、正项级数敛散性判别法

每一项都是非负的级数称为**正项级数**. 即级数 $\sum_{n=1}^{\infty} u_n$ 满足 $u_n \geqslant 0(n=1,2,\cdots)$ 的条件.

显然,正项级数的部分和数列 $\{S_n\}$ 满足 $S_{n+1}=S_n+u_{n+1}\geqslant S_n(n=1,2,\cdots)$,即数列单调递增,因此**正项级数收敛的充要条件是数列 $\{S_n\}$ 有界**. 由此可得

定理 8.1(比较判别法) 设有两个正项级数 $\sum_{n=1}^{\infty} u_n$ 和 $\sum_{n=1}^{\infty} v_n$,且 $u_n \leqslant v_n(n=1,2,\cdots)$

(1) 若级数 $\sum_{n=1}^{\infty} v_n$ 收敛,则级数 $\sum_{n=1}^{\infty} u_n$ 收敛;

(2) 若级数 $\sum_{n=1}^{\infty} u_n$ 发散,则级数 $\sum_{n=1}^{\infty} v_n$ 发散.

例 1 讨论 **p — 级数**, $\sum_{n=1}^{\infty} \frac{1}{n^p}=1+\frac{1}{2^p}+\frac{1}{3^p}+\cdots+\frac{1}{n^p}+\cdots$ 的敛散性.

解 因为 $p<0$ 时, $\lim_{n\to\infty}\frac{1}{n^p}=\infty$; $p=0$ 时, $\lim_{n\to\infty}\frac{1}{n^p}=1$,由级数收敛的必要条件得 p — 级数发散;

当 $0<p\leqslant 1$ 时, $\frac{1}{n^p}\geqslant\frac{1}{n}$,因为级数 $\sum_{n=1}^{\infty}\frac{1}{n}$ 发散,由定理 8.1 可知级数 $\sum_{n=1}^{\infty}\frac{1}{n^p}$ 发散;

当 $p>1$ 时,

$$\begin{aligned}\sum_{n=1}^{\infty}\frac{1}{n^p}&=1+\left(\frac{1}{2^p}+\frac{1}{3^p}\right)+\left(\frac{1}{4^p}+\frac{1}{5^p}+\frac{1}{6^p}+\frac{1}{7^p}\right)+\left(\frac{1}{8^p}+\cdots+\frac{1}{15^p}\right)+\cdots\\&<1+\left(\frac{1}{2^p}+\frac{1}{2^p}\right)+\left(\frac{1}{4^p}+\frac{1}{4^p}+\frac{1}{4^p}+\frac{1}{4^p}\right)+\left(\frac{1}{8^p}+\cdots+\frac{1}{8^p}\right)+\cdots\\&=1+\frac{1}{2^{p-1}}+\left(\frac{1}{2^{p-1}}\right)^2+\left(\frac{1}{2^{p-1}}\right)^3+\cdots=\sum_{n=1}^{\infty}\left(\frac{1}{2^{p-1}}\right)^{n-1}.\end{aligned}$$

级数 $\sum_{n=1}^{\infty}\left(\frac{1}{2^{p-1}}\right)^{n-1}$ 为几何级数,公比 $q=\frac{1}{2^{p-1}}<1$,故收敛,于是 $p>1$ 时级数 $\sum_{n=1}^{\infty}\frac{1}{n^p}$ 收敛.

由于用比较判别法时,必须要找一个已知级数作为比较对象,例 1 的结论在后面将经常用到.

例 2 判别下列正项级数的敛散性:

(1) $\sum_{n=1}^{\infty}\frac{1}{n\sqrt{n+1}}$; (2) $\sum_{n=1}^{\infty}\frac{n+1}{n(n+2)}$.

解 (1) 因为 $\frac{1}{n\sqrt{n+1}}<\frac{1}{n^{\frac{3}{2}}}$,而 p — 级数 $\sum_{n=1}^{\infty}\frac{1}{n^{\frac{3}{2}}}$ 是收敛的,故级数 $\sum_{n=1}^{\infty}\frac{1}{n\sqrt{n+1}}$ 也收敛.

(2) 因为 $\frac{n+1}{n(n+2)}>\frac{1}{n}$,而级数 $\sum_{n=1}^{\infty}\frac{1}{n}$ 是发散的,故级数 $\sum_{n=1}^{\infty}\frac{n+1}{n(n+2)}$ 也发散.

定理 8.2(比值判别法) 设正项级数 $\sum_{n=1}^{\infty} u_n$,若 $\lim_{n\to\infty}\frac{u_{n+1}}{u_n}=\rho$,则当 $\rho<1$ 时,级数 $\sum_{n=1}^{\infty} u_n$ 收

敛；当 $\rho > 1$（或 $\rho = +\infty$）时，级数 $\sum\limits_{n=1}^{\infty} u_n$ 发散；当 $\rho = 1$ 时，级数可能收敛，也可能发散.

例 3 判别下列级数的敛散性：

(1) $\sum\limits_{n=1}^{\infty} \dfrac{3n-1}{2^n}$； (2) $\sum\limits_{n=1}^{\infty} \dfrac{3^n}{n^3}$； (3) $\sum\limits_{n=1}^{\infty} \dfrac{n!}{n^n}$.

解 (1) 由 $\rho = \lim\limits_{n\to\infty} \dfrac{u_{n+1}}{u_n} = \lim\limits_{n\to\infty} \dfrac{3(n+1)-1}{2^{n+1}} \cdot \dfrac{2^n}{3n-1} = \dfrac{1}{2} < 1$，级数 $\sum\limits_{n=1}^{\infty} \dfrac{3n-1}{2^n}$ 收敛.

(2) 由 $\rho = \lim\limits_{n\to\infty} \dfrac{u_{n+1}}{u_n} = \lim\limits_{n\to\infty} \dfrac{3^{n+1}}{(n+1)^3} \cdot \dfrac{n^3}{3^n} = 3 > 1$，级数 $\sum\limits_{n=1}^{\infty} \dfrac{3^n}{n^3}$ 发散.

(3) 由 $\rho = \lim\limits_{n\to\infty} \dfrac{u_{n+1}}{u_n} = \lim\limits_{n\to\infty} \dfrac{(n+1)!}{(n+1)^{n+1}} \cdot \dfrac{n^n}{n!} = \lim\limits_{n\to\infty} \dfrac{1}{\left(1+\dfrac{1}{n}\right)^n} = \dfrac{1}{\mathrm{e}} < 1$，级数 $\sum\limits_{n=1}^{\infty} \dfrac{n!}{n^n}$ 收敛.

比值判别法是用级数本身的 u_{n+1}, u_n 来判别敛散性，用起来比较方便，但要注意当 $\rho = 1$ 时，方法失效，必须改用其他的判别法.

二、交错级数的敛散性判别法

形如 $u_1 - u_2 + u_3 - u_4 + \cdots + (-1)^{n-1}u_n + \cdots$ 或 $-u_1 + u_2 - u_3 + u_4 - \cdots + (-1)^n u_n + \cdots$ 其中 $u_n > 0 (n = 1, 2, \cdots)$ 级数称为**交错级数**，即是正负相间的级数.

对交错级数的敛散性判定有**莱布尼兹判别法**.

定理 8.3 若交错级数满足

(1) $u_n \geqslant u_{n+1} (n = 1, 2, \cdots)$， (2) $\lim\limits_{n\to\infty} u_n = 0$，

则交错级数收敛.

例 4 求证交错级数 $\sum\limits_{n=1}^{\infty} \dfrac{(-1)^{n-1}}{n}$ 收敛.

证明 因为 $\dfrac{1}{n} > \dfrac{1}{n+1} (n = 1, 2, 3, \cdots)$，且 $\lim\limits_{n\to\infty} \dfrac{1}{n} = 0$.

所以由莱布尼兹判别法得，级数 $\sum\limits_{n=1}^{\infty} \dfrac{(-1)^{n-1}}{n}$ 收敛.

三、绝对收敛与条件收敛

若级数 $\sum\limits_{n=1}^{\infty} u_n$ 中 $u_n (n = 1, 2, \cdots)$ 为任意实数，称级数为**任意项级数**. 任意项级数是比较复杂的级数，其敛散性不易判别，但若级数的各项取绝对值后，就构成了正项级数 $\sum\limits_{n=1}^{\infty} |u_n|$，可用正项级数的敛散性判别法来讨论.

定义 8.1 如果级数 $\sum\limits_{n=1}^{\infty} |u_n|$ 收敛，称级数 $\sum\limits_{n=1}^{\infty} u_n$ **绝对收敛**；如果级数 $\sum\limits_{n=1}^{\infty} |u_n|$ 发散，而级数 $\sum\limits_{n=1}^{\infty} u_n$ 收敛，称级数 $\sum\limits_{n=1}^{\infty} u_n$ 为**条件收敛**.

定理 8.4 如果任意项级数 $\sum\limits_{n=1}^{\infty} u_n$ 绝对收敛，那么级数 $\sum\limits_{n=1}^{\infty} u_n$ 收敛.

例 5 判别级数$\sum_{n=1}^{\infty}\frac{\cos n\alpha}{n^3}$是绝对收敛还是条件收敛.

解 因为$\sum_{n=1}^{\infty}\left|\frac{\cos n\alpha}{n^3}\right|\leqslant\sum_{n=1}^{\infty}\frac{1}{n^3}$，级数$\sum_{n=1}^{\infty}\frac{1}{n^3}$是$p=3$的$p$—级数收敛，所以级数$\sum_{n=1}^{\infty}\left|\frac{\cos n\alpha}{n^3}\right|$收敛，即级数$\sum_{n=1}^{\infty}\frac{\cos n\alpha}{n^3}$为绝对收敛.

例 6 讨论级数$\sum_{n=1}^{\infty}\frac{x^n}{n}$的敛散性.

解 因为$\lim_{n\to\infty}\left|\frac{u_{n+1}}{u_n}\right|=\lim_{n\to\infty}\frac{|x^{n+1}|}{n+1}\cdot\frac{n}{|x^n|}=|x|\lim_{n\to\infty}\frac{n}{n+1}=|x|$，

所以，当$|x|<1$时级数$\sum_{n=1}^{\infty}\frac{x^n}{n}$绝对收敛；当$|x|>1$时级数$\sum_{n=1}^{\infty}\frac{x^n}{n}$发散；当$x=1$时，级数为调和级数$\sum_{n=1}^{\infty}\frac{1}{n}$发散；当$x=-1$时，级数为$\sum_{n=1}^{\infty}\frac{(-1)^n}{n}$交错级数，条件收敛.

习题 8 - 2

1. 判断下列正项级数的敛散性：

(1) $\sum_{n=1}^{\infty}\frac{1}{n(2n+1)}$；　(2) $\sum_{n=1}^{\infty}\frac{n}{2+n^2}$；

(3) $\sum_{n=1}^{\infty}\frac{1}{\sqrt{1+n^2}}$；　(4) $\sum_{n=1}^{\infty}\sin\frac{\pi}{3^n}$；

(5) $\sum_{n=1}^{\infty}\frac{n^2}{5^n}$；　(6) $\sum_{n=1}^{\infty}\frac{n!}{10^n}$.

2. 判定下列级数是否收敛，若收敛，指出是绝对收敛还是条件收敛：

(1) $\sum_{n=1}^{\infty}\frac{(-1)^n}{\sqrt{n}}$；　(2) $\sum_{n=1}^{\infty}\frac{(-1)^n(n+1)}{n}$；

(3) $\sum_{n=1}^{\infty}\frac{\cos n\pi}{\sqrt{n^3+n}}$；　(4) $\sum_{n=1}^{\infty}\frac{(-1)^{n-1}}{\ln(n+1)}$.

§8 - 3 幂级数

前面讨论了每一项都是常数的数项级数，现在要讨论的是每一项都是函数的级数.

一、幂级数的概念

1. 函数项级数

设$u_1(x),u_2(x),\cdots,u_n(x),\cdots$是定义在区间$I$上的函数列. 表达式

$$u_1(x)+u_2(x)+\cdots+u_n(x)+\cdots$$

称为定义在区间I上的**函数项级数**，简记为$\sum_{n=1}^{\infty}u_n(x)$. $u_n(x)$为一般项或通项.

当x在区间I上取定值x_0时，级数$\sum_{n=1}^{\infty}u_n(x_0)$为常数项级数.

当数项级数 $\sum_{n=1}^{\infty} u_n(x_0)$ 收敛，则称 x_0 为函数项级数 $\sum_{n=1}^{\infty} u_n(x)$ 的**收敛点**. 函数项级数收敛点的全体称为它的**收敛域**，记为 D. 若级数 $\sum_{n=1}^{\infty} u_n(x_0)$ 发散，则称 x_0 为函数项级数 $\sum_{n=1}^{\infty} u_n(x)$ 的**发散点**，发散点的全体称为**发散域**.

对于收敛域 D 内的任一 x，函数项级数成为一个 D 内的数项级数，因此有一个确定的和 S 与其对应，这样在收敛域 D 上得到一个新函数，称为函数项级数的**和函数** $S(x)$，即

$$S(x) = u_1(x) + u_2(x) + \cdots + u_n(x) + \cdots, x \in D$$

若将函数项级数的前 n 项和记为 $S_n(x)$，则在收敛域 D 上有

$$\lim_{n \to \infty} S_n(x) = S(x).$$

下面讨论函数级数中最简单且又有广泛应用的幂级数.

2. 幂级数的概念

形如

$$\sum_{n=0}^{\infty} a_n (x - x_0)^n = a_0 + a_1(x - x_0) + a_2 (x - x_0)^2 + \cdots + a_n (x - x_0)^n + \cdots$$

的函数项级数，称为 $\boldsymbol{x - x_0}$ **的幂级数**，其中 $a_0, a_1, a_2, \cdots, a_n, \cdots$ 称为**幂级数的系数**.

特殊情况当 $x_0 = 0$ 时，上述级数变为

$$\sum_{n=0}^{\infty} a_n x^n = a_0 + a_1 x + a_2 x^2 + \cdots + a_n x^n + \cdots$$

称为 $\boldsymbol{x}$ **的幂级数**.

因为令 $y = x - x_0$，则 $x - x_0$ 的幂级数就是 y 的幂级数，因此重点讨论 $\sum_{n=0}^{\infty} a_n x^n$.

如何考虑幂级数 $\sum_{n=0}^{\infty} a_n x^n$ 的收敛域呢？

对于正项级数 $\sum_{n=0}^{\infty} |a_n x^n| = |a_0| + |a_1 x| + |a_2 x^2| + \cdots + |a_n x^n| + \cdots$

若 $\lim_{n \to \infty} \left| \frac{a_{n+1}}{a_n} \right| = \rho$，则 $\lim_{n \to \infty} \left| \frac{a_{n+1} x^{n+1}}{a_n x^n} \right| = \lim_{n \to \infty} \left| \frac{a_{n+1}}{a_n} \right| |x| = \rho |x|$，根据比值判别法有以下定理.

定理 8.5 如果幂级数 $\sum_{n=0}^{\infty} a_n x^n (a_n \neq 0)$ 的系数满足 $\lim_{n \to \infty} \left| \frac{a_{n+1}}{a_n} \right| = \rho$，则：

(1) 当 $0 < \rho < +\infty$，令 $R = \frac{1}{\rho}$，级数 $\sum_{n=0}^{\infty} a_n x^n$ 在 $(-R, R)$ 内绝对收敛，在 $(-\infty, -R) \cup (R, +\infty)$ 内发散，在端点 $\pm R$ 处可能收敛也可能发散；

(2) 当 $\rho = 0$，令 $R = +\infty$，级数 $\sum_{n=0}^{\infty} a_n x^n$ 在 $(-\infty, +\infty)$ 内绝对收敛；

(3) 当 $\rho = +\infty$，令 $R = 0$，级数 $\sum_{n=0}^{\infty} a_n x^n$ 只在 $x = 0$ 处绝对收敛.

其中 R 称为级数 $\sum_{n=0}^{\infty} a_n x^n$ 的**收敛半径**.

级数 $\sum_{n=0}^{\infty} a_n x^n$ 的收敛域有 $(-R, R)$，$(-R, R]$，$[-R, R)$，$[-R, R]$ 四种（也称为**收敛区间**）.

例 1 求幂级数$\sum_{n=0}^{\infty}\frac{x^{n+1}}{n+1}$的收敛半径和收敛区间.

解 由$\lim_{n\to\infty}\left|\frac{a_{n+1}}{a_n}\right|=\lim_{n\to\infty}\frac{n}{n+1}=1$,得收敛半径$R=1$.

当$x=1$时,级数$\sum_{n=0}^{\infty}\frac{1}{n+1}$发散;当$x=-1$时,级数$\sum_{n=0}^{\infty}\frac{(-1)^{n+1}}{n+1}$收敛,所以原级数收敛区间为$[-1,1)$.

例 2 求幂级数$\sum_{n=0}^{\infty}\frac{x^n}{n!}$的收敛半径和收敛域.

解 由$\lim_{n\to\infty}\left|\frac{a_{n+1}}{a_n}\right|=\lim_{n\to\infty}\frac{n!}{(n+1)!}=\lim_{n\to\infty}\frac{1}{n+1}=0$,得收敛半径$R=+\infty$,收敛区间为$(-\infty,+\infty)$.

例 3 求幂级数$\sum_{n=0}^{\infty}n^n x^n$的收敛域.

解 $\lim_{n\to\infty}\left|\frac{a_{n+1}}{a_n}\right|=\lim_{n\to\infty}\frac{(n+1)^{n+1}}{n^n}=\lim_{n\to\infty}\left(1+\frac{1}{n}\right)^n(n+1)=+\infty$.

所以收敛半径为$R=0$,级数只在$x=0$处收敛.

例 4 求幂级数$\sum_{n=1}^{\infty}\frac{(x-1)^n}{n\cdot 2^n}$的收敛域.

解 设$t=x-1$,则原级数变为$\sum_{n=1}^{\infty}\frac{t^n}{n\cdot 2^n}$,

由$\lim_{n\to\infty}\left|\frac{a_{n+1}}{a_n}\right|=\lim_{n\to\infty}\frac{n\cdot 2^n}{(n+1)\cdot 2^{n+1}}=\lim_{n\to\infty}\frac{1}{2}\cdot\frac{n}{n+1}=\frac{1}{2}$,所以$R=2$.

当$t=-2$时,级数$\sum_{n=0}^{\infty}\frac{(-1)^n}{n}$收敛;当$t=2$时,级数$\sum_{n=0}^{\infty}\frac{1}{n}$发散.

级数$\sum_{n=1}^{\infty}\frac{t^n}{n\cdot 2^n}$的收敛域为$[-2,2)$.从而级数$\sum_{n=1}^{\infty}\frac{(x-1)^n}{n\cdot 2^n}$的收敛域为$[-1,3)$.

例 5 求幂级数$\sum_{n=0}^{\infty}2^n x^{2n}$的收敛半径.

解 由于幂级数缺少奇次幂的项,不能直接用定理 8.5,现在用正项级数的比值判别法

$$\lim_{n\to\infty}\left|\frac{u_{n+1}}{u_n}\right|=\lim_{n\to\infty}\left|\frac{2^{n+1}x^{2n+2}}{2^n x^{2n}}\right|=\lim_{n\to\infty}2x^2=2x^2.$$

当$2x^2<1$,即$|x|<\frac{\sqrt{2}}{2}$时,级数绝对收敛;当$2x^2>1$时,即$|x|>\frac{\sqrt{2}}{2}$时,级数发散,因此级数$\sum_{n=0}^{\infty}2^n x^{2n}$的收敛半径为$R=\frac{\sqrt{2}}{2}$.

二、幂级数的性质

幂级数在收敛区间内,其运算法则与多项式类似.

性质 1(代数运算) 设两个幂级数$\sum_{n=0}^{\infty}a_n x^n=S_1(x)$,$\sum_{n=0}^{\infty}b_n x^n=S_2(x)$的收敛半径分别为$R_1$,$R_2$,记$R=\min(R_1,R_2)$,则在$(-R,R)$内两级数可进行加、减、乘法运算.即

(1) $\sum_{n=0}^{\infty} a_n x^n \pm \sum_{n=0}^{\infty} b_n x^n = \sum_{n=0}^{\infty} (a_n \pm b_n) x^n = S_1(x) \pm S_2(x)$；

(2) $\sum_{n=0}^{\infty} a_n x^n \cdot \sum_{n=0}^{\infty} b_n x^n = S_1(x) \cdot S_2(x)$.

设$\sum_{n=0}^{\infty} a_n x^n = S(x)$，收敛半径为$R$，在区间$(-R,R)$可进行极限、微分、积分运算(也称分析运算)，且收敛半径不变，具体运算的法则如下：

性质 2(极限运算) $S(x_0) = \lim_{x \to x_0} S(x) = \lim_{x \to x_0} \left(\sum_{n=0}^{\infty} a_n x^n \right) = \sum_{n=0}^{\infty} \lim_{x \to x_0} a_n x^n = \sum_{n=0}^{\infty} a_n x_0{}^n$.

性质 3(微分运算) $S'(x) = \left(\sum_{n=0}^{\infty} a_n x^n \right)' = \sum_{n=0}^{\infty} (a_n x^n)' = \sum_{n=1}^{\infty} n a_n x^{n-1}$.

性质 4(积分运算) $\int_0^x S(x) \mathrm{d}x = \int_0^x \left(\sum_{n=0}^{\infty} a_n x^n \right) \mathrm{d}x = \sum_{n=0}^{\infty} \int_0^x (a_n x^n) \mathrm{d}x = \sum_{n=0}^{\infty} \frac{a_n}{n+1} x^{n+1}$.

例 6 求幂级数$\sum_{n=0}^{\infty} \frac{x^{n+1}}{n+1}$的和函数.

解 由例 1，得收敛半径$R=1$，级数在$[-1,1)$内收敛，设$S(x)$为和函数，则由性质 3 得

$$S'(x) = \sum_{n=0}^{\infty} \left(\frac{x^{n+1}}{n+1} \right)' = \sum_{n=0}^{\infty} x^n = \frac{1}{1-x},$$

所以
$$S(x) = \int_0^x \frac{1}{1-x} \mathrm{d}x = -\ln(1-x), x \in [-1,1).$$

求和函数通常先求收敛区间，再利用性质 3、性质 4 将级数转变成几何级数，并对几何级数的和函数进行积分或求导数，最后得原级数的和函数.

例 7 求幂级数$\sum_{n=1}^{\infty} n x^{n-1}$的和函数，并求数项级数$\sum_{n=1}^{\infty} \frac{n}{2^n}$的和.

解 由$\lim_{n \to \infty} \left| \frac{a_{n+1}}{a_n} \right| = \lim_{n \to \infty} \frac{n+1}{n} = 1$，收敛半径$R=1$，当$x=\pm 1$时，级数均发散，得收敛区间为$(-1,1)$.

设$S(x)$为和函数，则由性质 4

$$\int_0^x S(x) \mathrm{d}x = \sum_{n=1}^{\infty} \int_0^x n x^{n-1} \mathrm{d}x = \sum_{n=1}^{\infty} x^n = \frac{x}{1-x},$$

所以
$$S(x) = \left[\int_0^x S(x) \mathrm{d}x \right]' = \left(\frac{x}{1-x} \right)' = \frac{1}{(1-x)^2}, x \in (-1,1)$$

而$\sum_{n=1}^{\infty} \frac{n}{2^n} = \frac{1}{2} \sum_{n=1}^{\infty} n \left(\frac{1}{2} \right)^{n-1}$，故利用函数项级数$\sum_{n=1}^{\infty} n x^{n-1} = \frac{1}{(1-x)^2}$，令$x = \frac{1}{2}$可得

$$\sum_{n=1}^{\infty} \frac{n}{2^n} = \frac{1}{2} \sum_{n=1}^{\infty} n \left(\frac{1}{2} \right)^{n-1} = \frac{1}{2} S\left(\frac{1}{2} \right) = \frac{1}{2} \frac{1}{\left(1 - \frac{1}{2} \right)^2} = 2.$$

习题 8－3

1. 求下列幂级数的收敛半径与收敛区间：

(1) $\sum_{n=1}^{\infty} \frac{x^n}{n^2}$；　　(2) $\sum_{n=1}^{\infty} \frac{(-1)^n x^n}{2^n}$；

(3) $\sum_{n=1}^{\infty} n!x^n$；　　　　(4) $\sum_{n=1}^{\infty} \frac{x^n}{n^n}$；

(5) $\sum_{n=0}^{\infty} \frac{x^{2n}}{4^n}$；　　　　(6) $\sum_{n=0}^{\infty} \frac{x^{2n-1}}{n!}$；

(7) $\sum_{n=0}^{\infty} \frac{(x-1)^n}{n+1}$；　　　　(8) $\sum_{n=1}^{\infty} \frac{(x+2)^n}{n \cdot 3^n}$.

2. 求下列幂级数的和函数：

(1) $\sum_{n=1}^{\infty} \frac{x^{2n-1}}{2n-1}$；　　　　(2) $\sum_{n=1}^{\infty} nx^n$.

§8-4　函数展开成幂级数

上一节讨论了幂级数在其收敛区间内确定了一个和函数. 本节将讨论其逆向问题：一个给定的函数能否用一个幂级数来表示的问题.

一、泰勒公式与泰勒级数

定理 8.6(泰勒中值定理)　如果函数 $f(x)$ 在 x_0 的某邻域内有 $n+1$ 阶导数，那么对此邻域内的任一点 x，有

$$f(x)=f(x_0)+f'(x_0)(x-x_0)+\frac{f''(x_0)}{2!}(x-x_0)^2+\cdots+\frac{f^{(n)}(x_0)}{n!}(x-x_0)^n+R_n(x)$$

称为**泰勒公式.**

其中 $R_n(x)=\frac{f^{(n+1)}(\xi)}{(n+1)!}(x-x_0)^{n+1}$，$\xi$ 在 x_0 与 x 之间，称为**拉格朗日余项.**

特别地，当 $x_0=0$ 时，这时泰勒公式成为

$$f(x)=f(0)+f'(0)x+\frac{f''(0)}{2!}x^2+\cdots+\frac{f^{(n)}(0)}{n!}x^n+R_n(x),$$

称为**麦克劳林公式**，$R_n(x)=\frac{f^{(n+1)}(\xi)}{(n+1)!}x^{n+1}$，$\xi$ 在 0 与 x 之间.

当函数 $f(x)$ 在 x_0 的某邻域内有任意阶导数，称形如

$$f(x_0)+f'(x_0)(x-x_0)+\frac{f''(x_0)}{2!}(x-x_0)^2+\cdots+\frac{f^{(n)}(x_0)}{n!}(x-x_0)^n+\cdots$$

的幂级数为函数 $f(x)$ 在 x_0 处的**泰勒级数**(注意它的和函数不一定是 $f(x)$).

$x_0=0$ 时的泰勒级数

$$f(0)+f'(0)x+\frac{f''(0)}{2!}x^2+\cdots+\frac{f^{(n)}(0)}{n!}x^n+\cdots$$

称为函数 $f(x)$ 的**麦克劳林级数.**

下面讨论函数 $f(x)$ 能否成为泰勒级数的和函数.

(1) 比较泰勒公式与泰勒级数得 $f(x)=S_{n+1}(x)+R_n(x)$，其中 $S_{n+1}(x)$ 为泰勒级数的前 $n+1$ 项的和，由级数收敛的定义 $\lim\limits_{n\to\infty}S_{n+1}(x)=f(x)$，所以必有 $\lim\limits_{n\to\infty}R_n(x)=0$.

因此当函数 $f(x)$ 在 x_0 的某邻域内有任意阶导数，泰勒级数有和函数为 $f(x)$ 的充要条件是 $\lim\limits_{n\to\infty}R_n(x)=0$.

(2) 若 $f(x)=a_0+a_1(x-x_0)+a_2(x-x_0)^2+\cdots+a_n(x-x_0)^n+\cdots$,利用幂级数性质3进行逐项求导,可得幂级数系数 $a_0,a_1,a_2,\cdots,a_n,\cdots$ 与函数 $f(x)$ 的关系为

$$a_0=f(x_0),a_1=f'(x_0),a_2=\frac{f''(x_0)}{2!},\cdots,a_n=\frac{f^{(n)}(x_0)}{n!},\cdots$$

于是函数 $f(x)$ 在 x_0 处能展开成 $x-x_0$ 的幂级数,则该幂级数是唯一的,就是函数 $f(x)$ 在 x_0 处的泰勒级数. 而麦克劳林级数就是函数 $f(x)$ 关于 x 的幂级数.

二、函数展开成幂级数的方法

1. 直接展开法

例 1 将函数 $f(x)=\mathrm{e}^x$ 展开成 x 的幂级数.

解 因为 $f^{(n)}(x)=\mathrm{e}^x,f(0)=1,f^{(n)}(0)=1\quad(n=1,2,\cdots)$,

所以
$$\mathrm{e}^x=1+x+\frac{1}{2!}x^2+\cdots+\frac{1}{n!}x^n+\cdots=\sum_{n=0}^{\infty}\frac{x^n}{n!},x\in(-\infty,+\infty).$$

例 2 将函数 $f(x)=\sin x$ 展开成 x 的幂级数.

解 因为 $f^{(n)}(x)=\sin\left(x+\frac{n\pi}{2}\right),f(0)=0,f^{(n)}(0)=\sin\frac{n\pi}{2}\quad(n=1,2,\cdots)$,

所以
$$\sin x=x-\frac{1}{3!}x^3+\frac{1}{5!}x^5-\cdots+(-1)^{n-1}\frac{1}{(2n-1)!}x^{2n-1}+\cdots,x\in(-\infty,+\infty)$$

简记为
$$\sin x=\sum_{n=1}^{\infty}\frac{(-1)^{n-1}}{(2n-1)!}x^{2n-1},x\in(-\infty,+\infty).$$

用直接展开法将函数展开成麦克劳林级数的步骤:

① 求函数的任意阶导数,令 $x=0$,得 $f(0),f'(0),f''(0),\cdots,f^{(n)}(0),\cdots$

② 写出 $f(x)=f(0)+f'(0)x+\frac{f''(0)}{2!}x^2+\cdots+\frac{f^{(n)}(0)}{n!}x^n+\cdots$

③ 求出收敛区间.

2. 间接展开法

由于直接展开法要求任意阶导数,有时还要考虑余项 $R_n(x)$ 是否趋向于零,不仅运算量大,还很麻烦,而函数展开的幂级数是唯一的. 所以可以利用一些已知函数的幂级数展开式将所给的函数展开成幂级数,这种方法称为**间接展开法**.

例 3 将函数 $f(x)=\cos x$ 展开成 x 的幂级数.

解 由 $\sin x=x-\frac{1}{3!}x^3+\frac{1}{5!}x^5-\cdots+(-1)^{n-1}\frac{1}{(2n-1)!}x^{2n-1}+\cdots,x\in(-\infty,+\infty)$,

又 $\cos x=(\sin x)'$,在区间 $x\in(-\infty,+\infty)$ 内对级数逐项求导数得

$$\cos x=1-\frac{1}{2!}x^2+\frac{1}{4!}x^4-\cdots+(-1)^n\frac{1}{(2n)!}x^{2n}+\cdots=\sum_{n=0}^{\infty}\frac{(-1)^n}{(2n)!}x^{2n},x\in(-\infty,+\infty).$$

例 4 将下列函数展开成 x 的幂级数:

(1) $f(x)=\frac{1}{1+x}$;　　(2) $f(x)=\ln(1+x)$.

解 (1) 因为 $\frac{1}{1-x}=1+x+x^2+\cdots+x^n+\cdots\quad(-1<x<1)$,

所以
$$\frac{1}{1+x}=1-x+x^2-\cdots+(-1)^nx^n+\cdots\quad(-1<x<1),$$

(2) $\ln(1+x)=\int_0^x \frac{1}{1+x}\mathrm{d}x=\int_0^x \sum_{n=0}^{\infty}(-1)^n x^n \mathrm{d}x$

$$=x-\frac{x^2}{2}+\frac{x^3}{3}-\cdots+(-1)^{n-1}\frac{x^n}{n}+\cdots \quad (-1<x\leqslant 1).$$

为了便于应用，下面给出六个常用函数的幂级数展开式：

(1) $e^x=1+x+\frac{1}{2!}x^2+\cdots+\frac{1}{n!}x^n+\cdots, x\in(-\infty,+\infty)$.

(2) $\sin x=x-\frac{1}{3!}x^3+\frac{1}{5!}x^5-\cdots+(-1)^{n-1}\frac{1}{(2n-1)!}x^{2n-1}+\cdots, x\in(-\infty,+\infty)$.

(3) $\cos x=1-\frac{1}{2!}x^2+\frac{1}{4!}x^4-\cdots+(-1)^n\frac{1}{(2n)!}x^{2n}+\cdots, x\in(-\infty,+\infty)$.

(4) $\ln(1+x)=x-\frac{x^2}{2}+\frac{x^3}{3}-\cdots+(-1)^{n-1}\frac{x^n}{n}+\cdots, x\in(-1,1]$.

(5) $\frac{1}{1-x}=1+x+x^2+\cdots+x^n+\cdots, x\in(-1,1)$.

(6) $(1+x)^m=1+mx+\frac{m(m-1)}{2!}x^2+\cdots+\frac{m(m-1)\cdots(m-n+1)}{n!}x^n+\cdots, x\in(-1,1)$.

例 5　将下列函数展开成麦克劳林级数：

(1) $f(x)=\frac{1}{3-x}$;　　　(2) $f(x)=\frac{1}{3+2x-x^2}$.

解　由公式(5)得：

(1) $\frac{1}{3-x}=\frac{1}{3}\cdot\frac{1}{1-\frac{x}{3}}=\frac{1}{3}\sum_{n=0}^{\infty}\left(\frac{x}{3}\right)^n=\sum_{n=0}^{\infty}\frac{x^n}{3^{n+1}}, x\in(-3,3)$.

(2) $f(x)=\frac{1}{3+2x-x^2}=\frac{1}{(3-x)(1+x)}=\frac{1}{4}\left(\frac{1}{3-x}+\frac{1}{1+x}\right)$,

所以　$\frac{1}{3+2x-x^2}=\frac{1}{4}\left[\sum_{n=0}^{\infty}\frac{x^n}{3^{n+1}}+\sum_{n=0}^{\infty}(-1)^n x^n\right]=\frac{1}{4}\sum_{n=0}^{\infty}\left[\frac{1}{3^{n+1}}+(-1)^n\right]x^n, x\in(-1,1)$.

例 6　将函数 $f(x)=\frac{1}{x}$ 展开成 $x-1$ 的幂级数.

解　$\frac{1}{x}=\frac{1}{1+(x-1)}=\sum_{n=0}^{\infty}(-1)^n(x-1)^n, x\in(0,2)$.

三、幂级数的应用举例

例 7　计算 e 的近似值，要求精确到10^{-4}.

解　因为 $e^x=1+x+\frac{1}{2!}x^2+\cdots+\frac{1}{n!}x^n+\cdots$

令 $x=1$，得 $e=1+1+\frac{1}{2!}+\cdots+\frac{1}{n!}+\cdots$

若令 $e\approx S_n=1+1+\frac{1}{2!}+\cdots+\frac{1}{(n-1)!}$，则误差为

$$|R_n|=\frac{1}{n!}+\frac{1}{(n+1)!}+\frac{1}{(n+2)!}+\cdots<\frac{1}{n!}\left(1+\frac{1}{n}+\frac{1}{n^2}+\cdots\right)=\frac{1}{(n-1)(n-1)!},$$

要使　$\frac{1}{(n-1)(n-1)!}<10^{-4}$，计算得 $n=8$.

所以 e 的近似值为 $e\approx 1+1+\frac{1}{2!}+\cdots+\frac{1}{7!}\approx 2.7183.$

例 8 $\lim\limits_{x\to 0}\frac{\cos x-e^{-\frac{x^2}{2}}}{x^4}.$

解 $\lim\limits_{x\to 0}\frac{\cos x-e^{-\frac{x^2}{2}}}{x^4}=\lim\limits_{x\to 0}\frac{\left(1-\frac{x^2}{2!}+\frac{x^4}{4!}-\cdots\right)-\left(1-\frac{x^2}{2}+\frac{x^4}{2\cdot 2^2}-\cdots\right)}{x^4}$

$$=\lim_{x\to 0}\frac{-\frac{1}{12}x^4+\cdots}{x^4}=-\frac{1}{12}.$$

习题 8-4

1. 用间接法将下列函数展开成麦克劳林级数：

(1) e^{x^2}；　　(2) xe^x；

(3) $\frac{1}{1+x^2}$；　　(4) $\cos^2 x$；

(5) $\ln(4+x)$；　　(6) $\frac{1}{(1-x)(2-x)}$.

2. 将函数 $f(x)=\frac{1}{x+1}$ 展开成 $x-2$ 的幂级数.

本章小结

本章主要对数项级数与函数项级数的特殊形式 —— 幂级数进行讨论. 这些知识点有着很重要的实际应用. 如在工程问题中出现的较复杂的函数，可用其展开式的前几项取代函数本身进行分析.

主要内容：

1. 基本概念：

无穷级数、数项级数、正项级数、交错级数、任意项级数；函数项级数、幂级数、泰勒级数、麦克劳林级数；收敛、发散、绝对收敛、条件收敛；部分和、级数和、和函数；收敛半径、收敛区间(收敛域).

2. 定理：

比较判别定理、比值判别定理、交错级数判别定理、求收敛半径定理、泰勒中值定理.

3. 基本方法：

比较判别法、比值判别法、交错级数判别法、直接展开法、间接展开法.

4. 性质：

级数性质 4 条、级数收敛的必要条件；幂级数的代数运算性质、极限运算性质、微分运算性质、积分运算性质.

综合训练八

1. 判别下列级数的敛散性：

(1) $\sum_{n=1}^{\infty}\frac{n}{2n+1}$；　(2) $\sum_{n=1}^{\infty}\frac{3-(-1)^n}{3^n}$；

(3) $\sum_{n=1}^{\infty}\left(\frac{1}{2^n}+\frac{1}{n}\right)$；　(4) $\sum_{n=1}^{\infty}\frac{1}{(2n+1)^2}$；

(5) $\sum_{n=1}^{\infty}2^n\sin\frac{\pi}{5^n}$；　(6) $\sum_{n=1}^{\infty}\frac{\sin^2 n}{n^3}$；

(7) $\sum_{n=1}^{\infty}\frac{1}{n}\left(\frac{2}{3}\right)^n$；　(8) $\sum_{n=1}^{\infty}\frac{3^n n!}{n^n}$.

2. 判别下列级数是绝对收敛还是条件收敛：

(1) $\sum_{n=1}^{\infty}\frac{(-1)^n}{(n+1)^2}$；　(2) $\sum_{n=1}^{\infty}\frac{(-1)^{n-1}}{\sqrt{n}}$；

(3) $\sum_{n=1}^{\infty}\frac{n\sin\frac{n\pi}{3}}{3^n}$；　(4) $\sum_{n=1}^{\infty}\frac{(-1)^{n-1}}{\ln(n+1)}$.

3. 求下列幂级数的收敛半径与收敛区间：

(1) $\sum_{n=0}^{\infty}\frac{2^n}{n!}x^n$；　(2) $\sum_{n=1}^{\infty}\frac{(-1)^n}{n^2}x^n$；

(3) $\sum_{n=1}^{\infty}\frac{2n-1}{2^n}x^{2n-1}$；　(4) $\sum_{n=1}^{\infty}\frac{3^n}{n}(x-1)^n$.

4. 求下列幂级数的和函数：

(1) $\sum_{n=1}^{\infty}nx^{n-1}$；　(2) $\sum_{n=1}^{\infty}\frac{1}{n(n+1)}x^{n+1}$.

5. 将下列函数展开成 x 的幂级数：

(1) $y=x^2e^{-x}$；　(2) $y=\ln(6+x)$；

(3) $y=\arctan x$；　(4) $y=\frac{1}{(1-x)^2}$.

6. 将下列函数展开成 $x-x_0$ 的幂级数：

(1) $y=e^x, x_0=1$；　(2) $y=\sin x, x_0=\frac{\pi}{4}$.

第九章　概率论

【引例九(工程投资中的概率、钢筋混凝土构件合格率分析)】

工程投资中的概率

某工程投资前，技术人员作如下报告：如投资成功将获利 300 万元，但若仅做一次中试就投产，成功率只有 0.7；做两次小试后再做一次中试，成功率可提高到 0.8；若两次小试、两次中试后可将成功率提高到 0.9；小试一次需要投资 2 万元，中试一次需要投资 36 万元. 试问应做何决策?

采用哪种方案，实际上就是如何试验可使获利的数学期望最高，计算三种方案的获利数学期望分别为：

(1) $-36+300\times 0.7=174$(万元).

(2) $-4-36+300\times 0.8=200$(万元).

(3) $-4-72+300\times 0.9=194$(万元).

显然，可以采用第二种方案，使数学期望最高. 这就是概率论在投资风险上的运用. 这一科学决策是基于决策人员懂得概率，了解随机概念之上的，否则将无法理解数学期望的真正含义，也很难运用概率工具做决策，指导行动.

钢筋混凝土构件合格率分析

某混凝土制品公司有甲、乙、丙三个厂，生产同一种钢筋混凝土构件，甲厂生产的产品占 50%，乙厂生产的产品占 30%，丙厂生产的产品占 20%. 已知甲、乙、丙厂产品的合格率分别为 90%，85%，95%，求整个公司生产该种钢筋混凝土构件的合格率.

该题属于研究整个公司该产品的合格率问题，而生产部门三个，产品占有率各不相同，合格率也不同，需综合考虑. 如用概率论相关知识能较快地解决这一问题.

由此可见，生产、生活中的各种风险投资、不确定估计、各种不确定因素的存在，都使我们面对许多随机变量，需用概率论的知识充实自我，提高随机数学意识.

概率论是研究随机现象统计规律性的数学学科，它的理论与方法在自然科学、工程技术、经济管理等诸多领域有着广泛的应用. 本章将简要介绍概率论的一些基本方法.

§9-1　随机事件

一、随机现象与随机事件

在自然界和人类社会生活中普遍存在着两类现象：必然现象和随机现象. 在一定条件下必然出现的现象称为**必然现象**. 例如，没有受到外力作用的物体永远保持原来的运动状态，同性电荷相互排斥等，都是必然现象. 在相同的条件下可能出现也可能不出现的现象称为**随机现象**. 例如，抛掷一枚硬币出现正面还是反面，检查产品质量时任意抽取的产品是合格品还是次品等，都是随机现象.

为了研究和揭示随机现象的统计规律性，我们需要对随机现象进行大量重复的观察、测量或者试验. 为了方便，将它们统称为试验. 如果试验具有以下特点，则称之为**随机试验**，简称为**试验**.

1. 可重复性

试验可以在相同的条件下重复进行.

2. 可观测性

每次试验的所有可能结果都是明确的、可观测的，并且试验的可能结果有两个或更多个.

3. 随机性

每次试验将要出现的结果是不确定的，试验之前无法预知哪一个结果出现.

现用字母 E 表示一个随机试验，用 ω 表示随机试验 E 的可能结果，称为**样本点**，用 Ω 表示随机试验 E 的所有可能结果组成的集合，称为**样本空间**.

例 1 将一枚硬币抛掷三次，观察正面 H 和反面 T 出现的情况，则试验的样本空间为

$$\Omega_1=\{HHH,HHT,HTH,THH,HTT,THT,TTH,TTT\}.$$

例 2 从一批电子元件中任意抽取一个，测试它的寿命(单位：小时)，则试验的样本空间为

$$\Omega_2=\{t\mid 0\leqslant t<+\infty\}=[0,+\infty).$$

在随机试验中，我们常常关心试验的结果是否满足某种指定的条件. 例如，在例 2 中，若规定电子元件的寿命小于 5000h 为次品，那么关心试验的结果是否有 $t\geqslant 5000$. 满足这一条件的样本点组成 Ω_2 的子集 $A=\{t\mid t\geqslant 5000\}$，称 A 为该试验的一个随机事件. 显然，当且仅当子集 A 中的一个样本点出现时，有 $t\geqslant 5000$.

一般地，我们称随机试验 E 的样本空间 Ω 的子集为 E 的**随机事件**，简称为**事件**，用大写字母 A,B,C 等表示. 在每次试验中，当且仅当子集中的一个样本点发生时，称这一事件发生.

特别地，由一个样本点组成的单点子集，称为**基本事件**. 样本空间 Ω 作为它自身的子集，包含了所有的样本点，每次试验总是发生，称为**必然事件**. 空集 $\varnothing$ 作为样本空间的子集，不包含任何样本点，每次试验都不发生，称为**不可能事件**.

例 3 将一枚硬币抛掷三次，观察正面出现的次数，子集 $A=\{0\}$ 表示事件“三次均不出现正面”，子集 $B=\{3\}$ 表示事件“三次均出现正面”，A 与 B 都是基本事件. 子集 $C=\{0,1\}$ 表示事件“正面出现的次数小于 2”，子集 $D=\{1,2,3\}$ 表示事件“正面至少出现一次”. 而事件“正面出现的次数不大于 3”为必然事件，事件“正面出现的次数大于 3”为不可能事件.

二、随机事件的关系与运算

在研究随机试验时，发现一个随机试验往往有很多随机事件，这就需要分析事件之间的关系，下面我们来研究它们之间的关系.

1. 事件的包含

如果事件 A 发生必然导致事件 B 发生，即属于 A 的每一个样本点一定也属于 B，那么称事件 B **包含**事件 A，记作 $A\subset B$.

显然，事件 $A\subset B$ 的含义与集合论中的含义是一致的，并且对任意事件 A，有

$$\varnothing\subset A\subset\Omega.$$

在例 3 中，有 $A\subset C$.

2. 事件的相等

如果事件 A 包含事件 B，事件 B 也包含事件 A，即 $B\subset A$ 且 $A\subset B$，那么称事件 A 与事件

B **相等**(**或等价**),记作 $A = B$.

显然,事件 A 与事件 B 相等是指 A 和 B 所含的样本点完全相同,这等同于集合论中的相等,实际上事件 A 和事件 B 是同一事件.

3. 事件的和

"事件 A 和事件 B 至少有一个发生"这一事件称为事件 A 和事件 B 的**和**(或**并**),记作 $A \cup B$ 或 $A + B$,即

$$A \cup B = \{\text{事件 } A \text{ 发生或事件 } B \text{ 发生}\} = \{\omega | \omega \in A \text{ 或 } \omega \in B\}.$$

在例 3 中,$B \cup C = \{0,1,3\}$.

事件的和可以推广到多个事件的情形:

$$\bigcup_{i=1}^{n} A_i = \{\text{事件 } A_1, A_2, \cdots, A_n \text{ 中至少有一个发生}\},$$

$$\bigcup_{i=1}^{\infty} A_i = \{\text{事件 } A_1, A_2, \cdots, A_n, \cdots \text{ 中至少有一个发生}\}.$$

4. 事件的积

"事件 A 和事件 B 同时发生"这一事件称为事件 A 与事件 B 的**积**(或**交**),记作 $A \cap B$(或 AB),即

$$A \cap B = \{\text{事件 } A \text{ 发生且事件 } B \text{ 发生}\} = \{\omega | \omega \in A \text{ 且 } \omega \in B\},$$

这与集合论中的交集的含义一致.

在例 3 中,$BD = \{3\}$.

事件的积可以推广到多个事件的情形:

$$\bigcap_{i=1}^{n} A_i = \{\text{事件 } A_1, A_2, \cdots, A_n \text{ 同时发生}\},$$

$$\bigcap_{i=1}^{\infty} A_i = \{\text{事件 } A_1, A_2, \cdots, A_n \cdots \text{ 同时发生}\}.$$

5. 事件的差

"事件 A 发生而事件 B 不发生"这一事件称为事件 A 与事件 B 的**差**,记作 $A - B$,即

$$A - B = \{\text{事件 } A \text{ 发生但事件 } B \text{ 不发生}\} = \{\omega | \omega \in A \text{ 但 } \omega \notin B\}.$$

在例 3 中,$D - C = \{2,3\}$.

6. 事件的互不相容

如果事件 A 与事件 B 不能同时发生,也就是说,AB 是不可能事件,即 $AB = \varnothing$,那么称事件 A 与事件 B 是**互不相容**的(或**互斥**的).

在例 3 中,事件 B 与事件 C 是互不相容的.

7. 事件的互逆

如果在每一次试验中事件 A 与事件 B 都有一个且仅有一个发生,那么称事件 A 与事件 B 是**互逆**的(或**对立**的),并称其中的一个事件为另一个事件的**逆事件**(或**对立事件**),记作 $A = \overline{B}$ 或 $B = \overline{A}$.

显然,互逆的两个事件 A, B 满足

$$A \cup B = \Omega, \qquad AB = \varnothing.$$

在例 3 中,事件 A 与事件 D 是互逆的.

图 9-1(文氏图) 直观地表示了上述关于事件的各种关系及运算.

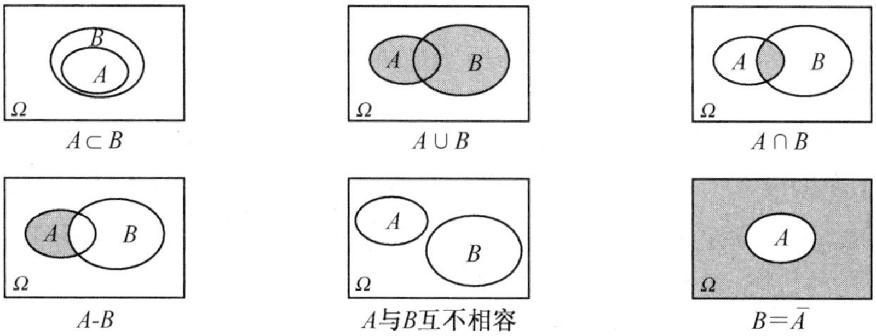

图 9-1

与集合的运算类似，事件的运算有如下的**运算规律**：

(1) 交换律　$A\cup B=B\cup A, AB=BA$；

(2) 结合律　$(A\cup B)\cup C=A\cup(B\cup C), (AB)C=A(BC)$；

(3) 分配律　$A(B\cup C)=(AB)\cup(AC), A\cup(BC)=(A\cup B)(A\cup C)$；

(4) 对偶律　$\overline{A\cup B}=\overline{AB}, \overline{AB}=\overline{A}\cup\overline{B}$.

上述各种事件运算的规律可以推广到多个事件的情形.

例 4　甲、乙、丙三人射击同一目标，令 A_1 表示事件“甲击中目标”，A_2 表示事件“乙击中目标”，A_3 表示事件“丙击中目标”. 用 A_1, A_2, A_3 的运算表示下列事件.

(1) 三人都击中目标；　　(2) 只有甲击中目标；

(3) 只有一人击中目标；　　(4) 至少有一人击中目标；

(5) 最多有一人击中目标.

解　用 A, B, C, D, E 分别表示上述(1) ～ (5) 中的事件.

(1) 三人都击中目标，即事件 A_1, A_2, A_3 同时发生，所以

$$A=A_1A_2A_3.$$

(2) 只有甲击中目标，即事件 A_1 发生，而事件 A_2 和 A_3 都不发生，所以

$$B=A_1\overline{A}_2\overline{A}_3.$$

(3) 只有一人击中目标，即事件 A_1, A_2, A_3 中有一个发生，另外两个不发生，所以

$$C=A_1\overline{A}_2\overline{A}_3\cup\overline{A}_1A_2\overline{A}_3\cup\overline{A}_1\overline{A}_2A_3.$$

(4) 至少有一人击中目标，即事件 A_1, A_2, A_3 中至少有一个发生，所以

$$D=A_1\cup A_2\cup A_3;$$

“至少有一人击中目标”也就是恰有一人击中目标，或者恰有两人击中目标，或者三人都击中目标，所以事件 D 也可以表示成

$$D=(A_1\overline{A}_2\overline{A}_3\cup\overline{A}_1A_2\overline{A}_3\cup\overline{A}_1\overline{A}_2A_3)$$
$$\cup(A_1A_2\overline{A}_3\cup A_1\overline{A}_2A_3\cup A_1A_2\overline{A}_3)\cup(A_1A_2A_3).$$

(5) 最多有一人击中目标，即事件 A_1, A_2, A_3 或者都不发生，或者只有一个发生，所以

$$E=(\overline{A}_1\overline{A}_2\overline{A}_3)\cup(A_1\overline{A}_2\overline{A}_3\cup\overline{A}_1A_2\overline{A}_3\cup\overline{A}_1\overline{A}_2A_3);$$

“最多有一人击中目标”也可以理解成“至少有两人没击中目标”，即事件 $\overline{A}_1, \overline{A}_2, \overline{A}_3$ 中至少有两个发生，所以

$$E=\overline{A}_1\overline{A}_2\cup\overline{A}_2\overline{A}_3\cup\overline{A}_1\overline{A}_3.$$

习题 9-1

1. 用三个事件 A,B,C 的运算表示下列事件：

   (1) A,B,C 中至少有一个发生； (2) A,B,C 中只有 A 发生；

   (3) A,B,C 中恰好有两个发生； (4) A,B,C 中至少有两个发生；

   (5) A,B,C 中至少有一个不发生； (6) A,B,C 中不多于一个发生.

2. 互不相容事件和对立事件的区别在哪里？说出下列各对事件的关系.

   (1) $|x-a|<\delta$ 与 $x-a\geqslant\delta$； (2) $x>20$ 与 $x\leqslant 20$；

   (3) $x>20$ 与 $x<15$； (4) $x>20$ 与 $x<25$；

   (5) 10 个产品全是合格品与 10 个产品只有一个废品；

   (6) 10 个产品全是合格品与 10 个产品至少有一个废品.

3. 用步枪射击目标 5 次，设 A_i 为"第 i 次击中目标"($i=1,2,3,4,5$)，B 为"5 次中击中次数大于 2"，用文字叙述下列事件：

   (1) $A=\sum_{i=1}^{5}A_i$； (2) $\overline{A}$； (3) $\overline{B}$.

4. 在图书馆中随意抽取一本书，事件 A 表示"数学书"，B 表示"中文图书"，C 表示"平装书". (1) 说明事件 ABC 的实际意义；(2) 若 $\overline{C}\subset B$，说明什么情况；(3) $\overline{A}=B$ 是否意味着图书馆中所有的数学书都不是中文版的？

§9-2　随机事件的概率

对于随机事件而言，在一次试验中可能发生也可能不发生，那么我们希望知道一个随机事件 A 在一次试验中发生的可能性有多大，也就是事件 A 在一次试验中出现的机会有多大. 把用来表征事件 A 在一次试验中发生的可能性大小的数值 p 称为事件 A 的概率.

一、频率与概率

将随机试验在相同的条件下重复进行 n 次，在这 n 次试验中，事件 A 发生的次数 n_A 称为事件 A 发生的**频数**，而比值 $\frac{n_A}{n}$ 称为事件 A 发生的**频率**，记作 $f_n(A)$，即

$$f_n(A)=\frac{n_A}{n}.$$

事件 A 的频率反映了在 n 次试验中事件 A 发生的频繁程度. 频率越大，表明事件 A 的发生越频繁，这意味着事件 A 在一次试验中发生的可能性越大；频率越小，意味着事件 A 在一次试验中发生的可能性越小.

表 9-1 是历史上几位著名的科学家重复抛掷硬币的试验结果. 不难看出，随着 n 的增大，"正面朝上"这一事件的频率 $f_n(A)$ 呈现出稳定性，在数值 0.5 附近摆动，所以事件"正面朝上"的概率为 0.5.

表 9-1

试验者	抛掷次数 n	正面朝上的次数 n_A	频率 $\frac{n_A}{n}$
德摩根	2048	1061	0.5181
蒲　丰	4040	2048	0.5069
费希尔	10000	4979	0.4979
皮尔逊	24000	12012	0.5005

定义 9.1　一个随机试验中，如果随着试验次数的增大，事件 A 出现的频率 $\frac{m}{n}$ 在某个常数 p 附近摆动，那么定义事件 A 的概率为 p，记作 $P(A)=p$.

根据定义，我们可以推出概率的重要性质：

性质 1　$P(\varnothing)=0$，　$P(\Omega)=1$.

性质 2　对任一事件 A，有 $0\leqslant P(A)\leqslant 1$.

性质 3　对于两两互不相容的事件 $A_1, A_2, \cdots, A_n$（即当 $i\neq j$ 时，有 $A_iA_j=\varnothing$，$i, j=1, 2, \cdots, n$），有 $P(\bigcup\limits_{i=1}^{n} A_i)=\sum\limits_{i=1}^{n} P(A_i)$.

性质 4　对于任一事件 A，有

$$P(\overline{A})=1-P(A).$$

性质 5　如果事件 $A\subset B$，那么有 $P(A)\leqslant P(B)$，且

$$P(B-A)=P(B)-P(A).$$

性质 6　对于任意两个事件 A 与 B，有

$$P(A\cup B)=P(A)+P(B)-P(AB)$$（概率的**加法公式**）.

加法公式可以推广到有限个事件的情形. 例如，对任意三个事件 A, B, C，

有 $P(A\cup B\cup C)=P(A)+P(B)+P(C)-P(AB)-P(BC)-P(AC)+P(ABC)$.

例 1　已知 $P(\overline{A})=0.5$，$P(\overline{A}B)=0.2$，$P(B)=0.4$，求：(1) $P(AB)$；(2) $P(\overline{AB})$.

解　(1) 由题意，$P(\overline{A}B)=P(B-A)=P(B)-P(AB)=0.2$，$P(B)=0.4$，所以 $P(AB)=0.4-0.2=0.2$；

(2) 因为 $P(A)=1-0.5=0.5$，$P(AB)=0.2$，所以

$$P(A\cup B)=P(A)+P(B)-P(AB)=0.5+0.4-0.2=0.7,$$

再由对偶律，有

$$P(\overline{AB})=P(\overline{A\cup B})=1-P(A\cup B)=1-0.7=0.3.$$

二、古典概型

如果随机试验 E 满足下列两个条件：

(1) 有限性：试验 E 的基本事件总数是有限个；

(2) 等可能性：每一个基本事件发生的可能性相同.

那么称试验 E 为古典概型（或等可能概型）.

$$P(A)=\frac{A\text{ 包含的基本事件}}{\Omega\text{ 包含的基本事件}}.$$

要计算古典概型中事件 A 的概率，只需计算样本空间 Ω 所包含的基本事件总数 n 以及事

件 A 所包含的基本事件个数 k. 这时常常要用到加法原理、乘法原理和排列组合公式.

例 2 将一枚硬币抛掷三次，求"恰有一次出现正面"的概率.

解 设 A 表示事件"恰有一次出现正面"，因为试验的样本空间为

$$\Omega=\{HHH,HHT,HTH,THH,HTT,THT,TTH,TTT\},$$

所以基本事件总数 $n=8$. 又 $A=\{HTT,THT,TTH\}$，即 A 所包含的基本事件个数 $k=3$. 因此

$$P(A)=\frac{3}{8}.$$

例 3 一只箱子中装有 10 个同型号的电子元件，其中 3 个次品，7 个合格品.

(1) 从箱子中任取 1 个元件，求取到次品的概率；

(2) 从箱子中任取 2 个元件，求取到 1 个次品 1 个合格品的概率.

解 (1) 从 10 个元件中任取 1 个，共有 C_{10}^1 种不同的取法，每一种取法所得到的结果是一个基本事件，所以 $n=C_{10}^1$. 又 10 个元件中有 3 个次品，所以取到次品有 C_3^1 种不同的取法，即 $k=C_3^1$. 于是取到次品的概率为

$$p_1=\frac{C_3^1}{C_{10}^1}=\frac{3}{10}.$$

(2) 从 10 个元件中任取 2 个，共有 C_{10}^2 种不同的取法，所以 $n=C_{10}^2$. 而恰好取到 1 个次品 1 个合格品的取法有 $C_3^1C_7^1$ 种，即 $k=C_3^1C_7^1$，于是取到 1 个次品 1 个合格品的概率为

$$p_2=\frac{C_3^1C_7^1}{C_{10}^2}=\frac{21}{45}=\frac{7}{15}.$$

一般地，在 N 件产品中有 M 件次品，从中任取 $n(n\leqslant N)$ 件，则其中恰有 $k(k\leqslant\min\{n,M\})$ 件次品的概率为

$$p=\frac{C_M^kC_{N-M}^{n-k}}{C_N^n}.$$

例 4 将 n 个球随机地放入 $N(N\geqslant n)$ 个箱子中，其中每个球都等可能地放入任意一个箱子，求下列事件的概率：

(1) 每个箱子最多放入 1 个球；

(2) 某指定的箱子不空.

解 将 n 个球随机地放入 N 个箱子中，共有 N^n 种不同的放法，记(1) 和(2) 中的事件分别为 A 和 B.

(1) 事件 A 相当于在 N 个箱子中任意取出 n 个，然后再将 n 个球放入其中，每箱 1 球，所以共有 $C_N^n\cdot n!$ 种不同的放法，于是

$$P(A)=\frac{C_N^n\cdot n!}{N^n}.$$

(2) 事件 B 的逆事件 $\overline{B}$ 表示"某指定的箱子是空的"，它相当于将 n 个球全部放入其余的 $N-1$ 个箱子中，所以

$$P(\overline{B})=\frac{(N-1)^n}{N^n},$$

进而

$$P(B)=1-P(\overline{B})=1-\frac{(N-1)^n}{N^n}=\frac{N^n-(N-1)^n}{N^n}.$$

例 4 的问题可以应用到其他不同的情形. 例如,某班级有 50 名学生,一年按 365 天计算,则这 50 名学生生日各不相同的概率为

$$P(\text{生日各不相同})=\frac{C_{365}^{50}\cdot(50)!}{365^{50}}=0.03.$$

这里,50 名学生的生日相当于"50 个球",一年 365 天相当于"365 个箱子",那么"50 名学生生日各不相同"相当于"每个箱子中最多放入 1 个球".

需要指出的是,人们在长期的实践活动中总结出这样的事实: 小概率事件在一次试验中几乎不可能发生. 这一事实通常被称作实际推断原理. 由于上述 50 名学生生日各不相同的概率仅为 0.03,所以我们可以预测这 50 名学生中至少有 2 人生日相同.

习题 9-2

1. 已知 $P(A)=0.4,P(B)=0.25,P(A-B)=0.25$,求 $P(B-A)$ 与 $P(\overline{AB})$.
2. 10 把钥匙中有 3 把能打开门,今任取两把,求能打开门的概率.
3. 某学生研究小组共有 12 名同学,求这 12 名同学的生日都集中在第二季度(即 4 月、5 月和 6 月)的概率.
4. 在 100 件产品中有 5 件是次品,每次从中随机地抽取 1 件,取后不放回,求第三次才取到次品的概率.
5. N 个产品中有 N_1 个次品,从中任取 n 个($1\leqslant n\leqslant N_1\leqslant N$),求其中有 $k(k\leqslant n)$ 个次品的概率.
6. 两封信随机地投入四个邮筒,求前两个邮筒没有信的概率以及第一个邮筒只有一封信的概率.

§9-3 条件概率

一、条件概率

假设 A 和 B 是随机试验 E 的两个事件,那么事件 A 或 B 的概率是确定的,而且不受另一个事件是否发生的影响. 但是,如果已知事件 A 已经发生,那么需要对另一个事件 B 发生的可能性的大小进行重新考虑.

例 1 一只盒子中装有新旧两种乒乓球,其中新球有白色 4 个和黄色 3 个,旧球有白色 2 个和黄色 1 个. 现从盒子中任取一球.

(1) 求取出的球是白球的概率 p_1;

(2) 已知取出的球是新球,求它是白球的概率 p_2.

解 设 A 表示"取出的球是新球",B 表示"取出的球是白球". 由古典概型有

(1) $p_1=P(B)=\frac{6}{10}=\frac{3}{5}$.

(2) p_2 是在事件 A 已经发生的条件下事件 B 发生的概率. 由于新球共有 7 个,其中有 4 个白球,因此,

$$p_2=\frac{4}{7}.$$

由此可见,$p_1\neq p_2$. 为了区别,称 p_2 为在事件 A 发生的条件下事件 B 发生的条件概率,记

作 $P(B|A)$,即 $p_2 = P(B|A) = \frac{4}{7}$.

由于 AB 表示事件"取出的球是新球并且是白球",而在 10 个球中,是新球且是白球共有 4 个,所以 $P(AB) = \frac{4}{10}$. 又 $P(A) = \frac{7}{10}$,所以有

$$P(B|A) = \frac{4}{7} = \frac{\frac{4}{10}}{\frac{7}{10}} = \frac{P(AB)}{P(A)}.$$

容易验证,在一般的古典概型中,只要 $P(A) > 0$,总有

$$P(B|A) = \frac{P(AB)}{P(A)}.$$

一般地,有下面的定义.

定义 9.2 设 A 和 B 是试验 E 的两个事件,且 $P(A) > 0$,称

$$P(B|A) = \frac{P(AB)}{P(A)}$$

为在事件 A 发生的条件下事件 B 发生的**条件概率**.

例 2 对某种水泥进行强度试验. 如果已知该水泥强度达到 500 号的概率为 0.92,达到 600 号的概率为 0.23. 现取一水泥进行试验,已达到 500 号标准而未破坏,求其为 600 号的概率.

解 设 A 表示"水泥强度达到 500 号",B 表示"水泥强度达到 600 号".

由题意可知,$P(A) = 0.92$,$B \subset A$,$P(AB) = P(B) = 0.23$,则

$$P(B|A) = \frac{P(AB)}{P(A)} = \frac{0.23}{0.92} = \frac{1}{4}.$$

该水泥试块已达到 500 号未被破坏又达 600 号的概率为 $\frac{1}{4}$.

二、乘法公式

由条件概率公式可知,对于任意两个事件 A 和 B,若 $P(A) > 0$,则有

$$P(AB) = P(A)P(B|A).$$

对称地,若 $P(B) > 0$,由 $P(A|B) = \frac{P(AB)}{P(B)}$,有

$$P(AB) = P(B)P(A|B).$$

称为概率的**乘法公式**.

例 3 某批产品中,甲厂生产的产品占 60%,并且甲厂的产品的次品率为 10%. 从这批产品中随机地抽取一件,求该产品是甲厂生产的次品的概率.

解 设 A 表示事件"抽取的产品是甲厂生产的",B 表示事件"抽取的产品是次品",由题意

$$P(A) = 60\% = 0.6, \qquad P(B|A) = 10\% = 0.1.$$

由乘法公式

$$P(AB) = P(A)P(B|A) = 0.6 \times 0.1 = 0.06.$$

例 4 在空战中,甲机先向乙机开火,击落飞机的概率是 0.2;若乙机未被击落,就进行还

击，击落甲机的概率是0.3；若甲机未被击落，则再进攻乙机，击落乙机的概率是0.4.在这几个回合中，求：

(1) 甲机被击落的概率；

(2) 乙机被击落的概率.

解 设$A=$“第一次攻击中，甲击落乙”，$B=$“第二次攻击中，乙击落甲”，$C=$“第三次攻击中，甲击落乙”.

(1) 甲机被击落只有在第一次攻击中甲未击落乙才有可能，故甲机被击落的概率为

$$P(\overline{A}B)=P(\overline{A})P(B|\overline{A})=(1-0.2)\times 0.3=0.24.$$

(2) 乙机被击落有两种情况：一种是第一次攻击中甲击落乙，另一种是第一次攻击中甲未击落乙，且第二次攻击中乙未击落甲，而第三次攻击中甲击落乙，几种情况都是互斥事件，故乙机被击落的概率为

$$\begin{aligned}P(A+\overline{A}\overline{B}C)&=P(A)+P(\overline{A}\overline{B}C)=P(A)+P(\overline{A})P(\overline{B}|A)P(C|\overline{A}\overline{B})\\&=0.2+(1-0.2)\times(1-0.3)\times 0.4=0.424.\end{aligned}$$

习题 9-3

1. 由长期统计资料得知，某一地区在2月份下雨(记作事件A)的概率为$\frac{4}{15}$，刮风(用B表示)的概率为$\frac{7}{15}$，既刮风又下雨的概率为$\frac{1}{10}$，求$P(A|B)$，$P(B|A)$，$P(A+B)$.
2. 设10个考题签中有4个难签，3人参加抽签，甲先抽，乙次之，丙最后.求下列事件的概率：
   (1) 甲抽到难签；
   (2) 甲未抽到难签而乙抽到难签；
   (3) 甲、乙、丙均抽到难签.
3. 为了防止意外，在矿内同时设有两种报警系统A与B，每种系统单独使用时，报警系统A有效的概率为0.92，系统B为0.93.在A失灵的条件下，B有效的概率为0.85.求：
   (1) 发生意外时，这两个报警系统至少有一个有效的概率；
   (2) B失灵的条件下，A有效的概率.

§9-4 全概率公式和贝叶斯公式

一、全概率公式

先看下面的例子：

例1 假设最后的10张彩票中，有3张是中奖彩票，7张是不中奖彩票，甲先乙后各买一张，分别计算他们中奖的概率.

解 设$A=$“甲中奖”，$B=$“乙中奖”，

$$P(A)=\frac{3}{10}.$$

事件B可以写成两个互斥事件AB与$\overline{A}B$的和，即

$$B=AB+\overline{A}B,$$

$$P(B)=P(AB)+P(\overline{A}B)=P(A)P(B|A)+P(\overline{A})P(B|\overline{A})$$
$$=\frac{3}{10}\times\frac{2}{9}+\frac{7}{10}\times\frac{3}{9}=\frac{3}{10}.$$

上述结果表明甲先买，但不拆看中奖与否的情况下，乙先买与后买中奖的概率是一样的. 这类求概率的方法具有普遍意义，我们借此引入一个计算复杂事件概率的重要公式.

设试验 E 的样本空间为 Ω，事件 $A_1,A_2,\cdots,A_n$ 两两互不相容，并且 $\bigcup\limits_{i=1}^{n}A_i=\Omega$，则称 A_1，$A_2,\cdots,A_n$ 为试验 E 的**完备事件组**.

若 $P(A_i)>0(i=1,2,\cdots,n)$，则对于 E 的任一事件 B，有

$$B=B\Omega=B(\bigcup_{i=1}^{n}A_i)=\bigcup_{i=1}^{n}(A_iB),$$

这里 $A_1B,A_2B,\cdots,A_nB$ 是两两互不相容的，由概率的性质有

$$P(B)=P(\bigcup_{i=1}^{n}A_iB)=\sum_{i=1}^{n}P(A_iB),$$

根据乘法公式，得

$$P(B)=\sum_{i=1}^{n}P(A_i)P(B|A_i),$$

称为**全概率公式**，它是概率论的基本公式.

例 2(引例九) 某混凝土制品公司有甲、乙、丙三个厂，生产同一种预制构件，甲厂生产的产品占 50%，乙厂生产的产品占 30%，丙厂生产的产品占 20%. 已知甲、乙、丙厂产品的合格率分别为 90%，85%，95%，求整个公司生产该种预制构件的合格率.

解 设 A_1,A_2,A_3 分别表示事件"预制构件是甲厂生产的"，"预制构件是乙厂生产的"，"预制构件是丙厂生产的"，B 表示事件"预制构件是合格品"，则 A_1,A_2,A_3 是一个完备事件组，且

$$P(A_1)=50\%=0.5,\qquad P(A_2)=30\%=0.3,$$
$$P(A_3)=20\%=0.2,\qquad P(B\mid A_1)=90\%=0.9,$$
$$P(B\mid A_2)=85\%=0.85,\qquad P(B\mid A_3)=95\%=0.95,$$

于是，由全概率公式，有

$$P(B)=P(A_1)P(B|A_1)+P(A_2)P(B|A_2)+P(A_3)P(B|A_3)$$
$$=0.5\times0.9+0.3\times0.85+0.2\times0.95$$
$$=0.895.$$

二、贝叶斯公式(逆概率公式)

例 3 在上例中，若三家厂生产的预制构件混合在一起，现任取一件为合格品，求该预制构件是甲厂生产的概率.

解 $P(A_1|B)=\dfrac{P(A_1B)}{P(B)}=\dfrac{P(A_1)P(B|A_1)}{\sum\limits_{i=1}^{3}P(A_i)P(B|A_i)}=\dfrac{0.45}{0.895}=0.503.$

把上例的计算概括为一般模式，得概率计算中另一重要公式.

设试验 E 的样本空间为 Ω，事件 $A_1,A_2,\cdots,A_n$ 为试验 E 的完备事件组，且 $P(A_i)>0(i=1,2,\cdots,n)$. 对于任一事件 B，如果 $P(B)>0$，

$$P(A_i \mid B) = \frac{P(A_iB)}{P(B)}.$$

由乘法公式和全概率公式，有

$$P(A_iB) = P(A_i)P(B|A_i),$$

$$P(B) = \sum_{i=1}^{n} P(A_i)P(B|A_i),$$

所以

$$P(A_i \mid B) = \frac{P(A_iB)}{P(B)} = \frac{P(A_i)P(B|A_i)}{\sum_{i=1}^{n} P(A_i)P(B|A_i)} \ (i=1,2,\cdots,n),$$ 称为**贝叶斯(Bayes)公式**，也称为**逆概率公式**.

例 4 对以往数据的分析结果表明，当某机器处于良好状态的时候，生产出来的产品合格率为 90%，而当该机器存在某些故障时，生产出来的产品合格率为 30%，并且每天机器开动时，处于良好状态的概率为 75%. 已知某日生产出来的第一件产品为合格品，求此时该机器处于良好状态的概率.

解 设 A 表示事件"机器处于良好状态"，$\overline{A}$ 表示事件"机器存在某些故障"，B 表示事件"生产出来的产品是合格品"，则 A 与 $\overline{A}$ 是完备事件组，且

$$P(A) = 75\% = 0.75, P(\overline{A}) = 25\% = 0.25,$$

$$P(B \mid A) = 90\% = 0.9, P(B \mid \overline{A}) = 30\% = 0.3,$$

根据贝叶斯公式，有

$$\begin{aligned} P(A \mid B) &= \frac{P(A)P(B \mid A)}{P(A)P(B \mid A) + P(\overline{A})P(B \mid \overline{A})} \\ &= \frac{0.75 \times 0.9}{0.75 \times 0.9 + 0.25 \times 0.3} \\ &= 0.9 = 90\%. \end{aligned}$$

根据以往的数据，我们知道，机器处于良好状态的概率为 75%，它是所谓的先验概率. 而得知"第一个产品是合格品" 这一新的信息之后，我们计算得出机器处于良好状态的概率为 90%，它是后验概率，它使得我们对机器的状态有了进一步的了解.

例 5 已知一般情况下 5% 的男人和 0.25% 的女人是色盲者，现随机地挑选一人，此人恰为色盲者，问此人是男人的概率.

解 设 A 表示"男人"，$\overline{A}$ 表示"女人"，B 表示"色盲者"，由题意

$$P(A) = 0.5,\ P(\overline{A}) = 0.5,$$

从而由贝叶斯公式，有

$$\begin{aligned} P(A \mid B) &= \frac{P(A)P(B \mid A)}{P(A)P(B \mid A) + P(\overline{A})P(B \mid \overline{A})} \\ &= \frac{0.5 \times 0.05}{0.5 \times 0.05 + 0.5 \times 0.0025} \approx 0.9524. \end{aligned}$$

习题 9－4

1. 有朋自远方来，他坐火车、坐船、坐汽车和坐飞机的概率分别为 0.3，0.2，0.1，0.4. 若坐火车来，迟到的概率是 0.25；若坐船来，迟到的概率是 0.3；若坐汽车来，迟到的概率

是 0.1；若坐飞机来，则不会迟到．求他迟到的概率．

2. 发报台分别以概率 0.6 和 0.4 发出信号"$*$"和"—"．由于通信系统受到干扰，当发出信号"$*$"时，收报台未必收到信号"$*$"，而是分别以概率 0.8 和 0.2 收到信号"$*$"和"—"；同样，当发出信号"—"时，收报台分别以 0.9 和 0.1 收到信号"—"和"$*$"．求：

(1) 收报台收到信号"$*$"的概率；

(2) 当收到信号"$*$"时，发报台确实是发出信号"$*$"的概率．

3. 在水泥运输中，某运输车可能到甲、乙、丙三水泥厂进货，设到此三地去进货的概率分别为 0.2，0.5，0.3．而在各处进到一级水泥的概率分别是 0.1，0.3，0.7，求该车水泥是一级水泥且乙水泥厂进来的概率．

4. 设有两箱同种零件，在第一箱内装 50 件，其中有 10 件是一等品；在第二箱内装有 30 件，其中有 18 件是一等品．现从两箱中任取一箱，然后从该箱中不放回地取两次零件，每次 1 个．求：

(1) 第一次取出的零件是一等品的概率；

(2) 已知第一次取出的零件是一等品，第二次取出的零件也是一等品的概率．

§9－5 事件的独立性和伯努利概型

一、事件的独立性

对同一试验 E 中的两个事件 A 和 B，我们需要讨论其中一个事件 A 的发生对另一个事件 B 发生的概率是否存在影响．

定义 9.3 设 A 和 B 是同一试验 E 的两个事件，如果

$$P(AB)=P(A)P(B),$$

那么称事件 A 与事件 B **相互独立**．

由定义可以进一步得出下列结论：

(1) 若 $P(A)>0$，则 A 与 B 相互独立的充分必要条件为 $P(B\mid A)=P(B)$；若 $P(B)>0$，则 A 与 B 相互独立的充分必要条件为 $P(A\mid B)=P(A)$．

(2) 若 A 与 B 相互独立，则 $\overline{A}$ 与 B，A 与 $\overline{B}$，$\overline{A}$ 与 $\overline{B}$ 也相互独立．

例 1 投掷一枚均匀的骰子，设 A 表示事件"出现的点数小于 5"，B 表示事件"出现的点数小于 4"，C 表示事件"出现的点数为奇数"．讨论 A 与 C、B 与 C 的独立性．

解 由于 $P(A)=\dfrac{4}{6}=\dfrac{2}{3}$，$P(B)=\dfrac{3}{6}=\dfrac{1}{2}$，$P(C)=\dfrac{3}{6}=\dfrac{1}{2}$，

所以

$$P(A)P(C)=\frac{2}{3}\times\frac{1}{2}=\frac{1}{3},\quad P(B)P(C)=\frac{1}{2}\times\frac{1}{2}=\frac{1}{4}.$$

又

$$P(AC)=\frac{2}{6}=\frac{1}{3},\quad P(BC)=\frac{2}{6}=\frac{1}{3},$$

所以有

$$P(AC)=P(A)P(C),\quad P(BC)\neq P(B)P(C),$$

故 A 与 C 相互独立，而 B 与 C 不相互独立．

例 2 一个电子元件（或由电子元件构成的系统）正常工作的概率称为元件（或系统）的可

靠性. 现有 4 个独立工作的同种元件,可靠性都是 $r(0<r<1)$,按先串联后并联的方式联接(图 9-2). 求这个系统的可靠性.

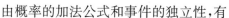

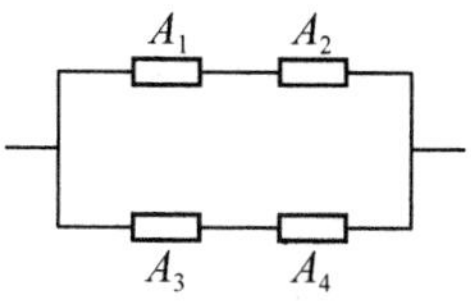

图 9-2

解 设 $A_i(i=1,2,3,4)$ 表示事件"第 i 个元件正常工作",A 表示事件"系统正常工作". 由题意,A_1,A_2,A_3,A_4 相互独立,且

$$P(A_1)=P(A_2)=P(A_3)=P(A_4)=r,$$
$$A=A_1A_2\cup A_3A_4.$$

由概率的加法公式和事件的独立性,有

$$\begin{aligned}P(A)&=P(A_1A_2\cup A_3A_4)=P(A_1A_2)+P(A_3A_4)-P(A_1A_2A_3A_4)\\&=P(A_1)P(A_2)+P(A_3)P(A_4)-P(A_1)P(A_2)P(A_3)P(A_4)\\&=r^2+r^2-r^4=2r^2-r^4.\end{aligned}$$

例 3 假设某人每次投篮的命中率为 0.2. 现在完全相同的条件下接连进行 5 次投篮,试求至少投中一个的概率.

解 设 $A_i=$"第 i 次投篮命中" $(i=1,2,3,4,5)$,$B=$"至少投中一个",
则 $P(A_i)=0.2,P(\overline{A}_i)=0.8$.
由独立性可知

$$P(\overline{A}_1\overline{A}_2\overline{A}_3\overline{A}_4\overline{A}_5)=P(\overline{A}_1)P(\overline{A}_2)P(\overline{A}_3)P(\overline{A}_4)P(\overline{A}_5)=0.8^5\approx 0.328,$$
$$P(B)=1-P(\overline{A}_1\overline{A}_2\overline{A}_3\overline{A}_4\overline{A}_5)\approx 0.672.$$

二、伯努利(Bernoulli) 概型

将同一试验重复进行 n 次,如果每次试验中各结果发生的概率不受其他各次试验结果的影响,那么称这 n 次试验是独立试验(或相互独立的).

如果试验 E 只有两个结果 A 和 $\overline{A}$,那么称该试验为**伯努利试验**.

将一个伯努利试验 E 独立地重复进行 n 次,称这 n 次试验为 n **重伯努利概型**(或 n **重伯努利试验**),简称为**伯努利概型**.

设 $P(A)=p(0<p<1)$, $P(\overline{A})=1-p$. 下面我们讨论在 n 重伯努利概型中,事件 A 恰好发生 k 次的概率 $P_n(k)$.

用 $A_i(i=1,2,\cdots,n)$ 表示事件"第 i 次试验中 A 发生",那么"n 次试验中前 k 次 A 发生,后 $n-k$ 次 A 不发生" 的概率为

$$\begin{aligned}P(A_1A_2\cdots A_k\overline{A}_{k+1}\cdots\overline{A}_n)&=P(A_1)P(A_2)\cdots P(A_k)P(\overline{A}_{k+1})\cdots P(\overline{A}_n)\\&=p^k(1-p)^{n-k}.\end{aligned}$$

所以在 n 重伯努利概型中,事件 A 恰好发生 k 次的概率为

$$P_n(k)=C_n^kp^k(1-p)^{n-k}\quad(k=1,2,\cdots,n).$$

例 4 箱子中有 10 个同型号的电子元件,其中有 3 个次品 7 个合格品. 每次从中随机抽取一个,检测后放回.

(1) 共抽取 10 次,求 10 次中"恰有 3 次取到次品" 和"能取到次品" 的概率;

(2) 如果没取到次品就一直取下去,直到取到次品为止,求"恰好要取 3 次" 和"至少要取 3 次" 的概率.

解 设 $A_i(i=1,2,\cdots)$ 表示事件"第 i 次取到次品",则 $P(A_i)=\dfrac{3}{10}(i=1,2,\cdots)$.

(1) 设 A 表示事件"恰有 3 次取到次品",B 表示事件"能取到次品",则有

$$P(A)=P_{10}(3)=C_{10}^{3}\left(\frac{3}{10}\right)^{3}\left(1-\frac{3}{10}\right)^{10-3}\approx 0.2668,$$

$$P(B)=1-P(\overline{B})=1-P_{10}(0)=1-C_{10}^{0}\left(\frac{3}{10}\right)^{0}\left(1-\frac{3}{10}\right)^{10}\approx 0.9712.$$

(2) 设 C 表示事件“恰好要取 3 次”，D 表示事件“至少要取 3 次”，则有

$$P(C)=P(\overline{A}_1\,\overline{A}_2A_3)=P(\overline{A}_1)P(\overline{A}_2)P(A_3)=\left(1-\frac{3}{10}\right)^{2}\left(\frac{3}{10}\right)=0.147,$$

$$P(D)=P(\overline{A}_1\,\overline{A}_2)=P(\overline{A}_1)P(\overline{A}_2)=\left(1-\frac{3}{10}\right)^{2}=0.49.$$

例 5 某车间有 5 台同类型的机床，每台机床配备的电动机功率为 10kW. 已知每台机床工作时，平均每小时实际开动 12min，且各台机床开动与否相互独立. 如果为这 5 台机床提供 30kW 的电力，求这 5 台机床能正常工作的概率.

解 由于 30kW 的电力可以同时供给 3 台机床开动，因此在 5 台机床中，同时开动的台数不超过 3 台时能正常工作，而有 4 台或 5 台同时开动时则不能正常工作. 因为事件“每台机床开动”的概率为 $\frac{12}{60}=\frac{1}{5}$，所以 5 台机床能正常工作的概率为

$$\begin{aligned}P&=\sum_{k=0}^{3}P_5(k)=1-P_5(4)-P_5(5)\\&=1-C_5^4\left(\frac{1}{5}\right)^{4}\left(\frac{4}{5}\right)-C_5^5\left(\frac{1}{5}\right)^{5}\approx 0.993.\end{aligned}$$

习题 9-5

1. 设 A,B 相互独立，$P(A\cup B)=0.6$，$P(B)=0.4$，求 $P(A)$.
2. 甲、乙两人射击，甲击中的概率为 0.8，乙击中的概率为 0.7，两人同时射击，并假定中靶与否是独立的. 求：
   (1) 两人都中靶的概率；
   (2) 甲中乙不中的概率.
3. 三人独立破译一密码，他们能独立译出的概率分别为 0.25，0.35，0.4. 求此密码能被译出的概率.
4. 在试验 E 中，事件 A 发生的概率为 $P(A)=p$，将试验 E 独立重复进行三次，若在三次试验中“A 至少出现一次的概率为 $\frac{19}{27}$”，求 p.
5. 已知某种灯泡的耐用时间在 1000h 以上的概率为 0.2，求三个该型号的灯泡在使用 1000h 以后最多有一个坏掉的概率.
6. 某店内有 4 名售货员，根据经验每名售货员平均在 1 小时内只用秤 15min，问该店配置几台秤较为合理？

§9-6 随机变量的概念

为了借助于微积分系统地、全面地研究随机现象的规律性，我们需要将随机试验的结果数量化. 即用一个数量来描述随机现象. 即引进概率论中的一个重要概念 —— 随机变量.

定义 9.4 设随机试验 E 的样本空间为 Ω，如果对于每一个 $\omega\in\Omega$，都有唯一的实数 $X(\omega)$

与之对应，则称 $X = X(\omega)$ 为**随机变量**.

常用大写字母 X,Y,Z 表示随机变量. 下面再举几个随机变量的例子.

(1) 将一枚硬币抛掷 4 次，用 X 表示正面出现的次数，则 X 是一个随机变量，它的所有可能取值为 0,1,2,3,4.

(2) 某篮球队员投篮，投中记2分，未投中记0分. 用Y表示篮球队员一次投篮的得分，则Y是一个随机变量，它的所有可能取值为 0,2.

(3) 一个在数轴上的闭区间$[a,b]$上作随机游动的质点，用 Z 表示它在数轴上的坐标，则 Z 是一个随机变量，它可以取 a 和 b 之间(包括 a 和 b) 的任何实数.

(4) 抛一枚均匀硬币，观察其结果有“正面”、“反面”两种. 引进一个变量 X，把出现正面反面两种随机结果用数量表示出来. 当出现正面时，令 $X = 1$；当出现反面时，令 $X = 0$. 即

$X = \begin{cases} 1, \text{出现正面}, \\ 0, \text{出现反面}. \end{cases}$ 则 X 也按一定的概率取值. 如$\{X = 1\}$ 表示事件“出现正面”，且 $P(X = 1) = \frac{1}{2}$.

随机变量按其取值情况分为离散型与非离散型两类. 若随机试验结果可取有限个或无穷可列个数值，则称变量为**离散型随机变量**；若随机变量的所有取值不能一一列举出来，则称为**非离散型随机变量**，非离散型随机变量的范围很广，其中最重要的是连续性随机变量.

习题 9－6

下列各题中，哪些是离散型随机变量?哪些是连续性随机变量?

1. 某人一次打靶命中的环数.
2. 检测 10 根钢筋的强度，观察不合格的钢筋数.
3. 从 4 个白球、3 个黑球中，不放回地取两个球，观察所取得的黑球数.
4. 某建筑工地一天的水泥用量.

§9－7　离散型随机变量及其概率分布

一、离散型随机变量及其分布律

定义 9.5　如果离散型随机变量 X 的所有可能取值为$x_k(k = 1,2,\cdots)$，并且 X 取到各个可能值的概率为

$$P\{X = x_k\} = p_k \quad (k = 1,2,\cdots),$$

称为离散型随机变量 X 的**概率分布律**，简称为**分布律**.

分布律也可以用如下的表格来表示，并称之为 X 的**概率分布表**.

X	x_1	x_2	$\cdots$	x_n	$\cdots$
P	p_1	p_2	$\cdots$	p_n	$\cdots$

容易验证，离散型随机变量的分布律满足下列性质：

(1) $p_k \geqslant 0, k = 1,2,\cdots$;

(2) $\sum\limits_{k} p_k = 1$.

例 1 甲、乙、丙三人独立射击同一目标. 已知三人击中目标的概率依次为 0.8,0.6,0.5,用 X 表示击中目标的人数,求 X 的分布律以及分布函数.

解 X 的所有可能取值为 0,1,2,3. 设 A_1,A_2,A_3 分别表示事件"甲击中目标","乙击中目标","丙击中目标",则依题意 A_1,A_2,A_3 相互独立,且

$$P(A_1)=0.8,\ P(A_2)=0.6,\ P(A_3)=0.5,$$

所以

$$\begin{aligned}P\{X=0\}&=P(\overline{A}_1\,\overline{A}_2\,\overline{A}_3)=P(\overline{A}_1)P(\overline{A}_2)P(\overline{A}_3)\\&=0.2\times0.4\times0.5=0.04,\end{aligned}$$

$$\begin{aligned}P\{X=1\}&=P(A_1\,\overline{A}_2\,\overline{A}_3\cup\overline{A}_1A_2\,\overline{A}_3\cup\overline{A}_1\,\overline{A}_2A_3)\\&=P(A_1\,\overline{A}_2\,\overline{A}_3)+P(\overline{A}_1A_2\,\overline{A}_3)+P(\overline{A}_1\,\overline{A}_2A_3)\\&=0.8\times0.4\times0.5+0.2\times0.6\times0.5+0.2\times0.4\times0.5\\&=0.26,\end{aligned}$$

$$\begin{aligned}P\{X=2\}&=P(A_1A_2\,\overline{A}_3\cup A_1\,\overline{A}_2A_3\cup\overline{A}_1A_2A_3)\\&=P(A_1A_2\,\overline{A}_3)+P(A_1\,\overline{A}_2A_3)+P(\overline{A}_1A_2A_3)\\&=0.8\times0.6\times0.5+0.8\times0.4\times0.5+0.2\times0.6\times0.5\\&=0.46,\end{aligned}$$

$$\begin{aligned}P\{X=3\}&=P(A_1A_2A_3)=P(A_1)P(A_2)P(A_3)\\&=0.8\times0.6\times0.5=0.24.\end{aligned}$$

即 X 的分布律为

X	0	1	2	3
P	0.04	0.26	0.46	0.24

二、几种重要的离散型随机变量及其分布律

1. (0−1) 分布

如果随机变量 X 只可能取 0 和 1 两个值,其分布律为

$$P\{X=0\}=1-p,\ P\{X=1\}=p,\ 0<p<1,$$

那么称随机变量 X 服从参数为 p 的**(0−1) 分布**(或**两点分布**). 它的分布律也可以写成

X	0	1
P	$1-p$	p

(0−1) 分布是一种常见的分布,如果随机试验只有两个对立结果 A 和 $\overline{A}$,或者一个试验虽然有很多个结果,但我们只关心事件 A 发生与否,那么就可以定义一个服从(0−1) 分布的随机变量. 例如,对产品合格率的抽样检测,新生儿性别的调查等.

2. 二项分布

在 n 重伯努利试验中,设 $P(A)=p(0<p<1)$. 用 X 表示 n 次试验中事件 A 发生的次数,则 X 的所有可能取值为 $0,1,2,\cdots,n$. 由上一节 n 重伯努利概型知 X 的分布律为

$$P\{X=k\}=\mathrm{C}_n^kp^k(1-p)^{n-k},k=0,1,\cdots,n.$$

一般地,若随机变量 X 的分布律由上式给出,则称随机变量 X 服从参数为 n,p 的**二项分布**(或**伯努利分布**),记作 $X\sim B(n,p)$.

特别地，当 $n=1$ 时，二项分布 $B(1,p)$ 的分布律为

$$P\{X=k\}=p^k(1-p)^{1-k}, k=0,1.$$

这就是(0－1) 分布.

例 2 某射手射击的命中率为0.6，在相同的条件下独立射击7次，用 X 表示命中的次数，求随机变量 X 的分布律.

解 每次射击命中的概率都是0.6，独立射击7次是7重伯努利概型，因此，随机变量 $X\sim B(7,0.6)$，于是

$$\begin{aligned}P\{X=k\}&=C_7^k\,0.6^k(1-0.6)^{7-k}\\&=C_7^k\,0.6^k\,0.4^{7-k},\qquad k=0,1,2,3,4,5,6,7.\end{aligned}$$

计算可知 X 的分布律为

X	0	1	2	3	4	5	6
P	0.0016	0.0172	0.0774	0.1935	0.2903	0.2613	0.1306

例 3 从学校乘汽车到火车站的途中有3个交通岗，假设在每个交通岗遇到红灯的事件是相互独立的，且概率都是$\frac{1}{4}$. 设 X 为途中遇到红灯的次数，求 X 的分布律以及最多遇到一次红灯的概率.

解 每个交通岗遇到红灯的概率都是$\frac{1}{4}$，途中共有 3 个交通岗，所以遇到红灯的次数 $X\sim B\left(3,\frac{1}{4}\right)$，其分布律为

$$P\{X=k\}=C_3^k\left(\frac{1}{4}\right)^k\left(\frac{3}{4}\right)^{3-k}, k=0,1,2,3,$$

即

X	0	1	2	3
P	$\frac{27}{64}$	$\frac{27}{64}$	$\frac{9}{64}$	$\frac{1}{64}$

最多遇到一次红灯的概率为

$$P\{X\leqslant 1\}=P\{X=0\}+P\{X=1\}=\frac{27}{64}+\frac{27}{64}=\frac{27}{32}.$$

3. 泊松(Poisson) 分布

如果随机变量 X 的所有可能取值为 $0,1,2,\cdots$，且

$$P\{X=k\}=\frac{\lambda^k}{k!}e^{-\lambda}, k=0,1,2,\cdots,$$

其中 $\lambda>0$ 为常数，那么称随机变量 X 服从参数为 λ 的泊松分布，记作 $X\sim P(\lambda)$.

在实际问题中经常会遇到服从泊松分布的随机变量. 例如，某急救中心一天内收到的呼救次数，某印刷品一页上出现的印刷错误个数，某地区一段时间内迁入的昆虫数目等都服从泊松分布.

书后附表 1 为泊松分布表，以便查阅.

例 4 设每分钟通过某交叉路口的汽车流量 X 服从泊松分布，且已知在一分钟内恰有一

辆车通过的概率和恰有两辆车通过的概率相等，求在 1min 内至少有三辆车通过的概率.

解 设 X 服从参数为 λ 的泊松分布，则 X 的分布律为

$$P\{X=k\}=\frac{\lambda^k}{k!}e^{-\lambda},\ k=0,1,2,\cdots.$$

又 $P\{X=0\}=P\{X=1\}$，即 $\frac{\lambda^1}{1!}e^{-\lambda}=\frac{\lambda^2}{2!}e^{-\lambda}$，

解得 $\lambda=2$，所以在 1min 内至少有三辆车通过的概率为

$$\begin{aligned}P\{X\geqslant 3\}&=1-P\{X=0\}-P\{X=1\}-P\{X=2\}\\&=1-\frac{2^0}{0!}e^{-2}-\frac{2^1}{1!}e^{-2}-\frac{2^2}{2!}e^{-2}\\&=1-5e^{-2}.\end{aligned}$$

查泊松分布表，当 $\lambda=2$ 时，

$$P\{X=0\}=0.1353,\qquad P\{X=1\}=0.2707,$$
$$P\{X=2\}=0.2707,$$

从而

$$\begin{aligned}P\{X\geqslant 3\}&=1-P\{X=0\}-P\{X=1\}-P\{X=2\}\\&=1-0.1353-0.2707-0.2707\\&=0.3233.\end{aligned}$$

当 n 很大（由于 $\lim\limits_{n\to\infty}np_n=\lambda$，所以 p_n 必定较小）时，有下面的近似公式

$$P\{X_n=k\}=C_n^kp_n^k(1-p_n)^{n-k}\approx\frac{\lambda^k}{k!}e^{-\lambda},k=0,1,2,\cdots,n\ ,$$

即二项分布可以用泊松分布近似表达.

在实际计算时，当 n 较大、p 相对较小而 np 比较适中（$n\geqslant 100,np\leqslant 10$）时，二项分布 $B(n,p)$ 就可以用泊松分布 $P(\lambda)(\lambda=np)$ 来近似代替.

例 5 设一批产品共 2000 个，其中有 40 个次品，每次任取 1 个产品做放回抽样检查，求抽检的 100 个产品中次品数 X 的分布律.

解 由题意，产品的次品率为 $p=\frac{40}{2000}=0.02$，从而 $X\sim B(100,0.02)$，即

$$P\{X=k\}=C_{100}^k(0.02)^k(0.98)^{100-k},k=0,1,2,\cdots,100.$$

由于 $n=100$ 较大而 $p=0.02$ 相对较小，由泊松定理，X 近似服从泊松分布 $P(\lambda)$，其中 $\lambda=2$，所以

$$P\{X=k\}\approx\frac{2^k}{k!}e^{-2},k=0,1,2,\cdots,100.$$

从表 9－2 中我们可以看出二项分布用泊松分布表达的近似程度.

表 9-2

次品数 X	二项分布 $B(100,0.02)$	泊松分布 $P(2)$
0	0.1326	0.1353
1	0.2707	0.2707
2	0.2734	0.2707
3	0.1823	0.1804
4	0.0902	0.0902
5	0.0353	0.0361
6	0.0114	0.0120
7	0.0031	0.0034
8	0.0007	0.0009
9	0.0002	0.0002

例 6 在 400ml 的水中随机游动着 200 个菌团，从中任取 1ml 水，求其中所含菌团的个数不少于 3 的概率.

解 观察 1 个菌团，它落在取出的 1ml 水中的概率为 $p=\frac{1}{400}=0.0025$，对 200 个菌团逐个进行类似的观察，相当于做 200 次伯努利试验. 设任取的 1ml 水中所含菌团的个数为 X，则 $X\sim B(200,0.0025)$，即 X 的分布律为

$$P\{X=k\}=C_{200}^{k}(0.0025)^{k}(0.9975)^{200-k},k=0,1,2,\cdots,200,$$

从而，任取的 1ml 水中所含菌团的个数不少于 3 的概率为

$$P\{X\geqslant 3\}=1-P\{X=0\}-P\{X=1\}-P\{X=2\}.$$

由于 $n=200$ 较大，$p=0.0025$ 相对较小，由泊松定理，有

$$P\{X=k\}\approx\frac{\lambda^{k}}{k!}e^{-\lambda},k=0,1,2,\cdots,200,$$

其中 $\lambda=200\times 0.0025=0.5$. 查泊松分布表知，

$$P\{X=0\}=0.6065,P\{X=1\}=0.3033,P\{X=2\}=0.0758,$$

所以

$$\begin{aligned}P\{X\geqslant 3\}&=1-P\{X=0\}-P\{X=1\}-P\{X=2\}\\&=1-0.6065-0.3033-0.0758=0.0144.\end{aligned}$$

三、随机变量的分布函数

定义 9.6 设 X 是一个随机变量，x 为任意实数，函数

$$F(x)=P\{X\leqslant x\},\qquad -\infty<x<+\infty,$$

称为随机变量 X 的**分布函数**.

显然，随机变量 X 的分布函数 $F(x)$ 是定义在 $(-\infty,+\infty)$ 上的一元函数. 若将 X 看成是数轴上随机点的坐标，则分布函数 $F(x)$ 在 x 处的函数值等于事件“随机点 X 落在区间 $(-\infty,x]$ 上”的概率.

对于任意实数 $a,b(a<b)$，$P\{a<X\leqslant b\}=P\{X\leqslant b\}-P\{X\leqslant b\}=F(b)-F(a)$.

例 7 设离散型随机变量 X 的分布律为

X	0	1	2	3
P	0.04	0.26	0.46	0.24

解 X 的分布函数为

$$F(x)=\begin{cases}0, & x<0,\\ 0.04, & 0\leqslant x<1,\\ 0.3, & 1\leqslant x<2,\\ 0.76, & 2\leqslant x<3,\\ 1, & x\geqslant 3,\end{cases}$$

其图形如图 9－3 所示.

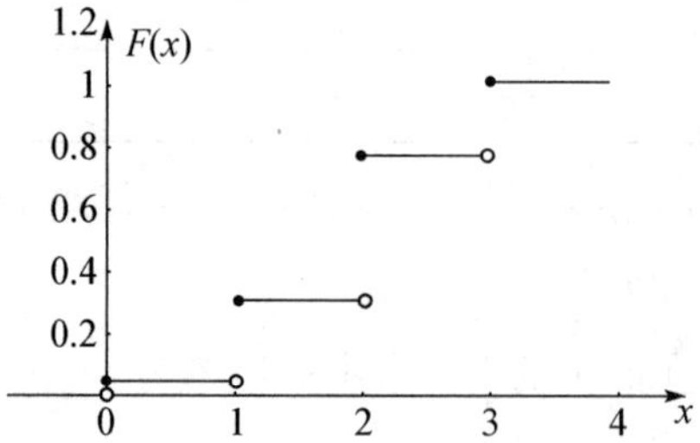

图 9－3

习题 9－7

1. 同时抛掷 3 枚硬币，以 X 表示出现正面的枚数，求 X 的分布律.
2. 一口袋中有 6 个球，依次标有数字：1,2,2,2,3,3，从口袋中任取一球，设随机变量 X 为取到的球上标有的数字，求 X 的分布律以及分布函数.
3. 设离散型随机变量 X 的分布律为：

   (1) $P\{X=i\}=a\left(\dfrac{2}{3}\right)^{i}, 1=1,2,3$;

   (2) $P\{X=i\}=a\left(\dfrac{2}{3}\right)^{i}, i=1,2,\cdots$.

   分别求出上述各式中的 a.
4. 连续不断地抛掷一枚均匀的硬币，问：至少抛掷多少次才能使正面至少出现一次的概率不少于 0.99.
5. 设每分钟通过某交叉路口的汽车流量 X 服从泊松分布，且已知在 1min 内无车辆通过与恰有一辆车通过的概率相同，求在 1min 内至少有两辆车通过的概率.
6. 设每次射击命中目标的概率为 0.001，共射击 5000 次，若 X 表示命中目标的次数，

   (1) 求随机变量 X 的分布律；

   (2) 计算至少有两次命中目标的概率.

§9-8 连续型随机变量及其概率分布

一、连续型随机变量及其概率密度

有一类随机变量可以在一个区间内取值，这种随机变量的取值连续地充满某种区间，不能将它们一列举出来，这就是连续性随机变量.

定义 9.7 设随机变量 X 的分布函数为 $F(x)$，如果存在一个非负可积函数 $f(x)$，使得对任意实数 x，都有

$$F(x)=\int_{-\infty}^{x}f(t)\mathrm{d}t,$$

那么称 X 为**连续型随机变量**，并称函数 $f(x)$ 为 X 的**概率密度函数**(或**分布密度函数**)，简称为**概率密度**(或**分布密度**)，常记作 $X\sim f(x)$.

概率密度 $f(x)$ 具有下列性质：

(1) $f(x)\geqslant 0$；

(2) $\int_{-\infty}^{+\infty}f(x)\mathrm{d}x=1$.

对于任意实数 $a,b(a<b)$，有 $P\{a<X\leqslant b\}=\int_{a}^{b}f(x)\mathrm{d}x$.

若 $f(x)$ 在点 x 连续，则有 $F'(x)=f(x)$.

例 1 已知随机变量 X 的概率密度为

$$f(x)=\begin{cases}ax^2, 0<x<1,\\0, \quad 其他.\end{cases}$$

求：(1) 常数 a；(2) 分布函数 $F(x)$；(3) 概率 $P\{\frac{1}{3}\leqslant X<\frac{1}{2}\}$.

解 (1) 由于 $\int_{-\infty}^{+\infty}f(x)\mathrm{d}x=1$，即

$$\int_{-\infty}^{0}0\mathrm{d}x+\int_{0}^{1}ax^2\mathrm{d}x+\int_{1}^{+\infty}0\mathrm{d}x=\int_{0}^{1}ax^2\mathrm{d}x=1,$$

所以有 $\frac{a}{3}=1$ ，$a=3$.

(2) 因为 $F(x)=\int_{-\infty}^{x}f(t)\mathrm{d}t$，所以

当 $x<0$ 时，$F(x)=\int_{-\infty}^{x}0\mathrm{d}x=0$；

当 $0\leqslant x<1$ 时，$F(x)=\int_{-\infty}^{0}0\mathrm{d}t+\int_{0}^{x}3t^2\mathrm{d}t=x^3$；

当 $x\geqslant 1$ 时，$F(x)=\int_{-\infty}^{0}0\mathrm{d}t+\int_{0}^{1}3t^2\mathrm{d}t+\int_{1}^{+\infty}0\mathrm{d}t=1$.

综上所述，X 的分布函数为

$$F(x)=\begin{cases}0, & x\leqslant 0,\\x^3, & 0\leqslant x<1,\\1, & x\geqslant 1.\end{cases}$$

(3) $P\{\frac{1}{3}\leqslant X<\frac{1}{2}\}=\int_{\frac{1}{3}}^{\frac{1}{2}}f(x)\mathrm{d}x=\int_{\frac{1}{3}}^{\frac{1}{2}}3x^2\mathrm{d}x=\frac{1}{8}-\frac{1}{27}=\frac{19}{216}$.

例 2 设连续型随机变量 X 的分布函数为

$$F(x)=\begin{cases}a\mathrm{e}^x, & x<0,\\ b, & 0\leqslant x<1,\\ 1-a\mathrm{e}^{-(x-1)}, & x\geqslant 1,\end{cases}$$

求:(1) 常数 a,b;(2) X 的概率密度;(3) 概率 $P\{X>\frac{1}{3}\}$.

解 (1) 因为连续型随机变量的分布函数 $F(x)$ 是连续的,所以在 $x=0$ 和 $x=1$ 两点,左极限与右极限相等且都等于函数值. 因为

$$\lim_{x\to 0^-}F(x)=\lim_{x\to 0^-}a\mathrm{e}^x=a,\ \lim_{x\to 0^+}F(x)=\lim_{x\to 0^+}b=b,$$
$$\lim_{x\to 1^-}F(x)=\lim_{x\to 1^-}b=b,\ \lim_{x\to 1^+}F(x)=\lim_{x\to 1^+}[1-a\mathrm{e}^{-(x-1)}]=1-a,$$

所以有 $a=b$, $b=1-a$,解得 $a=b=\frac{1}{2}$.

(2) 由于在概率密度 $f(x)$ 的连续点,$F'(x)=f(x)$,所以

当 $x<0$ 时,$f(x)=\left(\frac{1}{2}\mathrm{e}^x\right)'=\frac{1}{2}\mathrm{e}^x$;

当 $0\leqslant x\leqslant 1$ 时,$f(x)=\left(\frac{1}{2}\right)'=0$;

当 $x>1$ 时,$f(x)=\left[1-\frac{1}{2}\mathrm{e}^{-(x-1)}\right]'=\frac{1}{2}\mathrm{e}^{-(x-1)}$.

由定义知,改变概率密度在个别点的函数值不影响分布函数的取值,进而不影响概率的计算,所以

$$f(x)=\begin{cases}\frac{1}{2}\mathrm{e}^x, & x<0,\\ 0, & 0\leqslant x\leqslant 1,\\ \frac{1}{2}\mathrm{e}^{-(x-1)}, & x>1.\end{cases}$$

(3) $P\{X>\frac{1}{3}\}=1-P\{X\leqslant\frac{1}{3}\}=1-F\left(\frac{1}{3}\right)=1-\frac{1}{2}=\frac{1}{2}$.

二、几种常见的连续性随机变量

1. 均匀分布

如果连续型随机变量 X 的概率密度为

$$f(x)=\begin{cases}\frac{1}{b-a}, & a<x<b,\\ 0, & \text{其他}.\end{cases}$$

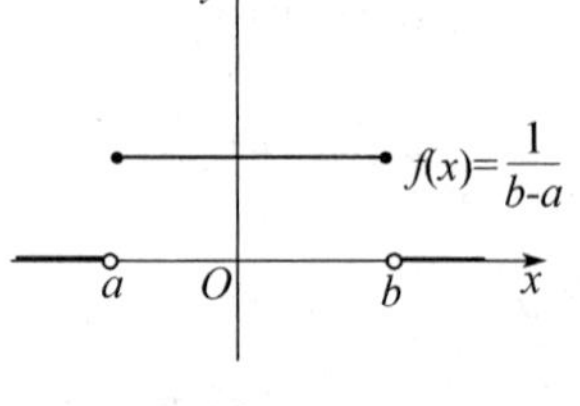

图 9-4

那么称 X 在区间$[a,b]$上服从均匀分布,记作 $X\sim U[a,b]$. X 的概率密度的图形如图 9-4 所示. 容易求得 X 的分布函数为

$$F(x)=\begin{cases}0, & x<a,\\ \dfrac{x-a}{b-a}, & a\leqslant x<b,\\ 1, & x\geqslant b.\end{cases}$$

例 3 某机场每隔 20min 向市区发一辆班车,假设乘客在相邻两辆班车间的 20min 内的任一时刻到达候车处的可能性相等,求乘客候车时间在 5 ~ 10min 之内的概率.

解 设乘客候车时间为 X(单位: min),由题意,X 在[0,20] 上等可能取值,即 X 服从[0,20] 上的均匀分布, X 的概率密度为

$$f(x)=\begin{cases}\dfrac{1}{20}, & 0<x<20,\\ 0, & \text{其他},\end{cases}$$

乘客等车的时间在 5 ~ 10min 之内的概率为

$$P\{5\leqslant X\leqslant 10\}=\int_5^{10}f(x)\mathrm{d}x=\int_5^{10}\frac{1}{20}\mathrm{d}x=0.25.$$

2. 指数分布

若连续型随机变量 X 的概率密度为

$$f(x)=\begin{cases}\lambda \mathrm{e}^{-\lambda x}, & x>0,\\ 0, & x\leqslant 0,\end{cases}$$

其中 $\lambda>0$ 为常数,则称 X 服从参数为 λ 的指数分布,记作 $X\sim E(\lambda)$. X 的概率密度的图形如图 9 - 5 所示. 容易求得 X 的分布函数为

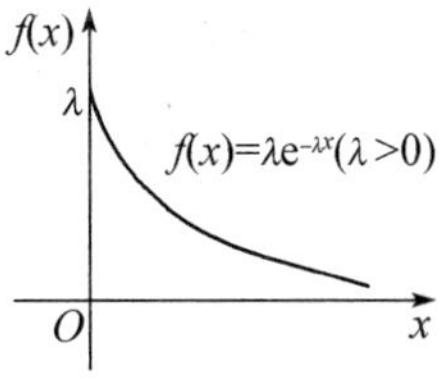

图 9 - 5

$$F(x)=\begin{cases}1-\mathrm{e}^{-\lambda x}, & x\geqslant 0,\\ 0, & x<0.\end{cases}$$

指数分布在实际问题中有着广泛的应用,例如,电子元件的寿命,顾客要求某种服务(在售票处购票,到银行取款等) 需要等待的时间等都可以认为服从指数分布.

例 4 某仪器装有 3 只独立工作的同型号的电子元件,其寿命(单位: h) 都服从参数为 $\dfrac{1}{600}$ 的指数分布. 求在仪器使用的最初 200h 内,至少有 1 只元件损坏的概率 α.

解 以 $X_i(i=1,2,3)$ 表示第 i 只元件的寿命,以 $A_i(i=1,2,3)$ 表示事件"在仪器使用的最初 200h 内第 i 只元件损坏",则 $X_i(i=1,2,3)$ 的概率密度为

$$f(x)=\begin{cases}\dfrac{1}{600}\mathrm{e}^{-\frac{x}{600}}, & x>0,\\ 0, & x\leqslant 0,\end{cases}$$

所以

$$\begin{aligned}P(\overline{A}_i)=P\{X_i>200\}&=\int_{200}^{+\infty}f(x)\mathrm{d}x=\int_{200}^{+\infty}\frac{1}{600}\mathrm{e}^{-\frac{x}{600}}\mathrm{d}x\\ &=\mathrm{e}^{-\frac{1}{3}}\quad (i=1,2,3),\end{aligned}$$

于是

$$\begin{aligned}\alpha&=P(A_1\cup A_2\cup A_3)=1-P(\overline{A_1\cup A_2\cup A_3})\\ &=1-P(\overline{A}_1\,\overline{A}_2\,\overline{A}_3)=1-P(\overline{A}_1)P(\overline{A}_2)P(\overline{A}_3)\\ &=1-(\mathrm{e}^{-\frac{1}{3}})^3=1-\mathrm{e}^{-1}\approx 0.632.\end{aligned}$$

习题 9-8

1. 设随机变量 X 的分布函数为 $F(x)=\begin{cases}0, & x<0\\ A\sin x, & 0\leqslant x\leqslant \frac{\pi}{2}\\ 1, & x>\frac{\pi}{2}\end{cases}$,求:

(1) A 的值;

(2) $P\left\{|X|<\frac{\pi}{6}\right\}$.

2. 已知连续型随机变量 X 的概率密度为

$$f(x)=\begin{cases}x, & 0\leqslant x<1,\\ 2-x, & 1\leqslant x<2,\\ 0, & \text{其他},\end{cases}$$

求 X 的分布函数.

3. 设随机变量 X 的密度函数为 $f(x)=Ae^{-|x|}$, $-\infty<x<+\infty$. 求:

(1) 常数 A;

(2) X 的分布函数;

(3) $P\{0<X<1\}$.

4. 证明:函数 $f(x)=\begin{cases}\frac{x}{c}e^{-\frac{x^2}{2c}}, & x\geqslant 0;\\ 0, & x<0.\end{cases}$($c$ 为正常数)是某个随机变量 X 的密度函数.

5. 设随机变量 X 的概率密度为 $f(x)=\begin{cases}\frac{20000}{(x+100)^3}, & x>0,\\ 0, & \text{其他},\end{cases}$ 求:

(1) X 的分布函数;

(2) $P\{X\geqslant 200\}$.

6. 某种显像管的寿命 X(单位:千小时)的概率密度为

$$f(x)=\begin{cases}ke^{-3x}, & x>0,\\ 0, & x\leqslant 0.\end{cases}$$ 求:

(1) 常数 k 的值;

(2) 寿命小于 1000h 的概率.

§9-9 正态分布

一、正态分布的定义及性质

在处理实际问题时,经常会有一种连续型随机变量,如青砖的抗压强度、细纱的强力、螺丝的口径等随机变量,它们的分布都具有“中间大、两头小”的特点.这种随机变量往往服从我们通常所说的正态分布,在自然现象、社会现象和生产实践中,大量的随机变量都服从或近似服从正态分布.

定义 9.8 如果连续型随机变量 X 的概率密度为

$$f(x)=\frac{1}{\sqrt{2\pi}\sigma}\mathrm{e}^{-\frac{(x-\mu)^2}{2\sigma^2}},-\infty<x<+\infty,$$

其中 $\mu,\sigma(\sigma>0)$ 为常数,那么称 X 服从参数为 μ,σ^2 的**正态分布**(或**高斯(Gauss)分布**),记作 $X\sim N(\mu,\sigma^2)$. X 的概率密度的图形如图 9-6 所示. 容易求得 X 的分布函数为

$$\Phi(x)=\frac{1}{\sqrt{2\pi}\sigma}\int_{-\infty}^{x}\mathrm{e}^{-\frac{(t-\mu)^2}{2\sigma^2}}\mathrm{d}t,-\infty<x<+\infty.$$

从图 9-6 可以看出,正态分布的概率密度曲线具有下述特征:

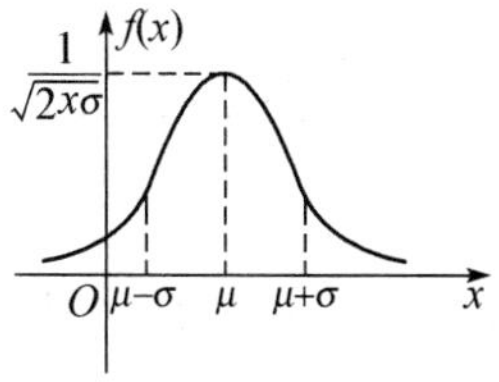

图 9-6

(1) 曲线位于 x 轴上方,关于直线 $x=\mu$ 对称.

(2) 曲线在 $x=\mu$ 处取得最大值 $\frac{1}{\sqrt{2\pi}\sigma}$,在横坐标 $x=\mu\pm\sigma$ 处有拐点,以 x 轴为水平渐近线.

(3) 固定 σ、改变 μ 的值,则曲线沿 x 轴平行移动,几何形状不变;固定、改变 σ 的值,σ 越小曲线越陡峭,σ 越大曲线越平缓.

设 $X\sim N(\mu,\sigma^2)$. 如果 $\mu=0,\sigma=1$,那么称 X 服从**标准正态分布**,记作 $X\sim N(0,1)$,它的概率密度函数与分布函数分别为

$$\varphi(x)=\frac{1}{\sqrt{2\pi}}\mathrm{e}^{-\frac{x^2}{2}},-\infty<x<+\infty,$$

$$\Phi_0(x)=\frac{1}{\sqrt{2\pi}}\int_{-\infty}^{x}\mathrm{e}^{-\frac{t^2}{2}}\mathrm{d}t\ ,-\infty<x<+\infty.$$

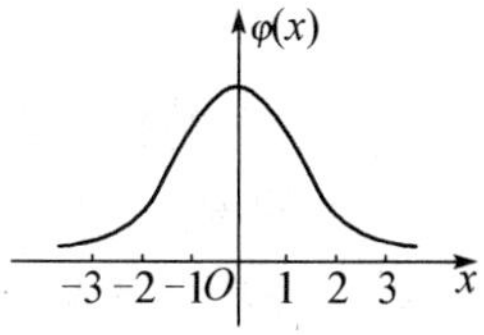

图 9-7

标准正态分布概率密度图形如图 9-7 所示.

二、标准正态分布的概率计算

为了解决正态分布的计算问题,先研究标准正态分布的概率计算. 对任意 $a<b$,有 $P(a<X\leqslant b)=P(X\leqslant b)-P(X\leqslant a)$.

即 $X\sim N(0,1)$,有

$$P(a<X\leqslant b)=\Phi_0(b)-\Phi_0(a).$$

附表 2 给出了 $x\geqslant 0$ 时标准正态分布的分布函数 $\Phi_0(x)$ 的函数值,以便查阅. 例如,

$$\Phi_0(1.00)=0.8413,\Phi_0(1.96)=0.9750.$$

当 $x<0$ 时,由标准正态分布的概率密度 $\varphi(x)$ 图形的对称性易知

$$\Phi_0(-x)=1-\Phi_0(x),$$

据此可得

$$\Phi_0(-1.00)=1-\Phi_0(1)=1-0.8413=0.1587,$$

$$\Phi(-1.96)=1-\Phi(1.96)=1-0.9750=0.0250.$$

例 1 设 $X\sim N(0,1)$,计算下列概率:

(1) $P\{X\leqslant -1.24\}$; (2) $P\{|X|\leqslant 2\}$; (3) $P\{|X|>1.96\}$.

解 (1) $P\{X\leqslant -1.24\}=\Phi_0(-1.24)=1-\Phi_0(1.24)$

$=1-0.8925=0.1075.$

(2) $P\{|X|\leqslant 2\}=P\{-2\leqslant X\leqslant 2\}=\Phi_0(2)-\Phi_0(-2)$

$=\Phi_0(2)-[1-\Phi_0(2)]=2\Phi_0(2)-1$

$=2\times 0.9772-1=0.9544.$

(3) $P\{|X|>1.96\}=1-P\{|X|\leqslant 1.96\}=1-[2\Phi_0(1.96)-1]$
$=2-2\Phi_0(1.96)=2-2\times 0.9750=0.05.$

三、一般正态分布与标准正态分布的关系

若 $X\sim N(\mu,\sigma^2)$，则容易证明

$$U=\frac{X-\mu}{\sigma}\sim N(0,1),$$

$$P\{a<X\leqslant b\}=\Phi(b)-\Phi(a)=\Phi_0\left(\frac{b-\mu}{\sigma}\right)-\Phi_0\left(\frac{a-\mu}{\sigma}\right),$$

即对一般的正态分布概率的计算，也可以通过查附表 2 解决.

例 2 设随机变量 $X\sim N(1,4)$，计算下列概率：

(1) $P\{X>0\}$；　　(2) $P\{|X-2|<1\}$.

解 (1) $P\{X>0\}=1-P\{X\leqslant 0\}=1-\Phi(0)$

$$=1-\Phi_0\left(-\frac{1}{2}\right)=\Phi(0.5)=0.6915.$$

(2) $P\{|X-2|<1\}=P\{1<X<3\}=\Phi(3)-\Phi(1)$
$=\Phi_0(1)-\Phi_0(0)=0.8413-0.5000=0.3413.$

例 3 某地抽样调查结果表明，考生的数学成绩（百分制）X 服从正态分布 $N(72,\sigma^2)$，且 96 分以上的考生占考生总数的 2.3%. 求考生的数学成绩在 60 至 84 分之间的概率.

解 由于 $P\{X\geqslant 96\}=0.023$，且

$$P\{X\geqslant 96\}=1-P\{X<96\}=1-\Phi(96)=1-\Phi_0\left(\frac{96-72}{\sigma}\right),\text{所以}$$

$$1-\Phi_0\left(\frac{96-72}{\sigma}\right)=0.023,$$

从而

$$\Phi_0\left(\frac{24}{\sigma}\right)=1-0.023=0.977.$$

查标准正态分布表，知 $\Phi_0(2)=0.977$，于是 $\frac{24}{\sigma}=2,\sigma=12,X\sim N(72,12^2)$，考生的数学成绩在 60 至 84 分之间的概率为

$$P\{60\leqslant X\leqslant 84\}=\Phi(84)-\Phi(60)=\Phi_0\left(\frac{84-72}{12}\right)-\Phi_0\left(\frac{60-72}{12}\right)$$
$$=\Phi_0(1)-\Phi_0(-1)=0.6826.$$

习题 9-9

1. 设 $X\sim N(0,1)$，

(1) 求 $P\{X\leqslant 1.96\},P\{X\leqslant -1.96\},P\{|X|\leqslant 1.96\},P\{-1<X\leqslant 2\}$；

(2) 已知 $P\{X\leqslant a\}=0.7019,P\{|X|<b\}=0.9242,P\{X<c\}=0.2981$，求常数 a,b,c.

2. 设 $X\sim N(8,0.5^2)$. 求：

(1) $P\{7.5\leqslant X\leqslant 10\}$；

(2) $P\{|X-8|\leqslant 1\}$；

(3) $P\{|X-9|<0.5\}$.

3. 已知一批产品的某项指标 $X \sim N(2, 0.01^2)$，而该质量指标的公差标准为 2 ± 0.03，求这批产品关于这项质量指标的不合格率.

4. 已知电源电压 X 服从正态分布 $N(220, 25^2)$，在电源电压处于 $X \leqslant 200\text{V}$，$200\text{V} < X \leqslant 240\text{V}$，$X > 240\text{V}$ 三种情况下，某电子元件损坏的概率分别为 0.1，0.01，0.2.

(1) 求该电子元件损坏的概率 α；

(2) 已知该电子元件损坏，求电压在 $200 \sim 240\text{V}$ 的概率 β.

5. 某工程队完成某项工程所需要的时间(单位：天)服从参数 $\mu = 100$，$\sigma = 5$ 的正态分布. 按合同规定：若在 100 天内完成，得奖 10000 元；若在 100 到 105 天完成，得奖 1000 元；若超过 105 天，则罚款 5000 元，求该工程队被罚款 5000 元的概率.

§9-10　随机变量的数学期望

一、离散型随机变量的数学期望

随机变量的概率分布是关于随机变量统计规律的一种完整描述，然而在实际问题中，确定一个随机变量的分布往往不是一件容易的事，况且许多问题并不需要考虑随机变量的全面情况，只需知道它的某些特征数值. 这些与随机变量有关的数值，称之为随机变量的数字特征.

在实际问题中，常常需要知道某一随机变量的平均值，怎样合理地规定随机变量的平均值呢?先看下面的一个实例.

例 1　设有一批钢筋共 10 根，它们的抗拉强度指标为 110，135，140 的各有一根；120 和 130 的各有两根；125 的有三根. 显然它们的平均抗拉强度指标绝对不是 10 根钢筋所取到的 6 个不同抗拉强度：110，120，125，130，135，140 的算术平均，而是以取这些值的次数与试验总次数的比值(取到这些值的频率) 为权重的加权平均，即

$$\begin{aligned}\text{平均抗拉强度} &= (110 + 120 \times 2 + 125 \times 3 + 130 \times 2 + 135 + 140) \times \frac{1}{10} \\ &= 110 \times \frac{1}{10} + 120 \times \frac{2}{10} + 125 \times \frac{3}{10} + 130 \times \frac{2}{10} + 135 \times \frac{1}{10} + 140 \times \frac{1}{10} \\ &= 126.\end{aligned}$$

从上例可以看出，对于一个离散型随机变量 X，其可能取值为 $x_1, x_2, \cdots, x_n$，如果将这 n 个数相加后除 n 作为"均值" 是不对的. 因为 X 取各个值的频率是不同的，对频率大的取值，该值出现的机会就大，也就是在计算取值的平均时其权数大. 如果用概率替换频率，用取值的概率作为一种"权数" 做加权计算平均值是十分合理的.

经以上分析，可以给出离散型随机变量数学期望的一般定义.

定义 9.9　设 X 为一离散型随机变量，其分布律为 $P\{X = x_k\} = p_k (k = 1, 2, \cdots)$，若级数 $\sum\limits_{k=1}^{\infty} x_k p_k$ 绝对收敛，则称此级数之和为随机变量 X 的**数学期望**，简称**期望**或**均值**. 记为 $E(X)$，即

$$E(X) = \sum_{k=1}^{\infty} x_k p_k.$$

例 2　甲、乙两厂生产同一规格的建筑零件，1000 件所含次品数分别用 X, Y 表示. 已知

X,Y 的分布律,问哪一个厂的质量好?

X	0	1	2	3
P	0.8	0.1	0.1	0.1

Y	0	1	2	3
P	0.6	0.3	0.1	0

解　甲、乙两厂 1000 件零件中平均含次品数分别为

$$E(X)=0\times0.8+1\times0.1+2\times0.1+3\times0.1=0.6,$$
$$E(Y)=0\times0.6+1\times0.3+2\times0.1+3\times0=0.5$$

可见乙厂平均次品数少,可认为乙厂监护零件的质量较好.

例 3　设随机变量 $X\sim B(n,p)$,求 $E(X)$.

解　因为 $p_k=P\{X=k\}=C_n^k p^k(1-p)^{n-k}(k=0,1,\cdots,n)$,

$$E(X)=\sum_{k=0}^{n}kp_k=\sum_{k=1}^{n}kC_n^k p^k(1-p)^{n-k}=\sum_{k=1}^{n}\frac{n!}{(k-1)!(n-k)!}p^k(1-p)^{n-k}$$
$$=np\sum_{k=1}^{n}\frac{(n-1)!}{(k-1)![n-1-(k-1)]!}p^{k-1}(1-p)^{n-1-(k-1)}$$
$$=np[p+(1-p)]n-1=np.$$

例 4　设随机变量 $X\sim P(\lambda)$,求 $E(X)$.

解　因为 $X\sim P(\lambda)$,有

$$P\{X=k\}=\frac{\lambda^k}{k!}e^{-\lambda}(k=0,1,2,\cdots),$$

因此

$$E(X)=\sum_{k=0}^{\infty}\frac{\lambda^k}{k!}e^{-\lambda}=\lambda e^{-\lambda}\sum_{k=1}^{\infty}\frac{\lambda^{k-1}}{(k-1)!}=\lambda e^{-\lambda}\cdot e^{\lambda}=\lambda.$$

二、连续型随机变量的数学期望

定义 9.10　设 X 为一连续型随机变量,其概率密度为 $f(x)$,若广义积分$\int_{-\infty}^{+\infty}xf(x)dx$ 绝对收敛,则称广义积分$\int_{-\infty}^{+\infty}xf(x)dx$ 的值为连续型随机变量 X 的**数学期望或均值**,记为 $E(X)$,即

$$E(X)=\int_{-\infty}^{+\infty}xf(x)dx.$$

例 5　设随机变量 X 的概率密度为 $f(x)=\begin{cases}2x, 0<x<1,\\0,\text{ 其他},\end{cases}$ 求 $E(X)$.

解　依题意,得,

$$E(X)=\int_{-\infty}^{+\infty}xf(x)dx=\int_0^1 x\cdot 2xdx=\frac{2}{3}.$$

例 6　设随机变量 X 服从区间(a,b)上的均匀分布,求 $E(X)$.

解　依题意,X 的概率密度为

$$f(x)=\begin{cases}\dfrac{1}{b-a}, a<x<b,\\ 0, \quad 其他,\end{cases}$$

因此 $$E(X)=\int_{-\infty}^{+\infty}xf(x)\mathrm{d}x=\int_{a}^{b}x\cdot\frac{1}{b-a}\mathrm{d}x=\frac{a+b}{2}.$$

例 7 设随机变量 X 服从 λ 为参数的指数分布,求 $E(X)$.

解 依题意, X 的概率密度为

$$f(x)=\begin{cases}\lambda \mathrm{e}^{-\lambda x}, x>0,\\ 0, \quad x\leqslant 0,\end{cases}$$

因此 $$E(X)=\int_{-\infty}^{+\infty}xf(x)\mathrm{d}x=\int_{0}^{+\infty}x\cdot\lambda\mathrm{e}^{-\lambda x}\mathrm{d}x=\frac{1}{\lambda}.$$

三、数学期望的性质

设 C 为常数,随机变量 X,Y 的数学期望都存在.关于数学期望有以下性质成立:

性质 1 $E(X)=C$.

性质 2 $E(CX)=CE(X)$.

性质 3 $E(X+Y)=E(X)+E(Y)$.

性质 4 如果随机变量 X 和 Y 相互独立,那么 $E(XY)=E(X)E(Y)$.

性质 5 设随机变量 $Y=g(X)$ 是随机变量 X 的函数,则有:

(1) 若 X 是离散型随机变量,概率分布律为

$$P\{X=x_k\}=p_k, \qquad k=1,2,\cdots$$

则当无穷级数 $\sum\limits_{k=1}^{\infty}g(x_k)p_k$ 绝对收敛时,则随机变量 Y 的数学期望为

$$E(Y)=E[g(X)]=\sum_{k=1}^{\infty}g(x_k)p_k.$$

(2) 若 X 是连续型随机变量,其概率密度为 $f(x)$,则当广义积分 $\int_{-\infty}^{+\infty}g(x)f(x)\mathrm{d}x$ 绝对收敛时,则随机变量 Y 的数学期望为

$$E(Y)=E[g(X)]=\int_{-\infty}^{+\infty}g(x)f(x)\mathrm{d}x.$$

例 8 设离散型随机变量 X 的分布律为

X	-1	0	1	2
p	0.1	0.3	0.4	0.2

求随机变量 $Y=3X^2-2$ 的数学期望.

解 依题意,可得

$$\begin{aligned}E(Y)&=[3\times(-1)^2-2]\times 0.1+(3\times 0^2-2)\times 0.3\\&\quad+(3\times 1^2-2)\times 0.4+(3\times 2^2-2)\times 0.2\\&=1.9.\end{aligned}$$

例 9 随机变量 $X\sim N(0,1)$,求 $Y=X^2$ 的数学期望.

解 依题意,可得

$$
\begin{aligned}
E(Y) &= E(X^2) = \int_{-\infty}^{+\infty} x^2 f(x)\mathrm{d}x \\
&= \int_{-\infty}^{+\infty} x^2 \frac{1}{\sqrt{2\pi}} \mathrm{e}^{-\frac{x^2}{2}} \mathrm{d}x = \frac{1}{\sqrt{2\pi}} \int_{-\infty}^{+\infty} x \mathrm{d}\mathrm{e}^{-\frac{x^2}{2}} \\
&= \frac{1}{\sqrt{2\pi}} \left(x\mathrm{e}^{-\frac{x^2}{2}} \Big|_{-\infty}^{+\infty} - \int_{-\infty}^{+\infty} \mathrm{e}^{-\frac{x^2}{2}} \mathrm{d}x \right) \\
&= \frac{1}{\sqrt{2\pi}} \int_{-\infty}^{+\infty} \mathrm{e}^{-\frac{x^2}{2}} \mathrm{d}x = 1.
\end{aligned}
$$

习题 9－10

1. 一批产品中有 9 个合格品和 3 个废品. 装配仪器时,从这批零件中任取一个,如果取出的是废品,则扔掉后重新任取一个. 求在取到合格品后已经扔掉的废品数的数学期望.
2. 一台设备由三大部件构成,在设备运转的过程中各部件需要维护的概率分别为 0.1, 0.2, 0.3. 假设各部件的状态都是相互独立的,以 X 表示同时需要调整的部件数,求 $E(X)$.
3. 已知随机变量 X 的概率密度为 $f(x)=\begin{cases} x, & 0\leqslant x<1, \\ 2-x, & 1\leqslant x<a, \\ 0, & \text{其他}. \end{cases}$

   求:(1) 常数 a;(2) $E(X)$.
4. 设随机变量 X 的分布律为

X	-1	0	1
P	0.4	0.2	c

   求:(1) 常数 c;(2) $E(X)$;(3) $E(X^2)$;(4) $E(2X^3-3X^2+1)$.
5. 已知 X 的分布函数为 $F(x)=\begin{cases} 0, x<0, \\ x^2, 0\leqslant x<1, \\ 0, x\geqslant 1. \end{cases}$

   求:(1) $E(X)$;(2) $E(-2X+3)$;(3) $E(3X^2+4)$.
6. 设一种电子设备的使用寿命 X(以 1000h 为单位) 服从指数分布,分布密度为

   $f(x)=\begin{cases} \frac{1}{2}\mathrm{e}^{-\frac{1}{2}x}, \text{当 } x>0, \\ 0, \quad \text{当 } x\leqslant 0. \end{cases}$ 求这种设备使用寿命 X 的数学期望.

§9－11　随机变量的方差

一、方差及其计算公式

数学期望体现了随机变量所有可能取值的平均值,是随机变量最重要的数字特征之一. 但在许多问题中还需要了解随机变量与其数学期望之间的偏离程度. 在概率论中,这个偏离程度通常用 $E\{[X-E(X)]^2\}$ 来表示,我们有下面关于方差的定义.

定义 9.11 设 X 为一随机变量，如果随机变量 $[X-E(X)]^2$ 的数学期望存在，那么称之为 X 的方差，记为 $D(X)$，即

$$D(X)=E\{[X-E(X)]^2\}$$

称 $\sqrt{D(X)}$ 为随机变量 X 的**标准差**或**均方差**，记作 $\sigma(X)$.

由定义可知，随机变量 X 的方差反应了 X 与其数学期望 $E(X)$ 的偏离程度，如果 X 取值集中在 $E(X)$ 附近，那么方差 $D(X)$ 较小；如果 X 取值比较分散，那么方差 $D(X)$ 较大. 不难看出，方差 $D(X)$ 实质上是随机变量 X 函数 $[X-E(X)]^2$ 的数学期望.

如果 X 是离散型随机变量，其概率分布律为

$$P\{X=x_k\}=p_k,\quad k=1,2,\cdots$$

那么有
$$D(X)=E\{[X-E(X)]^2\}=\sum_{k=1}^{\infty}[x_k-E(X)]^2p_k.$$

如果 X 连续型随机变量，其概率密度为 $f(x)$，那么有

$$D(X)=E\{[X-E(X)]^2\}=\int_{-\infty}^{+\infty}[x-E(X)]^2f(x)\mathrm{d}x.$$

根据数学期望的性质，可得

$$\begin{aligned}D(X)&=E\{[X-E(X)]^2\}\\&=E\{X^2-2X\cdot E(X)+[E(X)]^2\}\\&=E(X^2)-2E(X)\cdot E(X)+[E(X)]^2\\&=E(X^2)-[E(X)]^2.\end{aligned}$$

即
$$D(X)=E(X^2)-[E(X)]^2.$$

这是计算随机变量方差常用的公式.

例 1 设离散型随机变量 X 的分布律为

X	-1	0	1	2
P	0.1	0.3	0.4	0.2

求 $D(X)$.

解 因为 $E(X)=(-1)\times0.1+0\times0.3+1\times0.4+2\times0.2=0.7$,

$$E(X^2)=(-1)^2\times0.1+0^2\times0.3+1^2\times0.4+2^2\times0.2=1.3,$$

$$D(X)=E(X^2)-[E(X)]^2=1.3-0.7^2=0.81.$$

例 2 设 $X\sim B(n,p)$，求 $D(X)$.

解 $E(X)=np$，令 $q=1-p$,

$$\begin{aligned}E(X^2)&=\sum_{k=0}^{n}k^2\mathrm{C}_n^kp^kq^{n-k}\\&=\sum_{k=1}^{n}[k(k-1)+k]\frac{n!}{k!(n-k)!}p^kq^{n-k}\\&=\sum_{k=1}^{n}(k-1)\frac{n(n-1)(n-2)!}{(k-1)!(n-k)!}p^2p^{k-2}q^{(n-2)-(k-2)}\\&\quad+\sum_{k=1}^{n}\frac{n!}{(k-1)!(n-k)!}p^kq^{n-k}\end{aligned}$$

$$= n(n-1)p^2\sum_{k=2}^{n}\frac{(n-2)!}{(k-2)!(n-k)!}p^{k-2}q^{(n-2)-(k-2)}+E(X)$$

$$= n(n-1)p^2+np,$$

所以 $$D(X)=E(X^2)-[E(X)]^2=n(n-1)p^2+np-n^2p^2=npq.$$

例 3 设 $X\sim P(\lambda)$，求 $D(X)$.

解 $E(X)=\lambda$

$$E(X^2)=\sum_{k=0}^{\infty}k^2\frac{\lambda^k e^{-\lambda}}{k!}=\sum_{k=1}^{\infty}[(k-1)+1]\frac{\lambda^k e^{-\lambda}}{(k-1)!}$$

$$=\sum_{k=2}^{\infty}\frac{\lambda^2\cdot\lambda^{k-2}}{(k-2)!}\cdot e^{-\lambda}+\sum_{k=1}^{\infty}\frac{\lambda^k}{(k-1)!}\cdot e^{-\lambda}$$

$$=\lambda^2+\lambda$$

所以 $$D(X)=(\lambda^2+\lambda)-\lambda^2=\lambda.$$

例 4 设 $X\sim U(a,b)$，求 DX.

解 $E(X)=\dfrac{a+b}{2}$,

$$E(X^2)=\int_{-\infty}^{+\infty}x^2f(x)\mathrm{d}x$$

$$=\int_a^b x^2\cdot\frac{1}{b-a}\mathrm{d}x=\frac{1}{3}(b^2+ab+a^2)$$

于是 $$D(X)=E(X^2)-[E(X)]^2=\frac{1}{12}(b-a)^2.$$

例 5 设 $X\sim N(\mu,\sigma^2)$，求 $D(X)$.

解 由于 $E(X)=\mu$,

$$D(X)=\int_{-\infty}^{+\infty}(x-\mu)^2\cdot\frac{1}{\sqrt{2\pi}\sigma}\cdot e^{-\frac{(x-\mu)^2}{2\sigma^2}}\mathrm{d}x.$$

$$\left(令\frac{x-\mu}{\sigma}=t\right)=\frac{\sigma^2}{\sqrt{2\pi}}\int_{-\infty}^{+\infty}t^2e^{-\frac{t^2}{2}}\mathrm{d}t$$

$$=\frac{\sigma^2}{\sqrt{2\pi}}\left[-te^{-\frac{t^2}{2}}\Big|_{-\infty}^{+\infty}+\int_{-\infty}^{+\infty}e^{-\frac{t^2}{2}}\mathrm{d}t\right]=\sigma^2.$$

二、方差的性质

设 C 为常数，随机变量 X,Y 的方差都存在. 关于方差有如下性质：

性质 1 $D(X)=0$.

性质 2 $D(CX)=C^2D(X)$.

性质 3 $D(X+C)=D(X)$.

性质 4 如果随机变量 X,Y 相互独立，那么

$$D(X+Y)=D(X)+D(Y).$$

性质 5 $D(X)=E(X^2)-[E(X)]^2$.

例 6 设随机变量 X 与 Y 相互独立，分布律为

X	-1	2	3
P	$\frac{1}{3}$	$\frac{5}{12}$	$\frac{1}{4}$

Y	1	2
P	$\frac{2}{3}$	$\frac{1}{3}$

求 $E(3X-3Y-1)$ 和 $D(-6X+3Y-4)$.

解 $E(X)=-1\times\frac{1}{3}+2\times\frac{5}{12}+3\times\frac{1}{4}=\frac{5}{4}$,

$E(Y)=1\times\frac{2}{3}+2\times\frac{1}{3}=\frac{4}{3}$,

$E(X^2)=(-1)^2\times\frac{1}{3}+2^2\times\frac{5}{12}+3^2\times\frac{1}{4}=\frac{17}{4}$,

$E(Y)=1^2\times\frac{2}{3}+2^2\times\frac{1}{3}=2$,

$D(X)=E(X^2)-[E(X)]^2=\frac{17}{4}-\left(\frac{5}{4}\right)^2=\frac{43}{16}$,

$D(Y)=E(Y^2)-[E(Y)]^2=2-\left(\frac{4}{3}\right)^2=\frac{2}{9}$,

$E(3X-3Y-1)=3E(X)-3E(Y)-1=3\times\frac{5}{4}-3\times\frac{4}{3}-1=-\frac{5}{4}$,

$D(-6X+3Y-4)=(-6)^2D(X)+3^2D(Y)=36\times\frac{43}{16}+9\times\frac{2}{9}=\frac{395}{4}$,

习题 9－11

1. 已知随机变量 X 的分布律为

X	-1	0	1
P	0.4	0.3	0.3

求：(1) $D(X)$；(2) $\sqrt{D(X)}$.

2. 一大批同型号建筑构件，已知次品率为 5%，从中任取 20 件，求取出的次品数的数学期望与方差.

3. 已知随机变量 X 的概率密度为 $f(x)=\begin{cases}x, & 0\leqslant x<1,\\ 2-x, & 1\leqslant x<a,\\ 0, & \text{其他}.\end{cases}$

求：(1) 常数 a；(2) $E(X)$；(3) $D(X)$.

4. 设随机变量 X 的概率密度为

$$f(x)=\begin{cases}\frac{3}{8}x^2, 0<x<2,\\ 0, \quad \text{其他}.\end{cases}$$

求：(1) $D(X)$；(2) $D(-2X+1)$.

5. 已知 $X\sim N(3,1.2^2)$，求：(1) $D(2X)$；(2) $D(-2X+4)$.

6. 设随机变量 X 与 Y 相互独立，且 $E(X)=E(Y)=0$，$D(X)=D(Y)=1$，求 $E[(X+Y)^2]$.

本章小结

本章的主要内容为概率的概念及其计算、随机变量及其分布与数字特征.

一、概率的概念及其计算

本章首先给出了随机试验、随机事件的概念，概率定义，古典概型，条件概率等概念和概率的运算，加法公式、乘法公式、全概率公式、贝努里概型等几个计算公式，概括如下：

1. 古典概率 $P(A)=\dfrac{k}{n}=\dfrac{\text{事件}A\text{包含的基本事件数}}{\text{试验的基本事件总数}}$.

2. 加法公式 $P(A+B)=P(A)+P(B)-P(AB)$，
当 A 与 B 互不相容时，$P(A+B)=P(A)+P(B)$，
当 A 与 B 相互独立时，$P(A+B)=P(A)+P(B)-P(A)P(B)$.

3. 条件概率公式　$P(B\mid A)=\dfrac{P(AB)}{P(A)}$.

4. 乘法公式 $P(AB)=P(A)P(B\mid A)=P(B)P(A\mid B)$，
当 A 与 B 相互独立时，$P(AB)=P(A)P(B)$.

5. 全概率公式

设事件 $A_1,A_2,\cdots,A_n$ 是样本空间 Ω 的一个分割，即 $A_1,A_2,\cdots,A_n$ 两两互不相容，$P(A_i)>0,i=1,2,\cdots,n$，且 $\sum\limits_{i=1}^{n}A_i=\Omega$，则

$$P(B)=\sum_{i=1}^{n}P(A_i)P(B\mid A_i).$$

6. 逆概率公式(贝叶斯公式)

设事件 $A_1,A_2,\cdots,A_n$ 是样本空间 Ω 的一个分割，即 $A_1,A_2,\cdots,A_n$ 两两互不相容，$P(A_i)>0,i=1,2,\cdots,n$，且 $\sum\limits_{i=1}^{n}A_i=\Omega$，则对于任意一个概率大于零的事件 B，有

$$P(A_i\mid B)=\frac{P(A_i)P(B\mid A_i)}{\sum\limits_{i=1}^{n}P(A_i)P(B\mid A_i)}.$$

7. 伯努里概型

事件 A 在每次试验中发生的概率为 $p(0<p<1)$，不发生的概率为 $q(q=1-p)$，则在 n 重伯努里试验中，事件 A 恰好发生 k 次的概率为 $P_n(k)=C_n^k p^k q^{n-k}\quad(k=0,1,2,\cdots,n)$.

二、随机变量及其分布

为了研究随机试验的结果的规律性，引入了随机变量的概念，并给出了离散型随机变量的概率分布列及常用的二点分布、二项分布、泊松分布；连续型随机变量的概率分布密度函数及常用的均匀分布、指数分布、正态分布；随机变量的数学期望与方差是体现随机变量总体分布的两个最重要的数字特征.

1. 离散型随机变量及其分布

X	x_1	x_2	$\cdots$	x_i	$\cdots$
P	p_1	p_2	$\cdots$	p_i	$\cdots$

其中：(1) $p_k>0$(非负性)；(2) $\sum\limits_{k=1}^{\infty}p_k=1$(归一性).

分布函数为 $F(x)=P(X\leqslant x)=\sum\limits_{x_i<x}p_i$，

数学期望 $E(X)=\sum\limits_{k=1}^{\infty}x_kp_k$，方差 $D(X)=\sum\limits_{k=1}^{\infty}(x_k-EX)^2p_k$.

2. 连续型随机变量的分布密度函数为 $f(x)$，则分布函数

$F(x)=\int_{-\infty}^{x}f(t)\mathrm{d}t$，$F'(x)=f(x)$，且有如下性质：

(1) $f(x)>0$；

(2) $\int_{-\infty}^{+\infty}f(x)\mathrm{d}x=1$；

(3) $P(a<X\leqslant b)=\int_a^b f(x)\mathrm{d}x$.

数学期望 $E(X)=\int_{-\infty}^{+\infty}xf(x)\mathrm{d}x$，方差 $D(X)=\int_{-\infty}^{+\infty}(x-EX)^2f(x)\mathrm{d}x$.

另外，一定要掌握的是计算方差的重要公式

$D(X)=E(X^2)-(EX)^2$（对于离散型或连续型随机变量都适用）.

三、常见随机变量的分布律（密度函数）、数学期望和方差

分布名称	分布律或密度函数	期　望	方　差
0－1分布	$\begin{pmatrix}0 & 1\\ 1-p & p\end{pmatrix}$	p	$p(1-p)$
二项分布 $X\sim B(n,p)$	$P(X=k)=C_n^kp^k(1-p)^{n-k}(k=0,1,2,\cdots,n)$	np	$np(1-p)$
泊松分布 $X\sim P(\lambda)$	λ	λ	λ
均匀分布 $X\sim U[a,b]$	$f(x)=\begin{cases}\frac{1}{b-a}, & a<x<b\\ 0, & 其他\end{cases}$	$\frac{a+b}{2}$	$\frac{(b-a)^2}{12}$
指数分布 $X\sim E(\lambda)$	$f(x)=\begin{cases}\lambda e^{-\lambda x}, & x>0\\ 0, & 其他\end{cases}$	$\frac{1}{\lambda}$	$\frac{1}{\lambda^2}$
正态分布 $X\sim N(\mu,\sigma^2)$	$\varphi(x)=\frac{1}{\sqrt{2\pi}\sigma}e^{-\frac{(x-\mu)^2}{2}}$	μ	σ^2
标准正态分布 $X\sim N(0,1)$	$\varphi_0(x)=\frac{1}{\sqrt{2\pi}}e^{-\frac{x^2}{2}}$	0	1

综合训练九

1. 已知 $P(A)=\frac{1}{4}$，$P(B|A)=\frac{1}{3}$，$P(A|B)=\frac{1}{2}$，则 $P(A\cup B)=$ ________.

2. 甲、乙两人投篮，投中的概率分别为 0.7，0.8，各投 2 次，两人投中次数相同的概率为

多少?

3. 设随机事件 A,B 互不相容,且 $P(A)=0.3,P(\overline{B})=0.6$,则 $P(B|\overline{A})=$ ________.

4. 10 张奖券中有 2 张有奖的,5 个人购买,每人一张,其中至少有一个人中奖的概率是______.

5. 设 A,B 为两随机事件,且 $P(A)=\frac{1}{4},P(B)=\frac{1}{3},P(A\mid B)=\frac{1}{6}$,则 $P(B\mid A)=$ ______.

6. 若每个人生日在一年 365 天中的任意一天是等可能的.求:班级 64 个人中至少有两人的生日相同的概率.

7. 对以往数据的分析结果表明,当机器调整良好时,产品的合格率为 90%,而当机器发生某一故障时,其合格率为 30%.某天早上机器开动时,机器良好的概率为 75%,已知该日早上第一件产品为合格品时,试求机器调整良好的概率.

8. 将两个信息分别编码为 A 和 B 发送出去.接收站收到时,A 被误收作 B 的概率为 0.04;而 B 被误收作 A 的概率为 0.07.信息 A 与信息 B 传送频繁程度为 3∶2.若已知接收到的信息是 A,求原发信息也是 A 的概率.

9. 灯泡寿命在1000h以上的概率是0.2,求三个灯泡在使用1000h后最多只有一个坏了的概率.

10. 袋中 1 只白球,4 只黑球,不放回抽取,每次取一个,直至取得白球为止.求取球次数 X 的概率分布(列).

11. 醉汉身边有 n 把钥匙欲开门,但仅有一把钥匙能开此门.求:表示开门次数的随机变量 X 的分布.

12. 设 $X\sim B(2,p),Y\sim B(3,p)$ 且 $P(X\geqslant 1)=\frac{5}{9}$,求 $P(Y\geqslant 1)$.

13. 设 $X\sim P(\lambda)$,且 $P(X=1)=P(X=2)$,求 $P(X=4)$.

14. 某商店销售大屏幕彩电,过去的销售记录表明:彩电每月销售量服从 $\lambda=10$ 的泊松分布.为了以不低于 95% 的把握保证供应,问该商店在月底时至少应该进货多少台?

15. 袋中 1 只白球,4 只黑球,不放回抽取,每次取一个,直到取得白球为止.求取球次数 X 概率分布、分布函数、$F(3)$、$P(2<X\leqslant 5)$.

16. 设随机变量 X 的密度函数是 $f(x)=\begin{cases}A\cos x, & |x|\leqslant\frac{\pi}{2},\\ 0, & |x|>\frac{\pi}{2}.\end{cases}$

求:(1) A;(2) X 落在$\left(0,\frac{\pi}{4}\right)$上的概率;(3) 求分布函数 $F(x)$.

17. 设连续型随机变量 X 的分布函数 $F(x)=\begin{cases}0, & x\leqslant 0,\\ x^2, & 0<x<1,\\ 1, & x\geqslant 1.\end{cases}$ 求 X 落在 (0.3,0.7) 内的概率.

18. 地铁每隔 5min 有一班车通过,某乘客在 5min 内任一时刻到达车站,求他候车时间不超过 3min 的概率.

19. 设某种灯泡的寿命 X 的分布密度函数 $f(x)=\begin{cases}\lambda e^{-\frac{x}{5000}}, & x>0,\\ 0, & x\leqslant 0.\end{cases}$ 求:(1) λ 的值;(2) 任

一灯泡寿命超过 1250h 的概率;(3) 三个新灯泡在 1250h 以后恰有一个损坏的概率.

20. 设 $X \sim N(0,1)$,求:(1) $P(X < 2.4)$;(2) $P(-1 \leqslant X < 2.4)$;(3) $P(X \geqslant -2)$.

21. 设 $X \sim N(1,4^2)$,求:(1) $P(X < 2.4)$;(2) $P(-1 \leqslant X < 2.4)$;(3) $P(X \geqslant -2)$.

22. 若车床生产的零件长度 $X \sim N(50, 0.75^2)$,规定:零件长度在 50 ± 1.5 之间为合格品.求生产的 5 只零件中至少有 4 只是合格品的概率.

23. 设随机变量 X 的分布列为

X	-1	0	2
P	0.4	0.3	0.3

求:$E(X)$,$E(X^2)$,$E(3X^2+5)$,$D(X)$,$D(3X^2+5)$.

24. 设 X 是一个随机变量,其密度函数为 $f(x)=\begin{cases}1+x, & -1 \leqslant x < 0, \\ 1-x, & 0 \leqslant x < 1, \\ 0, & \text{其他}.\end{cases}$ 求:$E(X)$ 及 $D(X)$.

附表 1　泊松分布数值表

$$P\{\xi = m\} = \frac{\lambda^m}{m\,!}e^{-\lambda}$$

λ / m	0.1	0.2	0.3	0.4	0.5	0.6	0.7	0.8	0.9	1.0	1.5	2.0	2.5	3.0
0	0.9048	0.8187	0.7408	0.6703	0.6065	0.5488	0.4966	0.4493	0.4066	0.3679	0.2231	0.1353	0.0821	0.0498
1	0.0905	0.1637	0.2223	0.2681	0.3033	0.3293	0.3476	0.3595	0.3659	0.3679	0.3347	0.2707	0.2052	0.1494
2	0.0045	0.0164	0.0333	0.0536	0.0758	0.0988	0.1216	0.1438	0.1647	0.1839	0.2510	0.2707	0.2565	0.2240
3	0.0002	0.0011	0.0033	0.0072	0.0126	0.0198	0.0284	0.0383	0.0494	0.0613	0.1255	0.1805	0.2138	0.2240
4		0.0001	0.0003	0.0007	0.0016	0.0030	0.0050	0.0077	0.0111	0.0153	0.0471	0.0902	0.1336	0.1681
5				0.0001	0.0002	0.0003	0.0007	0.0012	0.0020	0.0031	0.0141	0.0361	0.0668	0.1008
6							0.0001	0.0002	0.0003	0.0005	0.0035	0.0120	0.0278	0.0504
7										0.0001	0.0008	0.0034	0.0099	0.0216
8											0.0002	0.0009	0.0031	0.0081
9												0.0002	0.0009	0.0027
10													0.0002	0.0008
11													0.0001	0.0002
12														0.0001

λ / m	3.5	4.0	4.5	5	6	7	8	9	10	11	12	13	14	15
0	0.0302	0.0183	0.0111	0.0067	0.0025	0.0009	0.0003	0.0001						
1	0.1057	0.0733	0.0500	0.0337	0.0149	0.0064	0.0027	0.0011	0.0004	0.0002	0.0001			
2	0.1850	0.1465	0.1125	0.0842	0.0446	0.0223	0.0107	0.0050	0.0023	0.0010	0.0004	0.0002	0.0001	
3	0.2158	0.1954	0.1687	0.1404	0.0892	0.0521	0.0286	0.0150	0.0076	0.0037	0.0018	0.0008	0.0004	0.0002
4	0.1888	0.1954	0.1898	0.1755	0.1339	0.0912	0.0573	0.0337	0.0189	0.0102	0.0053	0.0027	0.0013	0.0006
5	0.1322	0.1563	0.1708	0.1755	0.1606	0.1277	0.0916	0.0607	0.0378	0.0224	0.0127	0.0071	0.0037	0.0019
6	0.0771	0.1042	0.1281	0.1462	0.1606	0.1490	0.1221	0.0911	0.0631	0.0411	0.0255	0.0151	0.0087	0.0048
7	0.0385	0.0595	0.0824	0.1044	0.1377	0.1490	0.1396	0.1171	0.0901	0.0646	0.0437	0.0281	0.0174	0.0104
8	0.0169	0.0298	0.0463	0.0653	0.1033	0.1304	0.1396	0.1318	0.1126	0.0888	0.0655	0.0457	0.0304	0.0195
9	0.0065	0.0132	0.0232	0.0363	0.0688	0.1014	0.1241	0.1318	0.1251	0.1085	0.0874	0.0660	0.0473	0.0324
10	0.0023	0.0053	0.0104	0.0181	0.0413	0.0710	0.0993	0.1186	0.1251	0.1194	0.1048	0.0859	0.0663	0.0486
11	0.0007	0.0019	0.0043	0.0082	0.0225	0.0452	0.0722	0.0970	0.1137	0.1194	0.1144	0.1015	0.0843	0.0663
12	0.0002	0.0006	0.0015	0.0034	0.0113	0.0264	0.0481	0.0728	0.0948	0.1094	0.1144	0.1099	0.0984	0.0828
13	0.0001	0.0002	0.0006	0.0013	0.0052	0.0142	0.0296	0.0504	0.0729	0.0926	0.1056	0.1099	0.1061	0.0956
14		0.0001	0.0002	0.0005	0.0023	0.0071	0.0169	0.0324	0.0521	0.0728	0.0905	0.1021	0.1061	0.1025
15			0.0001	0.0002	0.0009	0.0033	0.0090	0.0194	0.0347	0.0533	0.0724	0.0885	0.0989	0.1025
16				0.0001	0.0003	0.0015	0.0045	0.0109	0.0217	0.0367	0.0543	0.0719	0.0865	0.0960

续　表

λ / m	3.5	4.0	4.5	5	6	7	8	9	10	11	12	13	14	15
17					0.0001	0.0006	0.0021	0.0058	0.0128	0.0237	0.0383	0.0551	0.0713	0.0847
18						0.0002	0.0010	0.0029	0.0071	0.0145	0.0255	0.0397	0.0554	0.0706
19						0.0001	0.0004	0.0014	0.0037	0.0084	0.0161	0.0272	0.0408	0.0557
20							0.0002	0.0006	0.0019	0.0046	0.0097	0.0177	0.0286	0.0418
21							0.0001	0.0003	0.0009	0.0024	0.0055	0.0109	0.0191	0.0299
22								0.0001	0.0004	0.0013	0.0030	0.0065	0.0122	0.0204
23									0.0002	0.0006	0.0016	0.0036	0.0074	0.0133
24									0.0001	0.0003	0.0008	0.0020	0.0043	0.0083
25										0.0001	0.0004	0.0011	0.0024	0.0050
26											0.0002	0.0005	0.0013	0.0029
27											0.0001	0.0002	0.0007	0.0017
28												0.0001	0.0003	0.0009
29													0.0002	0.0004
30													0.0001	0.0002
31														0.0001

附表 2　标准正态分布表

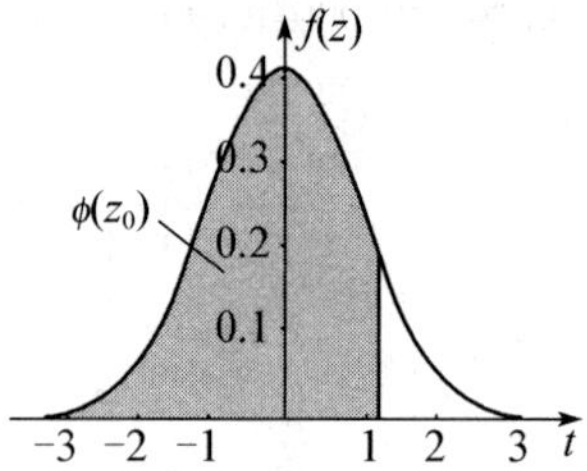

$$P(Z \leqslant z) = \Phi(z) = \int_{-\infty}^{z} \frac{1}{\sqrt{2\pi}} \mathrm{e} - \frac{\omega^2}{2} \mathrm{d}\omega$$

$$\Phi(-z) = 1 - \Phi(z)$$

z	0.00	0.01	0.02	0.03	0.04	0.05	0.06	0.07	0.08	0.09
0.0	0.5000	0.5040	0.5080	0.5120	0.5160	0.5199	0.5239	0.5279	0.5319	0.5359
0.1	0.5398	0.5438	0.5478	0.5517	0.5557	0.5596	0.5636	0.5675	0.5714	0.5753
0.2	0.5793	0.5832	0.5871	0.5910	0.5948	0.5987	0.6026	0.6064	0.6103	0.6141
0.3	0.6179	0.6217	0.6255	0.6293	0.6331	0.6368	0.6406	0.6443	0.6480	0.6517
0.4	0.6554	0.6591	0.6628	0.6664	0.6700	0.6736	0.6772	0.6808	0.6844	0.6879
0.5	0.6915	0.6950	0.6985	0.7019	0.7054	0.7088	0.7123	0.7157	0.7190	0.7224
0.6	0.7257	0.7291	0.7324	0.7357	0.7389	0.7422	0.7454	0.7486	0.7517	0.7549
0.7	0.7580	0.7611	0.7642	0.7673	0.7703	0.7734	0.7764	0.7794	0.7823	0.7852
0.8	0.7881	0.7910	0.7939	0.7967	0.7995	0.8023	0.8051	0.8078	0.8106	0.8133
0.9	0.8159	0.8186	0.8212	0.8238	0.8264	0.8289	0.8315	0.8340	0.8365	0.8389
1.0	0.8413	0.8438	0.8461	0.8485	0.8508	0.8531	0.8554	0.8577	0.8599	0.8621
1.1	0.8643	0.8665	0.8686	0.8708	0.8729	0.8749	0.8770	0.8790	0.8810	0.8830
1.2	0.8849	0.8869	0.8888	0.8907	0.8925	0.8944	0.8962	0.8980	0.8997	0.9015
1.3	0.9032	0.9049	0.9066	0.9082	0.9099	0.9115	0.9131	0.9147	0.9162	0.9177
1.4	0.9192	0.9207	0.9222	0.9236	0.9251	0.9265	0.9279	0.9292	0.9306	0.9319
1.5	0.9332	0.9545	0.9357	0.9370	0.9382	0.9394	0.9406	0.9418	0.9429	0.9441
1.6	0.9452	0.9463	0.9474	0.9484	0.9495	0.9505	0.9515	0.9525	0.9535	0.9545
1.7	0.9554	0.9564	0.9573	0.9582	0.9591	0.9599	0.9608	0.9616	0.9625	0.9633
1.8	0.9641	0.9649	0.9656	0.9664	0.9671	0.9678	0.9686	0.9693	0.9699	0.9706
1.9	0.9713	0.9719	0.9726	0.9732	0.9738	0.9744	0.9750	0.9756	0.9761	0.9767
2.0	0.9772	0.9778	0.9783	0.9788	0.9793	0.9798	0.9803	0.9808	0.9812	0.9817
2.1	0.9821	0.9826	0.9830	0.9834	0.9838	0.9842	0.9846	0.9850	0.9854	0.9857
2.2	0.9861	0.9864	0.9868	0.9871	0.9875	0.9878	0.9881	0.9884	0.9887	0.9890
2.3	0.9893	0.9896	0.9898	0.9901	0.9904	0.9906	0.9909	0.9911	0.9913	0.9916
2.4	0.9918	0.9920	0.9922	0.9925	0.9927	0.9929	0.9931	0.9932	0.9934	0.9936

续表

z	0.00	0.01	0.02	0.03	0.04	0.05	0.06	0.07	0.08	0.09
2.5	0.9938	0.9940	0.9941	0.9943	0.9945	0.9946	0.9948	0.9949	0.9951	0.9952
2.6	0.9953	0.9955	0.9956	0.9957	0.9959	0.9960	0.9961	0.9962	0.9963	0.9964
2.7	0.9965	0.9966	0.9967	0.9968	0.9969	0.9970	0.9971	0.9972	0.9973	0.9974
2.8	0.9974	0.9975	0.9976	0.9977	0.9977	0.9978	0.9979	0.9979	0.9980	0.9981
2.9	0.9981	0.9982	0.9982	0.9983	0.9984	0.9984	0.9985	0.9985	0.9986	0.9986
3.0	0.9987	0.9987	0.9987	0.9988	0.9988	0.9989	0.9989	0.9989	0.9990	0.9990